Rainer Petek

Mit dem Nordwand-Prinzip®
das Ungewisse managen

Rainer Petek

Mit dem Nordwand-Prinzip® das Ungewisse managen

Wie Sie Ihren Weg in die Zukunft finden, wenn Pläne und Rezepte versagen.

Strategische Prinzipien für Menschen und Unternehmen: neues Denken, neues Handeln, neue Wege gehen

Bibliografische Information Der Deutschen Bibliothek

Die Deutsche Bibliothek verzeichnet diese Publikation in der Deutschen Nationalbibliografie; detaillierte bibliografische Daten sind im Internet über http://dnb.ddb.de abrufbar.

ISBN-10: 3-7093-0129-7
ISBN-13: 978-3-7093-0129-6

Es wird darauf verwiesen, dass alle Angaben in diesem Buch trotz sorgfältiger Bearbeitung ohne Gewähr erfolgen und eine Haftung der Autoren oder des Verlages ausgeschlossen ist.

Umschlag: AG MEDIA GmbH
Autorenfotos am Umschlag: Eduardo Martins
Umschlag-Grafik: Herbert Janesch, Janesch.Grafik.Design,
A-9020 Klagenfurt
Satz: Hannes Strobl, Satz·Grafik·Design, 2620 Neunkirchen
© LINDE VERLAG WIEN Ges.m.b.H., Wien 2006
1210 Wien, Scheydgasse 24, Tel. 43 01/24630
www.lindeverlag.at

Druck: Hans Jentzsch & Co. Ges.m.b.H., 1210 Wien, Scheydgasse 31

„In Wirklichkeit läuft nie etwas richtig. Immer kommt etwas Unerwartetes – das Unerwartete ist eigentlich das Einzige, was man mit Sicherheit erwarten kann."

Peter F. Drucker

INHALT

Das Ungewisse – von oben betrachtet

■ **Warten auf den günstigen Moment**

Wir sind ganz oben. Auf dem höchsten Punkt. Ein wunderbarer, strahlender Spätwintertag. Wolkenloser Himmel und Berge soweit das Auge reicht. Wir haben es uns gemütlich gemacht und genießen den Moment: den milden Wind auf der Haut, die Wärme der Sonne, deren Kraft auch die Höhe von mehr als dreitausend Metern nicht zu schwächen vermag, und den Blick auf eine Welt, die unglaubliche Ruhe und absoluten Frieden ausstrahlt. Hinter uns liegen etwas mehr als drei Stunden Aufstieg – langsames, fast meditatives Aufsteigen in absoluter Stille. Schritt für Schritt haben wir uns nicht nur nach oben, sondern auch in einen anderen, nahezu entrückten Zustand gebracht. Wir fühlen uns fast wie Astronauten auf dem Planeten Erde.

Wir sind am Brennkogel, ein einsamer, aber umso lohnenderer Skitourengipfel gegenüber dem Großglockner. Skitouren sind eine winterliche Spielart des Bergsteigens: Man befestigt Steigfelle an den Skiunterseiten und macht sich mit einer beweglichen Tourenbindung an stundenlange Aufstiege, um danach mit einer einzigen – hoffentlich rauschenden – Abfahrt belohnt zu werden. Heute spekulieren wir mit einer besonders lohnenden Abfahrt und warten auf die dafür notwendigen Bedingungen jetzt hier auf dem Gipfel. Ich blicke hinunter auf den Pasterzen-Gletscher, der stark an Mächtigkeit verloren hat, auch hier ist ständiger Wandel am Werk. Eine einfache Erklärung wäre der

Unterwegs zum
höchsten Punkt

Klimawandel. Im Nationalparkhaus ist allerdings ein 9.000 Jahre alter Baumstamm ausgestellt, der oben im „ewigen" Eis gefunden wurde. Den hat sicher niemand hinaufgetragen. Auch wenn man die für unser Zeitempfinden extrem langsame Fließgeschwindigkeit von Gletschereis ins Kalkül zieht, bedeutet das, dass der Baum irgendwo oberhalb der Fundstelle natürlich gewachsen sein muss.

Im Vergleich zu den zeitlichen Dimensionen der Gebirgsbildung verhält sich das Lebensalter sozialer Systeme wie ein Augenzwinkern zu einem Menschenleben. Das Lebensalter von Organisationen ist nicht unbegrenzt, die Geschichte kommerzieller Unternehmen umfasst gerade einmal die letzten 500 Jahre. In England gibt es eine Vereinigung, die nur Mitglieder aufnimmt, deren Unternehmen mindestens 300 Jahre alt ist, das könnte einen ungefähren Hinweis auf die mögliche „Lebenserwartung" von Unternehmen geben. Die tatsächlich realisierte „Lebenserwartung" von Unternehmen beträgt durchschnittlich etwa 40 Jahre. Wie auch immer: Von oben betrachtet ist beides ein vergleichsweise geringer Zeitraum. Auch das Job-System, wie wir es heute kennen, ist gerade einmal 200 Jahre alt. Es könnte durchaus sein, dass es im „systemischen Niedergang" begriffen ist und es in Zukunft völlig neue Formen der Erwerbstätigkeit geben wird. Formen, die wir uns möglicherweise heute noch gar nicht vorstellen können. Das

Gleiche könnte auch für die Form der Organisationen gelten. Wir leben in einem Umbruchzeitalter, das viele nach Jahren und Jahrzehnten ungebrochenen Aufschwungs als ein Zeitalter hoher Ungewissheit empfinden. Aber wahrscheinlich ist Ungewissheit das Normalste von der Welt.

Wie können Unternehmen und Menschen die notwendige Sicherheit im Umgang mit dieser Unsicherheit gewinnen? Dabei möchte dieses Buch helfen. In den Unternehmen herrschen zurzeit enormer Druck und Verunsicherung. Bei den Verantwortungsträgern gibt es eine starke Getriebenheit. Ein Teil dieses Getriebenseins scheint allerdings daher zu kommen, dass mit nicht mehr passenden Vorstellungen versucht wird, die Zukunft unter Kontrolle zu bringen.

Der technologische Fortschritt der letzten Jahrzehnte, totale Vernetzung und das, was gemeinhin als Globalisierung bezeichnet wird, haben alte Spielregeln auf den Kopf gestellt. Und so kommt es, dass bislang bewährte Vorgangsweisen nicht mehr funktionieren. Auch der einzelne Mensch sieht sich immer öfter Unabwägbarkeiten gegenüber. Die vorausbestimmbaren Lebensläufe unserer Elterngeneration nehmen immer mehr den Charakter einer Expedition in eine ungewisse Zukunft an. Eine Expedition allerdings, auf die wir weder als Einzelne noch als Gemeinschaft genügend vorbereitet oder eingestellt sind. In den letzten fünfzig Jahren haben wir uns an stetiges Wachstum und die damit verbundene Vorhersehbarkeit und Sicherheit gewöhnt. Dabei sind unsere Fähigkeiten im Umgang mit dem Ungewissen verkümmert und damit auch die Sicherheit im Umgang mit Unsicherheit.

Während wir hier so am Gipfel sitzen, still vor uns hin sinnieren und es so aussieht, als würde es sich hier um ein immerwährendes Abbild der Ewigkeit handeln, ist ein Prozess im Gange. Ein kaum merkbarer, aber unaufhaltsamer Wandel findet statt: die Umwandlung des Schnees. In etwas mehr als einer halben Stunde wird die Kraft der Sonne den beim Aufstieg noch harten Schnee in Firn verwandeln – jenen Stoff, aus dem die Träume der Skibergsteiger sind. Firnschnee ist eine butterweiche Schneeart, die herrliches und müheloses Schwingen bei der Abfahrt ermöglicht. Optimaler Firn ist ein Phänomen, das sich nicht mit 100 %iger Sicherheit vorhersagen lässt. Die einzige Möglichkeit, als passionierter Skibergsteiger davon zu profitieren, ist, bei günstigen Bedingungen aufzubrechen und vor Ort den passenden Moment für eine rauschende

Abfahrt abzuwarten. Ich erzähle das deshalb, weil mein heutiger Begleiter und Freund Werner Mussnig üblicherweise alles berechnet, was sich irgendwie berechnen lässt. Er ist Universitätsprofessor für Controlling. Aber wir sind uns beide einig, dass wir den günstigen Moment in diesem Fall nicht errechnen, sondern erspüren werden – und unser beider Gespür sagt: Es ist noch Zeit.

Wir haben uns heute durch einen anstrengenden und rechtzeitigen Aufstieg in eine Position mit hohem Erfolgspotenzial gebracht. Wir sitzen hier alleine bei strahlendem Wetter auf dem Gipfel und können den günstigen Moment für die Abfahrt abwarten. Dieser lässt sich nicht herbeiplanen. Das ist nicht nur am Berg so, sondern auch in vielen Bereichen der Wirtschaft. Dennoch beobachte ich in meiner Beratungstätigkeit, dass viele große und kleine Unternehmen Erfolgspotenziale nicht nützen und sich auch nicht um deren Aufbau kümmern. Warum ist das so?

Von oben betrachtet ist die typische Art und Weise, wie sich Unternehmen auf Kommendes oder auf ihre Zukunft einstellen, die Planung. Die weit verbreiteten Bilder zu Planung und Plänen sehen meist so aus: Man nimmt ein singuläres, konkretes Ziel und erstellt im Voraus einen detaillierten Plan zur Umsetzung. Die Vorstellung vom Plan ist die eines linearen Vorgehens vom Ist zum Soll. Erfolg oder Misserfolg werden an der Einhaltung des Plans gemessen. Ein solches lineares Vorgehen setzt allerdings stabile Rahmenbedingungen voraus.

Heute sind die Rahmenbedingungen in der Gesellschaft und insbesondere im wirtschaftlichen Leben nicht mehr stabil. Entwicklungen erfolgen manchmal unberechenbar, sprunghaft und diskontinuierlich. Diese Umbrüche bewirken für viele Menschen und Unternehmen, dass auf den alten Wegen langfristig kein Weiterkommen mehr möglich oder das Ende des Weiterkommens absehbar ist. Große Firmen, kleine Unternehmen und auch Einzelne sind aufgrund dieser Umbrüche gezwungen, für ihr weiteres profitables Überleben neue Wege zu finden. Die sich ständig beschleunigende Dynamik geht sogar soweit, dass es zur Daueraufgabe wird, sich – sei es als Unternehmen oder als Einzelner – selbst immer wieder neu zu erfinden.

Abb. 1

Abbildung 1 stellt das Ende eines alten Weges sowie die unsichere Phase bis zum Finden eines neuen Weges dar. Sich auf einen neuen Weg zu begeben, stellt mitunter ein Wagnis dar, bei dem es darauf ankommt, den Umstieg im Nebel unklarer Entscheidungsgrundlagen zu schaffen.

Diesen Umbrüchen und sprunghaften Entwicklungen versuchen Menschen und Unternehmen oft mit deterministischen Planungsmethoden und linearen Vorgehensweisen zu begegnen.

Dies stellt den Versuch dar, die Ungewissheit der Zukunft unter Kontrolle zu bringen. Letztlich schafft man sich damit aber nicht mehr als eine Illusion von Sicherheit.

Beim Extrembergsteigen hat deterministisches und lineares Planen noch nie funktioniert. Eine extreme Klettertour ist immer ein Aufbruch ins Ungewisse und die Rahmenbedingungen im Gebirge sind niemals stabil, auch wenn der Berg unverrückbar dasteht. Man weiß nie, ob man den realen Schwierigkeiten der Wand gewachsen sein wird, und schon gar nicht, was noch zusätzlich an Unvorhersehbarem auf einen zukommen wird. Deswegen kann man niemals deterministisch planen. Jeder Extremkletterer weiß das. Ein Extremkletterer, der sich mehr auf die Umsetzung seiner Ziele und Pläne konzentriert als auf eine dynamische Anpassung an die sich ständig ändernden Rahmenbedingungen, kehrt irgendwann nicht mehr zurück.

■ Die lineare Ziel-Plan-Umsetzungslogik

Zurzeit stellen sich auch viele Wirtschaftsunternehmen, große und kleine, die Frage, wie sie nachhaltig erfolgreich sein können und wie sie bei sich ständig ändernden Rahmenbedingungen ihre Zukunft aktiv gestalten können. Es gibt unterschiedliche Zugänge zur Zukunftsgestaltung. Die am weitesten verbreitete Form, dies explizit und systematisch zu tun, ist – wie bereits erwähnt –, sich Ziele zu setzen und linear-de-terministisch zu planen.

Jemandem nachzusagen, „Der hat keinen Plan!" oder jemanden als „ziellos" zu bezeichnen, hat den Charakter einer Abwertung. Es gilt ge-meinhin als ideale Vorstellung, so etwas wie Ziele und einen Plan zu haben – im Geschäft wie überhaupt im Leben. Je klarer, desto besser.

Genau hier betritt ein mentales Modell die Bühne, das unser aller Denken bis in die letzten Verästelungen durchzieht und dessen blinde Flecken meiner Einschätzung nach nur ungenügend beachtet werden: die lineare Ziel-Plan-Umsetzungslogik. Sie steht in der Tradition einer mechanistischen Auffassung der Welt. Diese geht davon aus, dass man zuerst planen, sprich denken, und dies abgeschlossen haben sollte, be-vor man sich ans Handeln macht. „Zuerst denken, dann handeln!" sagt schon der Volksmund, und so wundert es nicht, dass Ziel und Plan zu-erst da sein müssen, bevor es an die Umsetzung geht. Der detaillierte Plan soll in weiterer Folge eine kontrollierte Umsetzung ermöglichen. Umsetzung bedeutet hier: der Welt den eigenen Plan aufzuzwingen. Solange kein klares Ziel und kein detaillierter Plan vorhanden sind, handelt man also besser nicht. Manch einer traut sich deswegen sein ganzes Leben lang nicht, einen ersten Schritt zu machen.

In dieser linearen Logik gibt es a) eine strikte Trennung zwischen Denken und Handeln und b) ist damit implizit die Annahme verbun-den, dass man, nachdem man mit dem Handeln begonnen hat, nicht mehr nachdenken oder neu planen müsse.

Über die Tücken und Gefahren eines solchen Umgangs mit Plänen und Zielen wird wenig gesprochen. In einer Zeit von Beschleunigung, Umbrüchen und komplexen Vernetzungen halte ich ein linear-determi-nistisches Vorgehen jedoch für gefährlich.

Denn allzu konkrete und spezifische Ziele und detaillierte Pläne bergen im falschen Moment die Gefahr in sich, Menschen und auch Unternehmen meist völlig unbemerkt vom aktuellen Geschehen abzu-koppeln. In einem dynamischen Umfeld führt das blinde Verfolgen von Plänen leicht zum Scheitern. Erfolg wird eher über kontinuierliches Lernen während des Unterwegsseins möglich.

Während ich hier am Gipfel weiterhin die Sonne genieße, fällt mir die Geschichte von Max Müller *(Name anonymisiert)* ein. Max Müller träumt schon länger von der Gründung eines Unternehmens und hat sich für einen möglichen Schritt in die Selbstständigkeit einiges an Startkapital angespart. Als dann noch eine Erbschaft dazukommt, ist er kaum zu halten. Die Geschäftsidee: Erzeugung von Holz-Pellets als Brennstoff für öffentlich stark geförderte Heiz-Systeme. Die Produktion soll im Ausland an einem kostengünstigen Standort erfolgen: in Rumänien. Max Müller will keine Risiken eingehen und möchte sein Konzept absichern. Dazu hat er folgende Idee: Er nimmt an einem Businessplan-Wettbewerb teil, der in seinem Bundesland ausgeschrieben wird. Er plant ein ganzes Jahr und feilt bis ins Detail an seinem Konzept. Er will nichts dem Zufall überlassen. Ein Jahr später reicht er es ein. Die Jury ist vom Plan begeistert. Max Müller gewinnt in seiner Kategorie. Er beginnt an seinen Plan zu glauben. Der Plan gewinnt an Kraft, an Energie, an Attraktivität. Max Müller ist von seinem Konzept überzeugt und identifiziert sich vollkommen damit. Er entschließt sich, den Plan umzusetzen. Auch die Bank ist begeistert und verlangt für eine Finanzierung des zusätzlich nötigen Kapitalbedarfs lediglich noch ein paar kleine Detaillierungen des Konzepts. Max Müller investiert in Rumänien.

Als der Plan in Rumänien auf die Realität trifft, erweist er sich als unbrauchbar. „In Wirklichkeit läuft nie etwas richtig. Immer kommt etwas Unerwartetes – das Unerwartete ist eigentlich das Einzige, was man mit Sicherheit erwarten kann", hat Peter F. Drucker die Problematik treffend auf den Punkt gebracht. Für Max Müller zeigt sich dies konkret und äußerst schmerzhaft. Kulturelle Unterschiede, Sprachschwierigkeiten, unerwartete Probleme mit Behörden, Verzug in der Errichtung der Produktionsanlage, Mentalitätsunterschiede bei den Mitarbeitern. Max Müller glaubt weiter an seinen Plan. Zwei Jahr später sind das Startkapital und die Erbschaft weg und an ihrer Stelle Schulden in Millionenhöhe da.

◼ Auch in der Tat ist Raum für Überlegung

„Auch in der Tat ist Raum für Überlegung" wusste schon Goethe, und die Geschichte meines Buchhändlers ist ein – zugegebenermaßen ziemlich extremes – Beispiel dafür. Sie zeigt, dass es durchaus möglich ist zu handeln, ohne schon alle Antworten im Detail zu kennen. Sie zeigt, dass es möglich ist, auf dem Weg zu einer Lösung Schritt-für-

Schritt-Entscheidungen zu treffen, Ziele im Tun zu konkretisieren und das Planen als einen integralen Bestandteil des Handelns zu begreifen. Als mein Buchhändler sich entschließt Buchhändler zu werden, hat er einen gut bezahlten Job im Finanzsektor. Er gibt diesen Job auf, ohne sich im Klaren zu sein, wie er seinen Buchhandel genau aufbauen wird. Er gibt nicht nur seinen Job auf, sondern auch seine Wohnung. Im Moment der Entscheidung hat er zwei Dinge nicht: Er hat weder eine neue Wohnung noch einen Standort für sein Geschäft mit Büchern. Trotzdem hat er die Umzugsfirma schon bestellt. Als sein Hab und Gut im Lastwagen verladen wird, fragt der Lastwagenfahrer, wohin er es bringen soll. Da mein Buchhändler es ihm nicht sagen kann, weist er ihn an, einfach nach Westen zu fahren. Er sagt dem Fahrer, dass er erst während des Transports eine Entscheidung über den Standort treffen wird. Er selbst nimmt im Auto, das von seiner Frau Richtung Westen gesteuert wird, am Beifahrersitz Platz, um während der Fahrt am Laptop an seinem Geschäftskonzept zu arbeiten und Telefonate zu führen. Schließlich wird es ohne Partner nicht gehen, und außerdem muss er einen Firmenstandort ausfindig machen. Er strebt seinem Ziel zu, ohne dessen genaue Adresse zu kennen. Während der Fahrt macht er einen Umweg, um Leute zu treffen, die ihm beim Aufbau seines Vertriebs helfen sollen. Während der Fahrt fällt dann Berichten zufolge auch die Entscheidung für den Firmenstandort. Es ist Seattle. Mein Buchhändler heißt Jeff Bezos, sein Unternehmen Amazon. (Kelley, 2001)

Zwei extreme Geschichten, gewiss. Sie zeigen sehr deutlich zwei grundsätzlich unterschiedliche Möglichkeiten auf, wie Menschen und Unternehmen sich auf den Weg in ihre Zukunft machen können. Max Müller geht sequenziell, detailliert, deterministisch und durchdacht von Anfang an in der linearen Logik des *zuerst Denkens, dann Handelns* vor.

15

Abbildung 2 zeigt die lineare Logik, in der Planungs- und Entwurfsphasen konsequent von den nachfolgenden Umsetzungs- und Implementierungsphasen getrennt werden.

Zuerst denken, dann handeln

Abb. 2

Das Beispiel von Jeff Bezos und Amazon zeigt ein evolutionäres, explorierendes und sich fortbildendes Vorgehen. In ihm zeigt sich eine zirkuläre Logik: Bezos verzichtet auf eine frühzeitige Festlegung seines Fernziels, konkretisiert Schritt für Schritt die jeweils nächste Etappe, bleibt manövrierfähig, steuert und korrigiert im Tun. Er tastet sich auf diese Weise in zirkulären Schleifen von Exploration und Reflexion voran. Jeder Schritt bringt neue Erkenntnisse und Ergebnisse hervor, die eine passende Entscheidung über die Art und Weise des nächsten Schritts ermöglichen. Ich bezeichne dieses zirkuläre Vorgehen als Logik des *gleichzeitigen Denkens und Handelns*. Im Gegensatz zur linearen Logik des *zuerst Denkens, dann Handelns* beschränkt sich der schöpferische Anteil dabei nicht auf eine anfängliche Entwurfsphase, sondern begleitet den Prozess kontinuierlich die ganze Zeit über. Entwicklung und Umsetzung sind in diesem Prozess miteinander verknüpft und finden gleichzeitig statt. Lernen findet kontinuierlich statt, Lösungen und Entscheidungen werden im Gehen während des Unterwegsseins hervorgebracht.

Abbildung 3 (S. 17) zeigt die zirkuläre Logik. Die Schleifen sollen die Gleichzeitigkeit und Verknüpfung von Denken und Handeln darstellen. Mit Denken meine ich hier nicht nur reflexives Nach-Denken, sondern auch kreatives Vor-Denken: Zukunftsbilder entwerfen, schöpferische Selbsterschaffung und Neuerfindung. Mit *gleichzeitigem Denken und Handeln* sind hier also Nachdenken, Vorausdenken, Zukunft Gestalten, Entscheiden, Explorieren, Tun, Beobachten und neuerliches Reflektieren gemeint.

Gleichzeitiges Denken & Handeln

Denken & Handeln · Im Tun entwickeln

Abb. 3

In größeren Unternehmen findet man die lineare Logik überall dort, wo die Strategiearbeit an Experten, Stabstellen oder externe Berater delegiert wird. Und auch dort, wo von Strategieentwicklung und anschließender Implementierung gesprochen wird. Und wo man die Vorstellung hat, es müsse einmal für einen längeren Zeitraum Strategiearbeit gemacht werden, beispielsweise: „Heute machen wir das *Strategiepapier* für die nächsten fünf Jahre und in fünf Jahren machen wir dann eine neue Strategie."

Die zirkuläre Logik findet man in Unternehmen dort, wo kontinuierliche Strategiearbeit betrieben wird, wo Strategie als ein vom Zeithorizont her nach vorne offenes Thema verstanden wird. Kontinuierlich meint auch, dass Strategiearbeit als systematischer Rahmen für periodische Selbstreflexion und kreative Selbsterschaffung verstanden wird. Wo Strategiearbeit als unternehmerische Verantwortung der Führung verstanden wird, sei es in einer Management-Funktion oder als Inhaber-Unternehmer, zieht sich die Führung immer wieder aus dem Fluss des operativen Geschehens zurück, um in einen strategischen Dialog zu treten. Verantwortung der Führung heißt nicht, Strategiearbeit im Elfenbeinturm zu betreiben, sondern auch andere mögliche strategierelevante Wissensträger aus verschiedenen Hierarchieebenen und unterschiedlichen Bereichen – möglicherweise auch außerhalb des Unternehmens – in den Prozess der Strategiearbeit mit einzubeziehen.

Wenn ich an die Erfahrungen denke, die ich in den letzten Jahren bei der Begleitung von Unternehmen in strategischen Veränderungsprozessen gemacht habe, dann kann ich sagen, dass die zirkuläre Logik bei sich rasch verändernden Rahmenbedingungen der linearen durchwegs überlegen ist. Ich werde diese Erfahrungen anhand von interessanten Beispielen im Rahmen dieses Buches ausführlicher darlegen.

■ … es wird Zeit

„Du, es firnt auf."

Die Stimme von Werner reißt mich aus meiner Versunkenheit und holt mich in die Bergwelt zurück. Ich öffne die Augen und bin im ersten Moment vom gleißenden Schnee und der Höhensonne geblendet. Das plötzliche Aktivwerden ist zwar nicht besonders angenehm, dafür kommt die Störung genau rechtzeitig. Nur für ein relativ kurzes Zeitfenster sind die Schneeverhältnisse für eine rauschende Firnabfahrt optimal. Kurze Zeit später verwandelt die Kraft der Sonne den Schnee fast in einen Sumpf. Nicht nur, dass der Genuss damit vorbei ist, es steigt auch die Gefahr von Nassschneelawinen. Doch jetzt, in diesem Moment, tut sich uns die Chance für eine tolle Abfahrt auf und die Vorfreude steigt.

Wir sind die Einzigen hier auf diesem Berg. Das hat mich immer schon fasziniert: dorthin zu gehen, wo die anderen nicht hingehen. Bei perfekten Bedingungen, wunderbarem Wetter und herrlichem Schnee dort zu sein, wo sonst niemand ist. Wenn man dann fulminante Hangfolgen für sich alleine hat und sie mit niemandem außer seinen Freunden teilen muss, kann man als Skibergsteiger von einem lohnenden Unternehmen sprechen. Das kann man nicht planen, das kann man sich nur ermöglichen – wahrscheinlich machen – und dann die Chance nutzen, wenn sie sich auftut.

Ich lasse meinen Blick nochmals über das Großglockner-Massiv schweifen und denke, dass wir uns auch im Wirtschaftsleben Strategien aneignen sollten, die es uns erlauben, unsere Spur ins Ungewisse zu bahnen, dem Unerwarteten zu begegnen und Erfolgspotenziale zu suchen, zu schaffen und zu nutzen, statt zu versuchen, der Welt unsere Pläne aufzuzwingen. Wir könnten den vielgestaltigen und widersprüchlichen Kräften, die unsere Realität beherrschen, mit Offenheit und Beweglichkeit statt mit vorgefertigten Erfolgsregeln und veralteten Rezepten begegnen. Und dann könnten wir lernen, von einer stabilen Zone der Sicherheit aus, den Weg durch einen unsicheren Abschnitt zu finden, um dann wieder eine Zone der Sicherheit zu schaffen, von der aus der nächste ungewisse Abschnitt angegangen werden kann.

Jetzt ist es tatsächlich Zeit für die Abfahrt. Der günstige Moment ist da.

Literaturempfehlungen

Peter F. Drucker: *Management im 21. Jahrhundert*. Econ Verlag 1999

Thomas L. Friedman: *The World Is Flat. A Brief History of the Twenty-first Century*. Farrar, Straus and Giroux 2005

Arie de Geus: *Jenseits der Ökonomie*. Klett-Cotta Verlag 1998

Bernhard Pörksen: *Die Gewissheit der Ungewissheit. Gespräche zum Konstruktivismus*. Carl-Auer-Systeme Verlag 2002

Gegenverkehr beim Seiltanzen

„Geh Wege, die noch niemand ging,
damit du Spuren hinterlässt und
nicht nur Staub."

Antoine de Saint-Exupéry

Wenn ich an die Schwierigkeiten denke, die momentan viele kleine und große Unternehmen im Umgang mit dem Ungewissen haben, so ist meiner Ansicht nach ein Teil davon auf lineares und deterministisches Planen zurückzuführen. Ein anderer wesentlicher Teil besteht meiner Erfahrung nach darin, dass nahezu in allen Branchen zu viele Wettbewerbsteilnehmer das Gleiche machen. Obwohl viele an der Oberfläche nach Differenzierung streben, unterscheiden sie sich kaum. Die allgemeine Tendenz der Unternehmen geht eher zum *Mitmachen und Nachmachen* als zum *Andersmachen oder Neumachen*. Die meisten orientieren sich am Wettbewerb, sie folgen ausgetretenen Pfaden, um die Risiken, die neue Spuren mit sich bringen würden, zu vermeiden, anstatt neue Wege zu gehen. Paradoxerweise steigt das Risiko aber gerade dadurch, weil alle den Trampelpfaden folgen und sich die Wettbewerber ähneln und anpassen, statt sich zu unterscheiden. Die Folge davon: ruinöser Wettbewerb, Preisverfall und Verlust an Erträgen, Identität und Attraktivität. Dies erinnert mich an Szenen, die ich auf den Normalwegen berühmter Gipfel oft erlebt habe. Berühmte Gipfel und deren leichtester Anstieg, der so genannte „Normalweg", üben eine magische Anziehungskraft auf Heerscharen bergbegeisterter Menschen aus. Der durchaus verständliche und legitime Wunsch, über einen leichten Weg auf einen berühmten Gipfel zu kommen, hat für jeden dieser Gipfel-

Am Großglockner Normalweg

kandidaten die Kehrseite, dass tausend andere dasselbe wollen und auch tun. Ich habe das persönlich erlebt. Matterhorn, Mont Blanc und Großglockner sind nur einige Beispiele.

Der Großglockner zum Beispiel zählt als höchster Berg Österreichs zu den alpinistischen Publikums-Magneten schlechthin. Und so fassen viele Menschen – Bergsteiger aus ganz Europa, aber auch viele nicht-bergsteigende Patrioten – den Entschluss, dem Glockner irgendwann aufs Haupt zu steigen. Der Berg zieht die Massen an und das führt dazu, dass an schönen Sommertagen oft mehr als 150 Menschen auf den Gipfel wollen – gleichzeitig, oft zur selben Stunde! Teilweise kommt es dabei zu unschönen Szenen. Staus, wie etwa auf der Tauernautobahn, sind an der Tagesordnung – nur, dass die geregelte Blockabfertigung fehlt. Aggressives Verhalten der „Bergkameraden" untereinander – riskante Überholmanöver auf einem schmalen Grat, von dem es links und rechts jeweils 600 Meter ziemlich steil hinuntergeht. Ungewollte Seilsalate lassen sich da kaum vermeiden. Es gibt auch das Phänomen gewollter Seilsalate: Manchmal knüpfen erboste Überholte den Überholenden einen Knoten ins Seil, damit die nicht weiterkommen. Richtig spannend wird es, wenn die ersten dann wieder den Rückweg antreten, natürlich über die gleiche Route. Das kann auf dem schmalen Grat für den weniger Abgebrühten fast so etwas bedeuten wie Gegenverkehr beim Seiltanzen – nur wartet dort oben kein sicheres Fangnetz. Dafür hat man bei schönem Wetter den Blick auf die Gletscherspalten 600 Meter weiter unten. Es kommt immer wieder zu Mitreißunfällen, allerdings passieren meiner Einschätzung nach im Vergleich zur Häufigkeit der haarsträubenden

Situationen trotzdem – Gott sei Dank – nur sehr wenige Unfälle. Auch wenn es meistens nicht ganz so heiß hergeht wie im eben beschrieben Horror-Szenario, sagen viele entnervte Gipfel-Sieger nach dieser Tour: „Einmal und nie wieder!" Eigentlich eigenartig – ging es doch zuvor um die Erfüllung eines Traums. Bloß hatte man sich das anders vorgestellt. Nicht dass der Großglockner nicht außerordentlich schön wäre, aber wenn alle gleichzeitig das Gleiche wollen, gibt es Probleme.

Mir kommt es vor, als würden sich ähnliche Dinge zurzeit auch in nahezu allen Bereichen der Wirtschaft abspielen. Ehemals attraktive Geschäftsmöglichkeiten sind keine mehr, weil alle das Gleiche machen. Die meisten Unternehmen, ob groß oder klein, befinden sich im übertragenen Sinne auf dem Normalweg. Der Normalweg steht in diesem Buch dafür, den bereits ausgetretenen Pfaden zu folgen, als Unternehmen oder Mensch fortzuführen, was immer schon gemacht wurde und dorthin zu gehen, wo auch die anderen hingehen. Er steht für die verbreitete Neigung, es den anderen gleichzutun und für fehlenden Mut zum Besonderen und zum Unterschied. Er steht für die Sackgasse der Angleichung, die in einen zerstörerischen Wettbewerb führt. Er steht für das große Risiko, das entsteht, wenn man mit Ziel und Plan auf Nummer Sicher gehen will.

■ Der Normalweg und die Nordwand

Ich persönlich habe den Zugang zu meiner Tätigkeit als Management-Berater und Organisationsentwickler über die Berge gefunden. Noch bevor ich derartige Massenphänomene auf den Normalwegen berühmter Gipfel erlebt hatte, war ich als junger Extremkletterer bereits in den großen Nordwänden der Alpen unterwegs. Es zog mich immer schon von den Normalwegen weg, dorthin, wo die anderen nicht hingingen. Ich denke hier zum Beispiel an die Begehung der Nordwand der Grandes Jorasses über den berühmten Walkerpfeiler vor über zwanzig Jahren. Der Walkerpfeiler ist die klettertechnisch schwierigste Route der großen Nordwände der Alpen und liegt mit dem 6. Schwierigkeitsgrad einen ganzen Grad über der Eiger-Nordwand. Ich erinnere mich an die schwierige Entscheidung, überhaupt einzusteigen und den Schritt ins Ungewisse zu wagen. Ich erinnere mich an die kalten Biwaknächte

Der Weg durch die Nordwand und Menschen am Normalweg

auf schmalen Felsvorsprüngen und an die vereisten Granitplatten im 6. Schwierigkeitsgrad, die die Kletterei nahezu unmöglich machten. Ich erinnere mich aber auch an die Faszination der Kletterei mit meinem Partner Sepp: einerseits die Ausgesetztheit, die Härte und Gefahr, andererseits die Ästhetik der Routenführung und der Bewegungen, die atemberaubende Szenerie und Intensität des Erlebens in dieser einsamen Nordwand, die vor uns in jenem Sommer noch keine Seilschaft erfolgreich gemeistert hatte. Eine Nordwand verlangt den Mut, etwas anderes zu machen und einen neuen Weg ins Ungewisse zu gehen. Eine Nordwand ist immer eine Expedition ins Ungewisse. Sie lässt sich nicht linear und deterministisch planen. Sie verlangt keinen Plan, sondern strategisches Denken und Handeln.

Bei der Durchsteigung einer Nordwand geht es nicht nur um die Erreichung eines Ziels, sondern um das Begehen eines schwierigen Weges. Das Begehen schwieriger Wege bewirkt Transformation und persönliche Weiterentwicklung. Meine Erfahrung aus den Nordwänden ist, dass wir nach den Durchstiegen nicht mehr dieselben waren, das Erlebte hatte uns tief drinnen verändert. Diese Entwicklung wäre für uns auf den Normalwegen nicht möglich gewesen.

Eine Nordwand ist ein unberechenbares Umfeld und bildet Rahmenbedingungen, die sich rasch und radikal verändern können. Ich habe das Bild der Nordwand a) wegen meiner persönlichen Extremerfahrungen gewählt und b), weil die Herausforderungen unserer Zeit für Unternehmen, ob groß oder klein, ähnlich sind wie Nordwände für Kletterer.

Im Bild der Nordwand zeigen sich sowohl die Ungewissheit, die Gefahr und die Ausgesetztheit als auch die Chancen und Erfolgspotenziale. Es steht auch für den notwendigen Mut, die vorgezeichneten Wege zu verlassen und einen eigenen Weg zu gehen. Auf Unternehmen umgelegt bedeutet dies, einen sinnvollen Unterschied zu machen und damit neue, lohnende Märkte und Geschäftsfelder zu eröffnen. Die

Nordwand steht für das wachsame Erkennen und verantwortungsvolle Nutzen neuer Chancen.

In der Nordwand ist sowohl der Erfolg als auch das Scheitern möglich. Der Philosoph Jacques Derrida betont, dass die Bedingung der Möglichkeit eines Phänomens zugleich die Unmöglichkeit seiner Reinheit darstellt. In anderen Worten: Wo Erfolg möglich ist, ist auch Scheitern möglich und vice versa, nur wo Scheitern möglich ist, wird Erfolg erst möglich – oder anders gesagt: Wo man nicht scheitern kann, ist auch kein Erfolg möglich.

Sich unternehmerisch in eine Nordwand zu wagen bedeutet, als Unternehmen einen eigenen Weg zu gehen und der *Logik des Andersmachens und Neumachens* zu folgen. Unternehmen am Normalweg folgen der *Logik des Mitmachens und Nachmachens*.

Strategisch denken und handeln nach dem Nordwand-Prinzip®
Wir haben nun neben der Unterscheidung zwischen linearer und zirkulärer Logik einen weiteren Unterschied eingeführt: den zwischen Mitmachen und Andersmachen. Wenn man nun diese vier unterschiedlichen Denkformen auf zwei Achsen miteinander verknüpft, ergibt sich eine Vierfelder-Matrix. Diese ist in Abbildung 4 dargestellt. Auf jedem

24

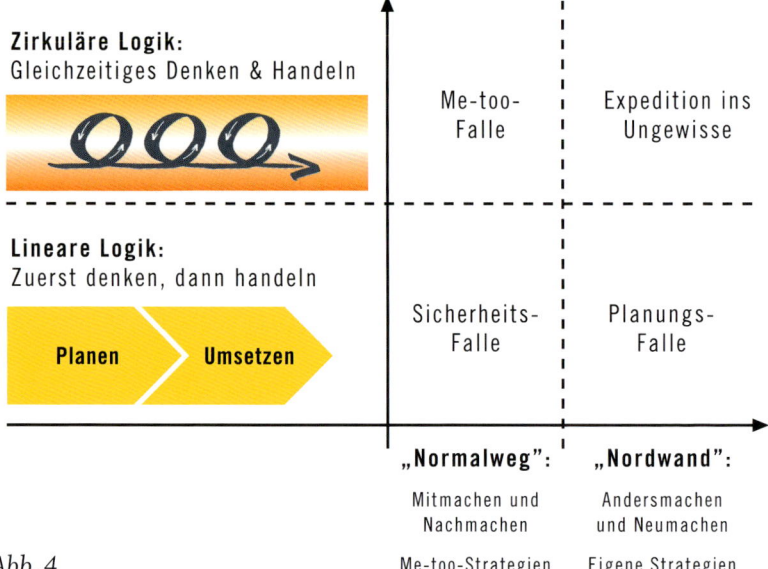

Abb. 4

der Felder lauern neben möglichen Chancen auch Risiken und Gefahren. Bei einer *Expedition ins Ungewisse* (Quadrant rechts oben) sind die Gefahren eher offensichtlich. In den anderen drei Quadranten sind sie nicht so klar erkennbar. Aus meiner Erfahrung weiß ich, dass die trügerische Sicherheit zur Falle werden kann – sowohl am Berg als auch im Wirtschaftsleben. Ich bin der Ansicht, dass drei der vier möglichen Verknüpfungsformen in dieser Matrix trügerische Sicherheiten suggerieren, da dabei blinde Flecken in Bezug auf das tatsächliche Risikopotenzial entstehen. Daher habe ich diese drei als Fallen bezeichnet.

Ich bin mir bewusst, dass in der Praxis vielfach Mischformen und Kombinationen auftreten.

Die Sicherheits-Falle
Wenn Unternehmen durch möglichst konkrete Planung schon jedes kleinste Detail im Vorfeld festlegen und Risiko dadurch vermeiden wollen, dass sie „bewährte" Methoden und Erfolgsrezepte anderer Unternehmen kopieren, können sie in die *Sicherheits-Falle* geraten. Diese Unternehmen kombinieren die *lineare Logik* mit der Logik des *Mitmachens und Nachmachens*. Hier finden sich große und kleine Unternehmen, meist größere, die von der Annahme ausgehen, dass dem Ungewissen am besten mit Risikovermeidung in jedem kleinsten Detail begegnet werden kann. Dabei ist aus meiner Sicht gerade der blinde Glaube an die Sicherheit das größte Risiko, wie Analysen von Katastrophen zeigen.

Die lineare Logik zeigt sich in den Unternehmen in der Tendenz zu Formalisierung und Kontrolle. Dies führt zu einer Zunahme der Innenorientierung, Langsamkeit und komplizierten Abläufen. Je nach Modewelle werden periodisch neue Werkzeuge eingeführt. Die Werkzeuge verstellen den Blick auf das reale Geschehen und beinhalten somit ein nicht zu unterschätzendes Gefährdungspotenzial, obwohl sie eigentlich Sicherheit geben sollten. Da es sich dabei in der Regel um die gleichen Methoden, Konzepte und Werkzeuge wie die der Mitbewerber handelt, findet alleine durch die Anwendung der Werkzeuge eine schleichende und oft unbemerkte Angleichung an die Mitbewerber statt. Die Logik des Mitmachens und Nachmachens führt zur Orientierung an Erfolgsrezepten anderer. Motto: Besser kopieren als das Risiko eines eigenen Weges eingehen. Diese Unternehmen befinden sich geplant und kontrolliert am Normalweg und geraten, gerade weil sie auf Nummer Sicher gehen wollen, in die *Sicherheits-Falle*.

Die Me-too-Falle

Unternehmen, die zwar flexibel und anpassungsfähig agieren, weil sie erkannt haben, dass die lineare Logik den raschen Veränderungen der Umwelt nicht gerecht wird, dabei ihre Augen ständig bei den Mitbewerbern haben, um es ihnen gleichzutun, können in die *Me-too-Falle* geraten.

Sie agieren im Sinne der *zirkulären Logik* durchaus flexibel und dynamisch. Sie beobachten aufmerksam die Innovationen der Mitbewerber in der Branche mit der Bereitschaft, es ihnen unverzüglich nachzumachen. Sie bringen jedoch nicht den Mut und die Kreativität für einen eigenen Weg auf. Sie orientieren sich im Sinne des *Mitmachens und Nachmachens* an führenden Unternehmen und schaffen damit maximal die Angleichung, aber eben kein Überholmanöver. Wenn mehrere Unternehmen einer strategischen Gruppe innerhalb einer Branche beginnen dasselbe zu tun, orientieren sie sich in weiterer Folge wechselseitig aneinander. Meist ist das der Beginn von erbitterten Preiskämpfen und dem Verfall von Erträgen oder Markenwert.

Die Planungs-Falle

Um den Gefahren des Mitmachens zu entgehen, haben mittlerweile viele erkannt, dass sie einen eigenen Weg gehen müssen. Trotzdem geraten viele in die *Planungs-Falle*, wie Max Müller mit seiner Pellets-Produktion in Rumänien. Er hat den Mut zum *Andersmachen* mit der *linearen Logik* kombiniert. Diese Kombination birgt die versteckte Gefahr, zuviel auf eine Karte zu setzen, weil notwendige, risikoarme Erkundungsschritte unterbleiben, sei es bei einem großen Projekt oder bei der Gründung oder Neuausrichtung eines Unternehmens.

Unternehmen, die in die *Planungs-Falle* geraten, beginnen sich selbst durch detaillierte Pläne und frühe Konkretisierungen von Zielen vom Risiko- und Chancenpotenzial der Umwelt abzukoppeln. Durch die wachsende Identifikation mit dem Plan wird die Aufmerksamkeit mehr und mehr nach innen fokussiert und steht in weiterer Folge für die Außen-Beobachtung nicht mehr zur Verfügung. Unbemerkte Veränderungen im Außen können für das Unternehmen damit gefährlich, ja sogar existenzbedrohend werden.

Die Planungs-Falle muss nicht immer ins Verderben führen. Ein Plan kann natürlich auch zum Ziel führen, es besteht jedoch die große Gefahr, dass das Unternehmen unter seinen tatsächlichen Entwicklungsmöglichkeiten bleibt. Situationspotenziale und Möglichkeiten für

Innovationen werden wegen der Fokussierung auf den Plan entweder gar nicht wahrgenommen oder nicht weiterverfolgt. Schließlich hat die Schließung der Lücke zwischen Ist und Soll allererste Priorität und nicht das Wahrnehmen und Ergreifen neuer Möglichkeiten. Auch die von stark leistungsorientierten Managern verwendete Praxis der *Stretched Goals*, bei der die Mitarbeiter durch die Vorgabe sehr hoher Ziele zu außergewöhnlichen Leistungen gebracht werden sollen, vermag die tatsächlichen Potenziale nicht zu realisieren. Ich beobachte, dass diese Praxis nur suboptimal funktioniert. Sie endet meist nicht bei der Frage nach den Chancen und bei dem, was möglich wäre, sondern beim Feilschen um die Höhe der Zahlenziele.

Die Expedition ins Ungewisse
Im Unterschied zur Planungs-Falle wird bei einer *Expedition ins Ungewisse* das *Andersmachen oder Neumachen* mit der *zirkulären Logik* kombiniert. Jeff Bezos beispielsweise hat sich mit Amazon vor mehr als einem Jahrzehnt auf eine solche Expedition begeben. Er ist aufgebrochen, ohne sein Ziel und die Antworten auf alle Fragen schon zu kennen. Er hat etwas Neues gemacht und sich dabei Schritt für Schritt vorangetastet. Natürlich hat er dabei auch Risiken in Kauf genommen.

Unternehmungen aller Art, egal wie groß oder wie klein, sind prinzipiell mit Risiken verbunden. Meiner Ansicht nach ist die zirkuläre Logik jedoch besser geeignet, diesen Risiken angemessen zu begegnen, als die lineare Logik. Andersmachen oder Neumachen bedeutet neben den großen Chancen, sich von den Mitbewerbern abzuheben und zu differenzieren, immer auch, ein Stück in unbekanntes unternehmerisches Neuland vorzustoßen. Die lineare Logik versucht die Risiken durch Planung auszuschalten und produziert dabei durch die notgedrungen immer unvollständig bleibenden Informationen gefährliche blinde Flecken. Die zirkuläre Logik anerkennt hingegen die Risiken einer Expedition ins Ungewisse, sie erkundet das unbekannte Terrain Schritt für Schritt und nähert sich dem Ziel durch ein eher experimentelles Vorgehen, das auch dem günstigen Zufall Raum geben kann. Daher bietet die zirkuläre Logik weit bessere Möglichkeiten, in unternehmerischem Neuland Situationspotenziale zeitnah zu nutzen und gleichzeitig nachhaltige Erfolgspotenziale aufzubauen.

Die zirkuläre Logik findet man nicht nur im Vorgehen von Amazon, sondern in der Praxis vieler erfolgreicher Unternehmen aller Größen-

27

ordnungen: Bei Ein-Mann- und Ein-Frau-Unternehmen genauso wie bei Unternehmen in Team-Größe, bei Mittelständlern oder größeren Konzernen. Manchmal findet eine *Expedition ins Ungewisse* statt, ohne dass es den Beteiligten bewusst ist. Manchmal verläuft sie unspektakulär, manchmal spektakulär. Manchmal wird sie im Nachhinein auch aus Legitimationsgründen als bewusst durchgeplant dargestellt. Sie werden in diesem Buch eine Reihe von Beispielen für *Expeditionen ins Ungewisse* finden.

Expeditions-Ängste

Wenn Sie als Leser mir jetzt Recht geben, dass es Erfolg versprechender ist, sich bewusst auf eine *Expedition ins Ungewisse* zu begeben, als irgendwann in der Sicherheits-, Me-too- oder Planungs-Falle festzustecken, könnten wir uns nun fragen: Was hält Unternehmen trotz dieser offensichtlichen Vorteile davon ab, sich auf eine *Expedition ins Ungewisse* zu begeben?

Meiner Beratungserfahrung nach ist es schlicht und einfach Angst. Mehr noch, es ist ein Geflecht aus unterschiedlichen Ängsten: der Angst, den Anforderungen einer unternehmerischen Nordwand nicht gewachsen zu sein; der Angst, sich mehr anstrengen zu müssen, obwohl gerade die Normalwege in der Wirtschaft immer mühsamer und nervenaufreibender werden; der Komfortangst, die uns davon abhält, bequem gewordene Routinen aufzugeben; der Angst, unsere Identität in Frage stellen und möglicherweise neu definieren zu müssen; der Angst davor, persönlich Verantwortung für einen eigenen Weg zu übernehmen.

Zwei Ängste erscheinen mir im Zusammenhang mit der unternehmerischen *Expedition ins Ungewisse* zentral: *Andersmachen und Neumachen* rufen die Angst vor dem Unbekannten hervor. Hinter dieser Angst steckt das Bedürfnis nach Klarheit über die Zukunft. Die Vorstellung, Neuland ohne zuverlässiges Kartenmaterial erkunden zu müssen und dabei auf die Zusammenarbeit mit anderen angewiesen zu sein, ruft die Angst vor dem Kontrollverlust hervor. Hinter dieser Angst verbirgt sich das Bedürfnis nach Sicherheit. Um in jedem Moment die Kontrolle zu behalten und schon vor dem Aufbruch zu wissen, wie der vorletzte Schritt gemacht werden soll, wird linear geplant. Um die Risiken des Unbekannten und Andersmachens auszuschalten und jederzeit vor sich und anderen behaupten zu können, man habe verantwortungsvoll agiert, wird den Spuren anderer gefolgt. Paradoxerweise entstehen durch dieses Denken weder Sicherheit noch Klarheit, sondern genau das Gegenteil: Unternehmen verlieren den Kontakt zum Moment, zum Geschehen, zu den Chancen und gehen in der Masse ununterscheidbarer Mitbewerber unter. Das Vertraute und Bekannte übt eine nicht zu unterschätzende Anziehungskraft aus, trotz offensichtlich existenzgefährdender Auswirkungen.

Ein unerfahrener Bergsteiger wird sich, wenn er das erste Mal ein hartes Schneefeld quert, aus seinem Sicherheitsbedürfnis heraus intuitiv zum Hang lehnen. Damit schafft er die besten Voraussetzungen für einen baldigen Absturz. Jeder erfahrene Bergsteiger weiß, dass ein sicheres Queren von harten Schneefeldern nur möglich ist, wenn man sich vom Hang weglehnt. Der Abgrund verliert nicht nur seine Schrecken, sondern auch sein reales Bedrohungspotenzial, wenn man sich ihm offensiv entgegenlehnt.

■ Welchen Beitrag das Nordwand-Prinzip® leisten kann

Mit dem Nordwand-Prinzip® unterstütze ich Menschen und Unternehmen dabei, der prinzipiellen Ungewissheit der Zukunft offensiv zu begegnen, eine *Expedition ins Ungewisse* zu wagen und diese erfolgreich zu meistern. Das Nordwand-Prinzip® gibt Menschen und Unternehmen Orientierungshilfen für ihren Weg in die Zukunft, zu Zielen, die sich möglicherweise erst dann herausbilden, wenn man auf sie zugeht. Das Nordwand-Prinzip® fungiert als strategisches Hilfsmittel, wenn es darum geht, Neuland zu beschreiten. Egal ob man will oder ob man muss.

Literaturempfehlungen
Felix von Cube: *Gefährliche Sicherheit. Lust und Frust des Risikos.*
    Hirzel 2000
W. Chan Kim, Renée Mauborgne: *Der Blaue Ozean als Strategie.*
    Hanser Verlag 2005
Henry Mintzberg, Bruce Ahlstrand, Joseph Lampel: *Strategy Safari.*
    Eine Reise durch die Wildnis des strategischen Managements.
    Wirtschaftsverlag Carl Ueberreuter 1999

Ortswechsel des Denkens

„Je planmäßiger Menschen vorgehen,
desto wirksamer trifft sie der Zufall."
Friedrich Dürrenmatt

Dieses Buch lädt Sie zu einem radikalen Ortswechsel des Denkens ein: der Denk- und Handlungsrahmen, in dem sich das Management heute oft bewegt, wird mit dem Denk- und Handlungsrahmen des Extremkletterers konfrontiert. Denn das Extremklettern bildet neben meiner Beratertätigkeit für Organisationen in strategischen Veränderungsprozessen einen zentralen Erfahrungshintergrund: Als Bergsteiger habe ich mit meinen Partnern in den letzten fünfundzwanzig Jahren weit über zweitausend Touren erfolgreich durchgeführt, in über zwölf Jahren als Profi-Bergführer habe ich meine Kunden durch schwierigste Nordwände geführt, ihnen hohe Gipfel in Kanada und im Himalaja ermöglicht und selbst Klettereien bis zum 9. Schwierigkeitsgrad gemeistert.

Meine persönlichen Erfahrungen in diesem Kontext werde ich in Form von Geschichten einbringen. Diese Geschichten aus den senkrechten Felswänden sollen das Denken in Bewegung bringen, es stören und verstören und Denkanstöße geben. Sie dienen dazu, Gewohntes zu hinterfragen und sollen hoffentlich produktive Irritationen bewirken. Nun kann man sich fragen: Wäre ein neues Denken nicht auch ohne extreme Klettergeschichten möglich?

Die extremen Kletterrouten bieten einen Rahmen, der außerhalb des Alltäglichen und Normalen liegt – das erleichtert ein neues, unvoreingenommenes Hinschauen auf Situationen, die im Alltag vielfach nicht mehr bewusst reflektiert werden. Überdies zeigen sich in den Nordwand-Geschichten komplexe Sachverhalte sehr klar und lassen sich präzise veranschaulichen.

Dabei geht es nicht darum, Erfahrungen aus dem Nordwand-Kontext 1:1 in den Management-Kontext zu übertragen. Die simple Annahme, ein guter Bergsteiger sei ein guter Manager oder Unternehmer ist ebenso unhaltbar wie die Annahme, ein guter Manager sei automatisch ein guter Bergsteiger. Doch auf einer weniger offensichtlichen Ebene lassen sich im Agieren von Extremkletterern und im strategischen Vorgehen erfolgreicher Manager und Unternehmer durchaus Ähnlichkeiten entdecken. Auf dieser Ebene kann man voneinander lernen – wenn man will. Der extreme Kletterer macht bei jedem Schritt das, was jeder unternehmerisch tätige Mensch und jedes Unternehmen machen muss, wenn der eigene erfolgreiche Fortbestand gesichert werden soll: Ungewissheit in Gewissheit verwandeln – das Ungewisse erfolgreich managen.

Den Rahmen wechseln und das Denken in Bewegung bringen

◼ Handeln im rezeptfreien Raum

Mir geht es vor allem um eines: Ungewissheits-Management und extremes Klettern finden in der Praxis statt. So wie man nicht theoretisch managen kann, kann man auch nicht theoretisch Klettern, man muss es tun. Es gibt kein „Institut für die theoretische Bewältigung von überhängenden Felswänden", und auch wenn es eines gäbe, würden sämtliche dort gewonnenen Erkenntnisse Lichtjahre von den Erfordernissen der Realität entfernt sein. Es gibt keine Rezepte, die man auswendig lernen und anwenden könnte, sehr wohl aber kann man sich optimal vorbereiten, trainieren und sich langsam, aber verantwortungsvoll an die Aufgaben herantasten.

Ein Faktor, der die Anwendung von Rezepten oder rezeptartigen Vorgehensweisen in der Nordwand verbietet, ist die Erst- und Einmaligkeit jeder Situation. Herausfordernde Momente in der Wand sind unwiederholbar und jede schwierige Situation stellt für sich einen hochkomplexen und dynamischen Spezialfall dar. Dynamisch trotz der Tatsache, dass die Wand im wahrsten Sinn des Wortes fest und unverrückbar dasteht und dem Geschehen den Anschein von Statik verleiht. Jedes Unternehmen in der Nordwand ist ein Unternehmen im *rezeptfreien Raum* (vgl. Lenglachner/Schmitz, 2002).

Jeder Extremkletterer tut gut daran, sich in seinen Entscheidungen an den jeweils herrschenden Bedingungen zu orientieren. Wenn in einer senkrechten Felswand 400 Meter über dem sicheren Boden die überhängende Schlüsselstelle, also die schwerste Kletterstelle dieser Route, gemeistert werden muss, geht es darum, die vorhandenen Griffe und Tritte zu entdecken, abzuwägen, ob die Kraft reichen wird und wie viel Risiko in Kauf genommen werden kann. Es geht darum, in einem kontinuierlichen Prozess des Wahrnehmens, Abwägens und Entscheidens im Moment und vor Ort zu handeln. Was ein „Institut für theoretische Überhangsbewältigung" als Normstrategie in dieser Gesteinsart und Höhenlage zur Anwendung empfehlen würde, hilft in dieser Situation herzlich wenig. Geschweige denn, dass sich die Herausforderung, den Überhang zu bewältigen, vom Kletterer an eine Stabsstelle delegieren ließe. Jeder Extremkletterer weiß, dass er immer wieder Entscheidungen mit ungewissem Ausgang zu treffen hat und die Verantwortung für die Konsequenzen selbst übernehmen muss. Damit er in der Nordwand trotzdem überlebt, darf er nicht an Plänen kleben, sondern muss strategisch klug agieren.

So ähnlich stellt sich die Situation auch für Unternehmen dar. Auch hier müssen immer wieder Entscheidungen mit ungewissem Ausgang getroffen werden. Häufig wird versucht diese Entscheidungen durch Berechnungen zu ersetzen, weil der Mut fehlt, sich Entscheidungen mit ungewissem Ausgang zu stellen. Und weil man glaubt, alles sei berechenbar.

Heinz von Foerster hat auf Folgendes hingewiesen: „Nur *die* Fragen, die prinzipiell unentscheidbar sind, können *wir* entscheiden." Eine Entscheidung ist demnach etwas, das sich nicht berechnen lässt und auch etwas, dessen Konsequenzen nicht absehbar sind. Im Unterschied dazu ist eine Berechnung etwas, dessen Konsequenzen sich durch eine mehr oder weniger komplizierte Abfolge logischer Schritte schon vorher klar beantworten lassen. Mit der Freiheit, etwas entscheiden zu können, ist, nach Foerster, untrennbar die Übernahme der Verantwortung für die Konsequenzen der Entscheidung verbunden. In Unternehmen wird meiner Beobachtung nach häufig versucht sich elegant aus diesem Zusammenhang herauszumogeln: Man versucht alle verfügbaren Daten und Informationen in ein rational-logisches System entscheidbarer Fragen zu bringen, die man dann nicht mehr entscheiden muss, sondern ausrechnen kann. Man bastelt sich Rezepte oder übernimmt sie von anderen. Dieser Umgang mit Entscheidungssituationen bildet die besten Voraussetzungen, um in die Sicherheits-, Me-too- oder Planungs-Falle zu tappen.

Natürlich sind Berechnungen in bestimmten betriebswirtschaftlichen Bereichen möglich, wichtig und auch dringend notwendig – im Bereich entscheidbarer Fragen. Auch beim Bergsteigen gibt es entscheidbare Fragen, wo sich Dinge genau berechnen lassen und schon vorher klar ist, was passieren wird, wenn die Berechnungen unterbleiben – wenn man beispielsweise versucht sich von einem Überhang mit einem 20-Meter-Seil eine Strecke von 50 Metern frei hängend abzuseilen. Viele Beispiele aus Unternehmen zeigen auch, dass Berechnungen oft dort unterblieben, wo sie zur Herbeiführung klügerer Entscheidungen dringend notwendig gewesen wären.

Während man jedoch in der Mathematik oder Betriebswirtschaft zu eindeutigen Lösungen kommen kann, sind wir im Bereich der unentscheidbaren Fragen mit konkurrierenden Möglichkeiten konfrontiert, ohne sicher sein zu können, welchen Ausgang sie nehmen. Das betrifft den Umgang mit Menschen, mit sozialen Systemen, mit Wettbewerbern, mit Partner und Kunden, mit Situationen unvollständiger Information, mit komplexen Situationen und den großen strategischen Zukunftsfragen, die sich im Wesentlichen aus den vorgenannten zusammensetzen. Letztlich beruht unser Handeln auf Unbestimmtheit.

■ Das Nordwand-Prinzip® im Überblick

Dieses Buch ist anhand sieben strategischer Prinzipien aufgebaut, die ich aus meinen Erfahrungen beim Extremklettern und aus der Beratung von Organisationen in strategischen Veränderungsprozessen abgeleitet habe.

Die einzelnen Prinzipien entwickle ich schrittweise entlang meiner biografischen Stationen als Extremkletterer und Profi-Bergführer. Jedes Kapitel enthält ein Prinzip. Nach jeder Nordwand-Geschichte erfolgen Überlegungen zum Transfer in den organisatorischen oder beruflichen Kontext: Was kann dieses Prinzip für den Einzelnen bedeuten? Was kann dieses Prinzip für ein Unternehmen bedeuten? Sie sind als Leserin oder Leser eingeladen, weitere Überlegungen anzuschließen und die Prinzipien auf persönliche Fragestellungen anzuwenden.

Jedes Prinzip wird weiters durch Beispiele aus meiner Beratertätigkeit, Praxisbeispielen aus Organisationen und Interviews mit Managern und Unternehmern illustriert. Ich nenne die Namen von Unternehmen und Unternehmern nur dann, wenn es sich um Geschichten aus öffentlich zugänglichen Quellen oder Interviews, die speziell für dieses Buch geführt wurden, handelt. Bei den Beispielen aus meiner Beratungspraxis nenne ich weder den Namen des Unternehmens noch des Kunden.

Die sieben strategischen Prinzipien stellen keine Rezepte dar, sie sollen Orientierung für das Beschreiten von unternehmerischem Neuland geben und wie „Leuchtfeuer" funktionieren. Durch die zeitliche Abfolge der Geschichten in diesem Buch und den Versuch zentrale Botschaften zu verdichten, könnte beim Leser die Versuchung entstehen, darin doch ein Rezept entdecken zu wollen. Hüten Sie sich davor und erwarten Sie auch keine Anweisungen dafür, was genau in Ihrem Fall zu tun wäre.

Es geht mir nicht darum, mittels der sieben Prinzipien ein allumfassendes Gedankengebäude für strategisches Denken und Handeln zu errichten, weil ich weiß, dass jeder derartige Versuch der Realität niemals gerecht werden kann. Daher will ich Ihnen Impulse für Ihr eigenes Denken und Handeln anbieten, die ich aus einzelnen, mir relevant erscheinenden Erfahrungen ableite.

In den Kapiteln „Finden Sie Ihr Spielfeld, Teil I" und „Neu Hinschauen" beschreibe ich meine alpinistischen Anfänge und den persönlichen Weg hin zur Wand.

In „Finden Sie Ihr Spielfeld, Teil I" (1. Prinzip) geht es darum, dass man zu Beginn kein konkretes Ziel braucht, um aufzubrechen und etwas Neues zu beginnen, vorerst reicht es, wenn man von dem Unbekannten und Neuen eines Spielfeldes fasziniert ist. In „Neu Hinschauen" (2. Prinzip) zeige ich, dass Menschen und Gemeinschaften unterschiedliche Perspektiven auf denselben Sachverhalt brauchen, um zu einem gemeinsamen Bild des großen Zusammenhanges zu kommen und neue Möglichkeiten entdecken zu können. Mindestens zwei Zoom-Einstellungen und möglicherweise eine andere Art, mit sich selbst und miteinander Dialog zu führen, sind dafür nötig.

Die Kernstücke meiner persönlichen Nordwand-Erfahrungen finden sich in „Loslassen und Verzichten","Handeln nach dem Gesetz der Seilschaft", „Ziele kommen lassen" und „Kluges Scheitern".

In „Loslassen und Verzichten" (3. Prinzip) erzähle ich die Geschichte meiner Durchsteigung der Großen Zinne-Nordwand in den Dolomiten – allerdings bin nicht ich, sondern ist mein Rucksack hier der Hauptdarsteller. Es geht hier darum, dass sich in Unternehmen unnötiger Ballast auf mehreren Ebenen ansammeln kann. Im Kapitel „Handeln nach dem Gesetz der Seilschaft" (4. Prinzip) beschreibe ich, wie mir vor zwanzig Jahren in der Nordwand der Grandes Jorasses zum ersten Mal in voller Tragweite bewusst wurde, dass es immer ums Ganze geht, egal was der Einzelne in einer Gemeinschaft tut. Im Sinne dieser Geschichte könnten Einzelne, Teams, Geschäftsbereiche und ganze Organisationen von einem neu verstandenen Seilschafts-Denken profitieren.

In „Ziele kommen lassen" (5. Prinzip) zeige ich, dass sich Erfolge nicht erzwingen lassen, schon gar nicht, wenn die Rahmenbedingungen dagegen sprechen. In der Nordwand der Les Courtes in den französischen Westalpen habe ich in einer lebensbedrohenden Situation dazu sehr tiefe Einsichten gewonnen. Menschen und Unternehmen können durch allzu strenge Fixierung auf Ziele und Pläne nicht nur offensichtliche Chancen übersehen, sondern existenzbedrohende strategische Fehler begehen. In „Finden Sie Ihr Spielfeld, 1. Prinzip – Teil II" geht es darum, wie man für Kunden einen sinnvollen Unterschied macht und sich mit seinen Kernkompetenzen ein unverwechselbares Profil gibt. Ich beschreibe hier meinen Weg vom Normalweg- zum Nordwand-

Bergführer. Auch für Unternehmen jeder Größenordnung sind ein unverwechselbares Leistungsprofil und ein überlegener Kundennutzen das Herzstück der Strategiearbeit. Im Kapitel „Kluges Scheitern" (6. Prinzip) zeige ich anhand meiner Erfahrungen beim Sportklettern auf, dass sich der erfolgreiche Durchstieg einer extrem schwierigen Sportkletterroute im 9. Grad nicht am sicheren Boden planen lässt. Beim Sportklettern hilft nur cleveres, risikoarmes Experimentieren. Auch in Unternehmen erblicken Innovationen nicht durch die Arbeit am Reißbrett das Licht der Welt, sondern durch eine Vielzahl von mehr oder minder erfolgreichen Experimenten.

Das letzte der sieben Prinzipien stelle ich im Kapitel „Lernen, Schaffen und Erneuern" (7. Prinzip) dar. Es behandelt das Schaffen von Strukturen, die nachhaltige Leistungserbringung möglich machen und führt auch in die Lebensbereiche jenseits der Nordwand. Weder für Menschen noch für Unternehmen ist es langfristig möglich, ständig in einem Grenzbereich Leistungen zu erbringen. Gerade kreatives Arbeiten braucht neben einem geeigneten Arbeitsumfeld auch immer wieder Auszeiten und Ruhephasen, in denen das schöpferische Potenzial sich erneuern kann.

Am Ende des Buches gebe ich Ihnen im Kapitel „Ausstieg und Umstieg" Anregungen, wie Sie das Nordwand-Prinzip® geschickt einsetzen können, wenn Sie in Ihrem Wirkungsbereich einen neuen Weg finden wollen oder müssen. Ich biete Ihnen Überlegungen zum Finden neuer Strategien, zur Erstellung eines klaren Leistungsprofils und zur Entwicklung neuer Geschäftsaktivitäten und Leistungsangebote für Ihre Kunden.

Ich lade Sie als Leserin oder Leser ein, mit mir mental in die Nordwände ein- und auch wieder auszusteigen und beim Ausstieg zu überlegen, was Sie davon in Ihren persönlichen Lebens- und Arbeitskontext übertragen könnten.

Diese strategischen Prinzipien können sowohl einem Konzern als auch einem Einzelunternehmer helfen, die Prinzipien können von Führungskräften in weltumspannenden Firmen ebenso angewandt werden wie vom Inhaber eines Pizza-Restaurants oder einem Neuen Selbstständigen oder Freiberufler. Sie bilden in ihrer Gesamtheit ein bewährtes Gerüst zur Gestaltung wirksamer Strategiearbeit.

■ **Bevor wir gemeinsam einsteigen**

Konfrontiert mit einer Vielfalt unterschiedlicher und oft verwirrenden Definitionen der Begriffe „Planung", „Strategie" und „Führung", „Prinzip", möchte ich einleitend noch kurz darstellen, in welchem Wortsinne ich die folgenden Begriffe verwende:

Planung versus Strategie
Strategie und Planung sind nicht dasselbe. „Planung erzeugt Pläne, aber keine Strategie", formuliert Henry Mintzberg treffend. Pläne legen im Vorhinein fest, wer was wann in einem Ablauf genau zu tun hat. Sie beinhalten meist sehr konkrete Vorstellungen von der Art und Weise, in der ein bestimmtes Ziel verfolgt werden soll.

Deterministische Planung funktioniert jedoch nur in engen Grenzen. Dort, wo sie auf das Unvorhersehbare trifft, scheitert sie notgedrungen. Der Militärstratege Moltke wusste schon im 19. Jahrhundert: „Kein Plan überlebt die erste Feindberührung." Anders ausgedrückt: Kein Plan überlebt die Konfrontation mit der Realität.

In Situationen hoher Komplexität und großer Ungewissheit greifen Pläne nicht mehr. Dort, wo man keine Pläne mehr machen kann, weil vieles, was passieren kann, im Moment nicht erkennbar ist, braucht man Strategien. Strategien braucht man also dann, wenn man nicht weiß, was passieren wird. Der Fokus von strategischer Arbeit liegt in der Umwandlung von Ungewissheit in Gewissheit.

Strategiearbeit
Aus meiner Sicht bedeutet wirksame Strategiearbeit in diesem Sinne für Unternehmen Folgendes: zu einer gemeinsamen Logik des Handelns zu kommen, beim Gehen während des Unterwegsseins kontinuierlich zu lernen, sich beim Voranschreiten die Handlungsfreiheit zu bewahren, nach hinreichend hohen Erfolgspotenzialen zu suchen, diese aufzubauen und zu erhalten.

Strategisch
Als „strategisch" bezeichne ich sämtliches Denken, Handeln oder Verhalten, sei es bewusst oder unbewusst, das auf die Schaffung und Bewahrung von Erfolgspotenzialen gerichtet ist, sowie sämtliches Denken, Handeln und Verhalten, das die Zukunftswirkung heutiger Entscheidungen, auch jener, die nicht getroffen werden, mit einbezieht.

Strategische Führung

Strategische Führung bedeutet somit die Suche, den Aufbau und die Erhaltung hinreichend hoher und sicherer Erfolgspotenziale. Sie berücksichtigt auch die damit verbundenen langfristigen Wirkungen.

Operative Führung

Im Unterschied zur strategischen Führung ist die operative Führung auf die unmittelbare Erfolgserzielung gerichtet, sie dient der bestmöglichen Umsetzung der vorhandenen Erfolgspotenziale und darf dadurch langfristig ergiebige Erfolgspotenziale nicht schädigen.

Erfolgspotenziale

Als Erfolgspotenziale bezeichne ich, nach Gälweiler, die Gesamtheit der für den Erfolg relevanten Voraussetzungen, welche spätestens dann bestehen müssen, wenn es um die Erfolgsrealisierung geht. (Gälweiler, 1987)

Erfolgsrelevante Voraussetzungen können beispielsweise überlegener Kundennutzen, Produktentwicklungen, Produktionskapazitäten, die Attraktivität einer Marke, das Know-how der Mitarbeiter, die gute Zusammenarbeit aller Mitarbeiter und Funktionsbereiche, die Kernkompetenzen, Organisationsstrukturen, die eine optimale Leistungserbringung unterstützen, sowie die Marktposition sein. Diesen Voraussetzungen gemeinsam ist die Tatsache, dass ihr Aufbau Zeit in Anspruch nimmt und dass man sie meist nicht (mehr) kurzfristig aufbauen kann, wenn man ihr Fehlen an operativ schlechten Ergebnissen bemerkt.

Prinzipien statt Rezepte

Jedes Rezept beschreibt eine klare Abfolge von Schritten, die zum Erfolg führen: Zum Beispiel werden bei einem Kochrezept bestimmte Zutaten in bestimmter Reihenfolge vermengt und bewirken einen bestimmten Output, im besten Fall ein köstliches Gericht. Ein Rezept beinhaltet immer klare Handlungsanweisungen.

Ein Prinzip dient hingegen dazu, dem Handeln – gemäß den spezifischen Erfordernissen der Situation – Orientierung zu geben. Wenn ich das Wort „Prinzip" verwende, bezeichne ich damit nicht einen Grundsatz oder die dogmatische Einhaltung desselben – im Sinne von „prinzipiell" –, sondern das genaue Gegenteil.

Die im Buch beschriebenen Prinzipien sind als Orientierungsmöglichkeiten zu verstehen, die helfen sollen, neue Wege zu finden und neue Lösungen zu generieren. Sie geben oder schreiben nichts vor, im Sinne von „So soll man es machen!", sondern sind Hilfsmittel zum Finden und Realisieren von Strategien.

Mit dem Nordwand-Prinzip® das Ungewisse managen versteht sich somit nicht als ein How-to-do-Buch, das Ihnen simple und endgültige Antworten liefern will. Es gibt vielmehr Impulse, wie man über zentrale Fragen der Zukunftsgestaltung anders denken und wie man den Herausforderungen der Ungewissheit begegnen kann.

Ich verwende im Buch das generische Maskulinum, möchte aber betonen, dass Frauen bei all den Ausführungen immer mitgemeint sind.

Und nun lade ich Sie ein, mit mir einzusteigen!

Literaturempfehlungen

Dietrich Dörner: *Die Logik des Misslingens. Strategisches Denken in komplexen Situationen.* Rowohlt Verlag 1999

Heinz von Foerster: *KybernEthik.* Merve Verlag 1993

Edgar Morin: *Die sieben Fundamente des Wissens für eine Erziehung der Zukunft.* Krämer Verlag 2001

1. Prinzip: Finden Sie Ihr Spielfeld, Teil I

„Nur zweitklassige Leute wissen heute schon genau,
wo sie in fünf Jahren stehen werden."

Anton Zeilinger

Mit dem 1. Prinzip möchte ich darstellen, wie man ein neues Spielfeld finden und sich dieses erschließen kann. Aus meiner Sicht reicht es, den Antrieb zu haben, sich in ein ungestaltetes Feld zu begeben. Für das Neue hat man keine Planungsgrundlagen, es muss wie bei einer Expedition erst erkundet werden. „Expedire" bedeutet: „Neuland entdecken", wobei es sich hier nicht um tatsächliches Neuland, sondern um persönliches Neuland handelt. Es geht hier nicht darum, dass etwas „neu für die Welt" ist, sondern neu für die Menschen oder die Unternehmen, die etwas zum ersten Mal machen.

Zu Beginn jedes Unterfangens, das in diesem Sinne neu und erstmalig stattfindet, befindet man sich in einem Zustand der Unklarheit. Ich glaube, dass es in dieser Explorationsphase wichtig ist, die Unklarheit nicht als defizitären Zustand zu empfinden, sondern als unverzichtbaren Bestandteil des Erkundens und Entdeckens, das Schritt für Schritt zu einem Verständnis des größeren Kontexts sowie der Dynamiken und Interdependenzen des Feldes führt. Es geht darum, sich selbst ein gewisses Maß an Plan- und Zielfreiheit zu gestatten. Nur dieser Schwebezustand erlaubt es, wahrzunehmen, was möglich werden könnte.

Zu Beginn ist die Richtung wichtiger als das Ziel

In kleinen Schritten zum Fels

Das Erste, was ich sah, wenn ich als Kind vor die Tür unseres Hauses trat, war ein Berg. Unfassbar riesig schaute der Berg mit seiner respekteinflößenden Nordseite auf mich Fünfjährigen herab. Das alles entzündete meine Fantasie: Wie komme ich da hinauf? Was sieht man von dort oben alles? Wie sehen die steilen, felsigen Berge dahinter aus?

Direkt hinter dem Haus der Großeltern lag ein großer Wald, der durch Schienen von den angrenzenden Gärten getrennt war. Die Schienen markierten für mich zwei Welten. Diesseits die Welt der Straßen und Schilder, über die Eltern und Großeltern kamen und gingen. Jenseits der Schienen die unbekannte Welt des Waldes. Das Unbekannte übte eine große, fast magnetische Anziehungskraft auf mich aus, und so begann ich, den Wald Schritt für Schritt zu erkunden. Dieses schrittweise Erschließen noch nicht entdeckter Wege und Winkel, dieses Umwandeln von unbekanntem Gelände in bekanntes hatte für mich eine unglaubliche Faszination – später erlebte ich dies auch am Berg und in den Felswänden so.

Während der ersten Schuljahre kam ich mit dem Fußball-Verein, dem Ski-Club, dem Tennis-Club und dem Handball-Verein in Kontakt. Nach zwei Jahren kristallisierte sich für mich der Handball als die attraktivste Sportart heraus. Zum einen gab mir das Dazugehören zu einer Gemeinschaft sehr viel, das gemeinsame Trainieren und Hinarbeiten auf die Meisterschaftsspiele. Zum anderen waren meine körperlichen Voraussetzungen – ich war groß – dafür sehr günstig und in Kombination mit hartem Training führte ich sehr bald die Torschützen-Listen an.

Auch wenn ich einige Jahre viel Zeit und Energie in das Handball-Training investierte, war dabei doch nie jene Begeisterung mit im Spiel, die zuerst beim Wandern und später beim Bergsteigen und Klettern aufkam.

Meine alpine Biografie begann mit Wanderungen mit den Eltern in den heimatlichen Karawanken. Irgendwann folgten dann der erste Klettersteig und zwei Bergurlaube mit den Eltern am Fuße des Großglockners, wo ich zum ersten Mal in Kontakt mit Gletscherspalten und Bergführern kam. Mit dreizehn ging ich zum ersten Mal daran, auf eigene Faust eine mehrtägige Tour mit Freunden zu organisieren und durchzuführen. Wir hatten uns die Durchquerung der heimatlichen Berge auf kaum begangenen Wegen zum Ziel gesetzt. Während dieser prägenden vier Tage sind mir zum ersten Mal Gedanken in den Sinn gekommen wie: „Das möchte ich anderen Menschen gerne zeigen" oder „Dieses Erlebnis würde ich auch anderen gerne vermitteln". Es war zwar eine vage Vorstellung, doch sie erzeugte in meinem Inneren eine ungeheure Kraft und Energie. Ein zweiter Schlüsselgedanke während dieser Tour war folgende Überlegung: Wenn die Begehung der kaum begangenen und wenig bekannten Wege schon so viel spannender als die Route über die touristischen Trampelpfade war, um wie viel faszinierender musste es sein, dorthin zu gehen, wo keine Markierungen und keine Stahlseilsicherungen mehr vorhanden sind und wohin nur mehr wenige andere gehen?

Die Vorstellung, diese Berge ganz oben auf der Gratschneide zu überqueren, hatte sich als nahezu fixe Idee in meinem Kopf eingenistet und beschäftigte mich sehr. Was würde es dazu brauchen? Welche Ausrüstung würde es verlangen? Was an bergsteigerischem Können wäre dafür nötig? Klettern zu können konnte da oben sicher nicht schaden. Klettern, ja genau, Klettern müsste man lernen!

Nachdem ich wieder zu Hause war, begann ich mich mit allem zu beschäftigen, was irgendwie mit Klettern zu tun hatte. Ich lieh mir Bücher bekannter lebender und nicht mehr lebender Bergsteiger aus und versetzte mich durch ihre Schilderungen selbst in die Vertikale. Ich ging in Sportgeschäfte, um mir Bergsteiger-Ausrüstung anzusehen, und allein das Material zu berühren war für mich aufregend. Die Literatur zum Thema Klettern war noch nicht wirklich üppig und verbreitet, in Kärnten gab es damals, Ende der 70er-Jahre, noch keine Spezialgeschäfte und auch keine Spezial-Buchhandlungen rund ums Klettern und Bergsteigen.

Die Bilder in den Büchern zeigten hauptsächlich kühn wirkende, behelmte Männer, die in schweren Bergschuhen auf den Stufen von Strickleitern hingen, die sie vorher in der Wand an Haken befestigt hatten, und ich begann mir vorzustellen, wie denn das Klettern in der Wirklichkeit vor sich gehen würde.

Meine Schlussfolgerung aus dem Gelesenen und Gesehenen war, dass Klettern heutzutage aufgrund der vielen Strickleitern vor allem eine Frage des gewieften Auf- und Abseilens sei. So ganz klar war mir allerdings noch nicht, wie denn das Seil, an dem die Strickleiter hing,

43

nach oben kam? Ich stellte mir kühne Seilwürfe vor, die mit einer modernen Form von Enterhaken ein sicheres Aufseilen ermöglichten. Ich konnte mir jedoch in meiner Fantasie kein zufrieden stellendes Bild davon machen, wie denn „echtes" Klettern nun wirklich funktioniert, und so beschloss ich: Ich will einen Kletterkurs machen

Durch meine Infektion mit dem Bergvirus, meiner sprichwörtlichen Begeisterung für das Bergsteigen, gelang es mir Thomas Kappl, einen guten Freund und Schulkollegen, für die Teilnahme am Kletterkurs zu begeistern.

Mit der Anmeldung für den Kletterkurs verlor das Handballspielen massiv an Attraktivität. Obwohl in der Handball-Meisterschaft sehr erfolgreich, hatte ich das Gefühl: Das ist nicht meins oder zumindest nicht mehr. Alle Gedanken drehten sich nur mehr um das Klettern. Als das viel zu lange Schuljahr endlich vorbei war, fand gleich in der ersten Ferienwoche der heiß ersehnte Kletterkurs statt. Wir hatten uns gemäß Ausrüstungs-Checkliste ausgerüstet und stiegen mit unseren schweren Rucksäcken in den Autobus, der uns direkt unter die Nordabstürze des Klettergebietes bringen sollte.

Finden Sie Ihr Spielfeld – Kernfragen für die Suche

Rückblickend kann ich heute sagen, dass jedes konkrete Ziel, das ich mir damals gesetzt hätte, meilenweit hinter dem zurückgeblieben wäre, was in weiterer Folge tatsächlich für mich realisierbar wurde. Als ich mich damals mit meinen Freunden im wahrsten Sinn des Wortes auf die Socken machte und auszog, um ein Kletterer zu werden, hatte ich nicht den blassesten Schimmer von den Möglichkeiten, die sich später beim Klettern für mich auftaten.

Jetzt könnte man einwenden, dass man ein Ziel braucht, um die richtige Richtung einschlagen zu können. Nach dem Motto: „Wer seinen Hafen nicht kennt, für den ist jeder Wind der richtige." Ich glaube, dass die Gefahr, dass ich mich mit dem Normalweg zufrieden gegeben hätte, sehr groß gewesen wäre, hätte ich mir zu früh ein konkretes Ziel gesteckt.

Ich wusste aufgrund des Vergleichs mit den anderen von mir ausgeübten Sportarten, dass die Berge mein Spielfeld sind. Ich wusste es auch deshalb, weil ich in mich hineinhörte. Ich brach in diese Richtung auf, weil sich dieser Weg im Gehen für mich richtig anfühlte.

Mit den Bergen betrat ich ein Spielfeld, das mich faszinierte, das zugleich aber auch neu und unbekannt war und in dem es keine unterstützende Mannschaft und kein bereits aufgestelltes Tor gab. Ich wollte dieses neue Feld erkunden, und ich wollte dabei nicht dem Normalweg auf den Gipfel folgen. Denn der Normalweg hätte mich dorthin gebracht, wo die Massen waren. Ich wollte die faszinierende Bergwelt der einsamen Gipfel entdecken und erleben. Und ich wollte dorthin, wo die anderen nicht hingingen.

Folgende Lektionen aus der Wand habe ich aus meinen Anfängen mitgenommen und später in andere Lebensbereiche übertragen. Sie können diese Lektionen als Impulse für das Beschreiten von Neuland nehmen:

- Um Neuland zu entdecken, brauchen Sie zu Beginn nicht unbedingt konkrete Ziele und schon gar keinen detaillierten Plan. Worauf es ankommt, sind Begeisterung und Energie auf der Basis von Wachsamkeit und Besonnenheit.
- Wenn Sie ein neues Spielfeld für sich entdecken, ist die Richtung zu Beginn wesentlicher als ein konkretes Ziel. Der Weg muss sich im Gehen richtig anfühlen.
- Konkrete Ziele, die Sie sich zu Beginn stecken, würden meilenweit hinter dem später Möglichen zurückbleiben.

■ Kernfragen für den Einzelnen

In meiner Beratungstätigkeit beobachte ich bei Führungskräften, Managern und Unternehmern, dass manche schon in jungen Jahren ausgelaugt wirken, andere hingegen noch nach vielen Jahren in einem bestimmten Tätigkeitsfeld frisch und energetisiert wirken. Ob einer energielos oder kraftvoll ist, scheint mir weniger mit der Fitness, der persönlichen Konstitution oder der durchschnittlichen Wochenarbeitszeit in Stunden zu tun zu haben, sondern viel mehr mit der Frage, ob jemand ein Spielfeld für sich gefunden hat.

Meiner Erfahrung nach sind Menschen, die auf einem Weg sind, der voll und ganz der ihre ist, mit großer Energie ausgestattet, obwohl sie mit den gleichen Schwierigkeiten und Herausforderungen konfrontiert sind wie ihre ausgelaugten Kollegen. Der Weg versorgt sie im Gehen mit Energie, er bildet eine Kraftlinie.

Wie können Sie Ihr Spielfeld finden (falls Sie gerade auf der Suche sind)? Wie können Sie feststellen, ob Sie sich auf der Kraftlinie Ihres Weges befinden oder im kraftlosen Abseits?

Ich empfehle Ihnen dazu, sich zwei zentrale Fragen zu stellen. Diese Fragen sind einfach, jedoch in der Regel schwierig zu beantworten:
- Wer bin ich? Was ist mein größtes Potenzial?
- Wozu bin ich hier? Was ist meine Aufgabe?

Um Antworten auf diese Fragen zu finden, reicht es nicht aus, nachzudenken. Es hilft auch kein einfaches Durchgehen einer strukturierten Fragenabfolge. Vermutlich bringt auch ein Visions-Crashkurs mit fünfzehn anderen Gestressten nicht die erwünschten Antworten. Um sich mit diesen Fragen tiefer gehend auseinander zu setzen, müssen Sie in sich hineinhören und die Antworten aus Ihrem Innern wahrnehmen.

Michael Ray, Professor für Kreativität und Innovation, geht von der Annahme aus, dass in jedem Menschen zwei Menschen stecken: Der Mensch, der einer geworden ist, und jener, der er in der Zukunft werden könnte. *Was werden könnte* aus einem Menschen ist nicht als ein Ziel zu definieren, sondern als ein ihm inneliegendes, manchmal noch vages Potenzial.

Damit Sie dieses Potenzial wahrnehmen können, brauchen Sie Raum und Zeit, um in sich hineinzuhören. Solches Hören setzt Ruhe voraus, die Antworten dürfen weder im Außen noch im Innen von Lärm übertönt werden. Die Wahrnehmung des eigenen Potenzials setzt auch voraus, dass Sie nicht nur einmal, sondern öfter in sich hineinhören, am besten regelmäßig.

Welcher äußeren Struktur dieser innere Dialog folgt, dürfte von Mensch zu Mensch unterschiedlich sein. Manche Menschen meditieren, weil sie so ihren Geist beruhigen und dadurch ihre innere Stimme besser wahrnehmen können. Für andere ist Schreiben das Mittel der Wahl: ohne Selbstzensur das zu Papier zu bringen, was als spontane Antwort auf obige Fragen kommt. Überraschend ist auch, was aus Menschen herausprudeln kann, wenn ein vertrauter Mensch wiederholt die Fragen „Wer bist du? Was ist dein größtes Potenzial? – Wozu bist du hier? Was ist deine Aufgabe?" stellt, auf die Antworten hin nachhakt und dem anderen dabei hilft, seiner inneren Stimme Ausdruck zu verleihen. Für mich ist es beispielsweise besonders hilfreich, mich mit diesen Fragen beim Gehen, Wandern oder Sitzen in der Ruhe der Natur auseinander zu setzen.

Eine andere Möglichkeit wählte der Schokoladen-Neuerfinder Sepp Zotter: In einer schwierigen Neuorientierungsphase bestellte er alle Zeitungen ab, gab den Fernseher weg und nutzte die dadurch freigewordene Zeit, um sich mit den Fragen nach seinem optimalen Spielfeld intensiv auseinander zu setzen. Heute exportiert er seine innovativen Schokoladen weltweit und seine Schoko-Manufaktur wird – obwohl in einer sehr ländlichen Region gelegen – jährlich von 80.000 Menschen besucht. Eine ausführlichere Beschreibung seiner Geschichte finden Sie im Kapitel „Drei Wege zum Erfolg: Beispiele aus der Praxis".

Herauszufinden, was bei einem selbst funktioniert, ist ein ebenso elementarer Teil der Suche nach dem eigenen Spielfeld wie das kontinuierliche Arbeiten daran. Antworten auf diese Fragen sind keine Sache eines Wochenendes.

■ Kernfragen für Unternehmen

Auch Unternehmen müssen ihr Spielfeld finden und sich mit den Kernfragen:
- Wer sind wir? Wer könnten wir werden?
- Wozu sind wir hier? Was ist unsere Aufgabe?

auseinander setzen.

Gerade zu Beginn unternehmerischer Aktivitäten ist es wichtig, sich von den Antworten auf diese zentralen Identitätsfragen in die Zukunft leiten zu lassen.

Wie der Einzelne kann auch ein Unternehmen in sich hineinhören: in Form von Workshops, durch Dialoge, durch strategische Time-outs. Ernst Müllner, Direktor von Phillips Sound Solutions, betont, es sei wichtig, sich permanent mit den Kernfragen zu beschäftigen, sich immer wieder „zurückzulehnen" und Auszeiten zu nehmen. Auch diese Geschichte wird im Kapitel „Drei Wege zum Erfolg: Beispiele aus der Praxis" noch ausführlicher beschrieben.

Bhidé (2000) hat Interviews mit Gründern von 100 Unternehmen aus der Liste der 500 am schnellsten wachsenden US-Unternehmen geführt und zutage gefördert, dass diese Unternehmer großteils „keinen Plan hatten":

- 41% hatten überhaupt keinen Unternehmensplan,
- 26% hatten nur einen rudimentären, auf Zettel gekritzelten Unternehmensplan,
- 5% hatten Finanzprognosen für Investoren ausgearbeitet,
- 28% erstellten einen umfassenden Unternehmensplan.

Den Ruf der möglichen Zukunft wahrzunehmen und aufzubrechen, ist wahrscheinlich wichtiger, als schon am Anfang eine allzu konkrete Zielvorstellung zu haben. Manchmal ertönen die leisen Signale einer möglichen Zukunft an ganz unscheinbaren Plätzen. Es kann eine Begegnung mit anderen Menschen sein oder der Zufall, der einem bestimmte Ideen nahe bringt.

Ich will dazu eine Geschichte aus meinem näheren Umfeld erzählen, die ich für äußerst spannend halte.

Der Ironman Austria

Mitte der 90er-Jahre entdeckt der junge, engagierte Goldschmied Georg Hochegger aus Kärnten in Südösterreich seine Begeisterung für den Triathlon-Sport. Triathlon besteht aus der Kombination von Schwimmen, Radfahren und Laufen. Besonders der Ironman-Bewerb in Hawaii hat zum weltweiten bekannt Werden des Sportes beigetragen. Ein Ironman bedeutet: 3,8 km Schwimmen, danach 180 km Radfahren und als Draufgabe einen Marathon mit den obligatorischen 42,5 km Laufstrecke. Das alles ist nicht etwa von einer Mannschaft oder an verschiedenen Wettkampftagen zu absolvieren, sondern jeweils von dem einzelnen Athleten, und zwar direkt nacheinander in der aufgezählten Reihenfolge.

Hawaii ist Mitte der 90er-Jahre für Georg Hochegger weit, weit weg, aber im deutschen Roth findet eine Ironman-Veranstaltung statt. Georg meldet sich an und bereitet sich auf den Wettkampf vor. Außerdem entwirft er eine goldene Ansteckadel, die einen Triathleten symbolisiert, und bewirbt diese in einem amerikanischen Triathlon-Magazin. Mark Allen, mehrfacher Ironman-Sieger und internationale Leitfigur des jungen Sports, wird auf das Schmuckstück aufmerksam. Der junge, unbekannte Hochegger und der Star der Szene, Mark Allen, treffen sich in Roth, weil Mark Allen eine Ansteckadel kaufen möchte, und kommen ins Gespräch. Sie unterhalten sich über den Triathlon-Sport, dessen Entwicklung und die Lizenzvergaben für die Ironman-Bewerbe. Georg

Start und Zieleinlauf beim Ironman Austria in Klagenfurt. Rechts: Das Organisatorenteam in Monaco: Stefan Petschnig, Fürst Albert von Monaco, Georg Hochegger, Helge Lorenz (vo.li.)

Hochegger ist durch die Landschaft Kärntens verwöhnt und nicht besonders begeistert vom landschaftlichen Ambiente des Roth-Triathlons, vor allem deshalb nicht, weil er durch den Rhein-Main-Donau-Kanal schwimmen muss. Was ihn aber verwundert, ist die Tatsache, dass sich trotzdem über 2.000 Starter zur Veranstaltung eingefunden haben.

Zurück zu Hause, erzählt er seinem Triathlon-Freund Helge Lorenz von seinen Eindrücken und die beiden entwickeln die vage Idee, vielleicht selbst einmal einen Ironman-Triathlon in Kärnten zu veranstalten. So an die 1.000 Teilnehmer müssten doch an den schönen Wörthersee zu locken sein. Helge Lorenz kommt die Idee sehr gelegen, da er auf der Suche nach einem Thema für die Abschlussarbeit seines Betriebswirtschafts-Studiums ist und er beginnt ein Organisations- und Vermarktungskonzept zu entwickeln.

Der Plan sieht vor, durch eine Abfolge von Vorveranstaltungen innerhalb von fünf Jahren einen Ironman-Bewerb nach Kärnten zu holen. Weiters sieht das Konzept vor, dass sich die Teilnehmerzahlen wie folgt entwickeln: 300 Teilnehmer im ersten Jahr, 600 Teilnehmer im zweiten und 900 Teilnehmer im dritten Jahr. Damit könnten in fünf Jahren die Voraussetzungen für eine Ironman-Lizenz geschaffen werden. Außerdem wird noch der Offizier und Triathlet Stefan Petschnig ins Boot geholt. Er könnte durch seine guten Kontakte zum Heeres-Sportverein optimal zur organisatorischen Abwicklung der Wettkämpfe beitragen. Die drei wollen das Ganze in der Rechtsform eines Vereins abwickeln und sämtliche kommerziellen Angelegenheiten einer Agentur übergeben. Ihnen selbst geht es in erster Linie um einen faszinierenden Wettkampf, eine optimale Organisation und ein Festival des Triathlon-Sports. Soweit der Plan.

Der erste Triathlon am Wörthersee findet 1998 statt, trägt den Namen Trimania und im Grunde läuft so gut wie nichts nach Plan. Die drei können den Event nicht als Verein abwickeln und die kommerziellen Belange einer Agentur übergeben, da sich das Auftreiben der

Sponsoren auf diese Art als nicht Erfolg versprechend herausstellt. Also gründen sie noch 1997 die Triangle Show & Sports Promotion GmbH. Sie versprechen allen Sponsoren 300 Teilnehmer.

Zum ersten Bewerb kommen jedoch nicht wie geplant 300, sondern nur 124 Teilnehmer. Im Wettkampf fährt ein Autofahrer den Führenden auf der Radstrecke an und aufgrund dieses Unfalls muss noch während des Rennens eine Streckenänderung organisiert und durchgeführt werden! Auch finanziell geht die Veranstaltung für die drei gerade noch glimpflich aus.

Zugleich treten zwei weitere Veranstalter in Österreich auf den Plan, die ebenfalls die Lizenz für den Ironman Austria bekommen wollen. Mit dem Fünfjahresplan wird es also sicher nichts. Es heißt schneller und besser zu sein als die anderen.

Etwas niedergeschlagen und verunsichert nehmen sich die drei Organisatoren ein Time-out von einer Woche auf einer Almhütte und reflektieren die abgelaufene Veranstaltung. Gemeinsam stellen sie sich die Frage: „Wer wollen wir sein? Was könnten wir erreichen?"

In der Woche darauf meldet sich Mark Allen überraschenderweise bei Georg Hochegger. Dieser hatte sich den Trimania-Bewerb angesehen, weil er Georg Hochegger durch den Kauf der Anstecknadel noch in guter Erinnerung hatte. Mark Allen hatte gesehen, dass der Bewerb wesentlich besser organisiert gewesen war als die Teilnehmerzahlen ahnen ließen. Georg Hochegger traut seinen Ohren kaum, als Mark Allen ihm sagt: Ihr bekommt die Lizenz für den Ironman Austria 1999!

Die weitere Entwicklung gebe ich hier anhand von Zahlen, Daten und Fakten wieder: 1999 kommen statt der geplanten 600 Starter 802 und im Jahr 2000 sind es 1.138. Aufgrund der optimalen Wettkampf-Organisation wächst die Veranstaltung weiter und die drei Organisatoren erhalten 2002 zusätzlich die Lizenz für den Ironman France in Gérardmer. 2005 kommt die Lizenz für den Ironman Südafrika in Port Elizabeth dazu sowie eine Lizenz für eine Halb-Distanz in Monaco. 2005 nehmen alleine in Kärnten 2.200 Starter teil und die Triangle Sport Promotion GmbH macht mit etwas über 20 Mitarbeitern in Kärnten, Frankreich und Südafrika einen Umsatz von sechs Millionen Euro. 2006 avanciert die Veranstaltung zum größten Ironman-Triathlon weltweit. Nicht schlecht für etwas, das acht Jahre zuvor als leidenschaftliche Nebensache begonnen hat.

Die Zahl, die mich am meisten beeindruckt hat, ist für mich aber folgende: 2006 wird die Veranstaltung in Kärnten von über 2.000 (!) ehrenamtlichen Helfern unterstützt und nahezu unvorstellbare 100.000 Zuschauer feuern die Athleten entlang der Strecke an. Die Zahl zeigt, dass Helge Lorenz, Stefan Petschnig und Georg Hochegger die Kernfragen ihres Unternehmens „Wer sind wir? Wer könnten wir werden?" und „Wozu sind wir hier?" nicht nur für sich selbst beantwortet haben, sondern über sich selbst hinausgedacht und durch aktive Einbindung eine große Zahl begeisterter Sportler und Sportanhänger für eine großartige Veranstaltung gewonnen haben. Durch eine echte Auseinandersetzung mit diesen Kernfragen lassen sich nicht nur Orientierung und Klarheit herstellen, sondern auch große Gemeinschaften bilden.

Zentraler Bestandteil für das Finden des eigenen Spielfeldes ist es, nachzudenken, sich Zeit zu nehmen, in sich hineinzuhören, aufzubrechen und das neue Feld langsam zu erkunden.

Finden Sie Ihr Spielfeld ...

Meine Ausführungen zum 1. Prinzip bleiben hier noch bewusst unvollständig. Mit diesen Geschichten und Gedanken zu Beginn will ich herausstreichen, dass sich jeder Einzelne und jedes Unternehmen sofort auf den Weg machen kann. Um etwas zu beginnen, reicht es, von etwas fasziniert zu sein und es zu wagen, seinen eigenen Weg zu gehen.

Das 1. Prinzip wird im Buch aber noch einmal zu einem zentralen Thema werden. Vorerst möchte ich Sie aber wieder in die Vertikale mitnehmen und lade Sie ein, mir gedanklich wieder in die Berge zu folgen, zurück in das Jahr 1981 zu meinen ersten Schritten im Fels.

Literaturempfehlungen

Mary Catherine Bateson: *Composing a Life*. Grove Press 1989
Amar V. Bhidé: *The Origin and Evolution of New Businesses*. Oxford University Press 2000
Michael Ray: *The Highest Goal*. Berrett-Koehler Publishers 2004

2. Prinzip: Neu Hinschauen

„Das Wirkliche ist nur ein Sonderfall des Möglichen,
und deshalb auch anders denkbar.
Daraus folgt, dass wir das Wirkliche umzudenken haben,
um ins Mögliche vorzustoßen.“

Friedrich Dürrenmatt

Mit dem 2. Prinzip weise ich darauf hin, dass Menschen und Unternehmen unterschiedliche Perspektiven auf denselben Sachverhalt brauchen, wenn Möglichkeiten für neue Wege gefunden werden sollen.

Wir brauchen darüber hinaus auch ein Bild vom größeren Kontext, in dem wir oder unser Unternehmen operieren. So wie Kletterer das Gebirge und das Bergsteigen insgesamt verstehen müssen, um dauerhaft erfolgreich durch die Wände klettern zu können, brauchen auch Manager und Unternehmer ein Verständnis von der Gesamtdynamik, vom Zusammenspiel und von den wechselseitigen Abhängigkeiten der beteiligten Faktoren in ihrem Umfeld.

Ich möchte in diesem Zusammenhang darauf hinweisen, was für einen großen Einfluss unsere Sprache sowie die Art und Weise, wie wir mit uns selbst und anderen in Dialog treten, darauf haben, was Einzelne und Teams wahrnehmen und an Möglichkeiten erkennen können.

Erste Schritte im Fels

Thomas Kappl und ich nehmen in den Sommerferien am Kletterkurs teil. Um es gleich vorwegzunehmen, der Kletterkurs ist für mich eine ziemliche Ernüchterung. Das Klettern selbst gestaltet sich schwierig,

Neu Hinschauen am Berg und im Unternehmen

was mich verunsichert und mir beim Klettern Angst macht. Dazu kommt die für mich brutale Erkenntnis, dass es keine ausgeklügelte Technik – mit irgendwelchen Wurfankern oder Enterhaken – gibt, um das Seil nach oben zu bekommen. Klettern funktioniert vielmehr so: Das Kletterseil hat zwei Enden, und eines davon ist das „scharfe Ende". Als „scharf" bezeichnet man das Ende, weil der Vorsteiger an diesem Seilende die Wand nach oben klettert. Dabei wird er von unten gesichert und kann daher beim Vorsteigen auch wieder hinunterfallen. Manchmal auch ziemlich weit.

Die Höhe eines möglichen Sturzes hängt im Einzelfall von der Qualität und der Anzahl der so genannten Zwischensicherungen ab: Zwischensicherungen sind entweder vorhandene Haken, die andere Seilschaften in die Felsritzen geklopft und dort belassen haben, oder der Vorsteiger bringt selbst Sicherungen in Form von Haken oder Klemmkeilen an. Je weiter die Zwischensicherungen voneinander entfernt sind, desto gefährlicher wird das Klettern.

Deswegen wird so an die fünf- bis achtmal auf einer Seillänge von etwa vierzig Metern zwischengesichert. Klettert der Vorsteiger dann beispielsweise in dreißig Metern Höhe sechs Meter über den letzten Haken hinaus, beträgt die mögliche Sturzhöhe zweimal sechs Meter – einmal die ersten sechs Meter zurück bis zum Haken, dann die zweiten sechs Meter am Haken vorbei bis das Seil sich spannt – plus etwa drei Meter für Seildehnung und Sturzbremsung. Das heißt, ein gefährlicher Fünfzehn-Meter-Sturz ist möglich, auch wenn ich nur sechs Meter vom Haken nach oben klettere.

Der Vorsteiger sollte in alpinem Gelände also besser nicht stürzen. Es fällt mir beim Kurs wie Schuppen von den Augen, dass es so etwas wie hundertprozentige Sicherheit beim Klettern nicht gibt, da auch bei perfekter Absicherung immer größere Stürze möglich sind. Ich lerne, dass die Sicherheit beim Klettern weniger von den technischen Sicherungsmitteln abhängt – so wie ich es mir eigentlich vorher gedacht hatte –, sondern zum größten Teil von meiner Souveränität als Vorsteiger: von meinem Können, meiner Routine, meiner richtigen Einschätzung des Geländes und der allgemeinen Bedingungen sowie von meinen Entscheidungen während der Tour.

Meinem Freund Thomas fällt das Klettern um einiges leichter als mir, was mich einerseits ein bisschen eifersüchtig werden lässt, andererseits kann ich davon auch profitieren, weil er auf unseren ersten Touren derjenige ist, der das Seil nach oben bringt. Unmittelbar nach dem Kletterkurs machen wir uns auf und klettern selbstständig unsere ersten Routen. Das heißt, dass nun kein Kletterlehrer oder Bergführer mehr da ist, der uns Entscheidungen abnimmt. So haben wir, angefangen bei der Auswahl der Route, der Beurteilung des Wetters, bis zum Finden des Einstiegs und des Routenverlaufs, alle wesentlichen Punkte selbst zu entscheiden.

Ich lerne nun, dass sich beim Durchklettern einer Wand schon im Vorfeld Entscheidendes abspielt. Bevor wir selbstständig in eine uns unbekannte Kletterroute einsteigen, setzen wir uns mit dieser Wand intensiv auseinander. Zum einen, um die relevanten Informationen zu sammeln, die wir für den erfolgreichen Durchstieg brauchen. Zum anderen, um jene mentale Substanz aufzubauen, die uns ermöglicht, auch einige Meter über dem letzten Haken eine schwierige Kletterstelle zu meistern und weiter nach oben ins Ungewisse zu klettern. Diese Substanz lässt sich am besten mit dem von Albert Bandura geprägten Begriff der *Selbst-Wirksamkeit* beschreiben. Es handelt sich um die eigene Überzeugung, den Anforderungen der gewählten Route gewachsen zu sein. Wir klettern nur Routen, bei denen wir die Überzeugung haben, sie auch zu schaffen.

Eine Schlüsselerfahrung in dieser Zeit der ersten selbstständigen Berg-Unternehmungen ist für mich die Erkenntnis, dass es unterschiedliche Perspektiven auf die Wand gibt und dass es wichtig ist, alle zu kennen. So kann eine Wand, die ich zuerst nur frontal von vorne sehe, für mich unnahbar und bedrohlich wirken. Von der Seite relativiert sich dieser Eindruck jedoch, die Wand wirkt nun nicht mehr so steil wie von vorne und ich kann bereits Felsabstufungen und Kanten erkennen. Gehe ich weiter bis zum Wandfuß, sehe ich bereits Möglichkeiten, hochzusteigen.

Eine einzige Perspektive auf die Wand wäre vielleicht so erschreckend und abweisend, dass sie mich davon abhält, einzusteigen. Eine andere Perspektive kann hingegen auch trügerisch harmlos sein und mich dazu verführen, das Unternehmen zu unterschätzen. Ich lerne bei meinen ersten Routen also, dass ich mehrere Perspektiven auf die Wand brauche, damit sich daraus ein Gesamteindruck und eine realistische Einschätzung der Situation ergibt. Es passiert mir anfangs öfter, dass ich mir beim ersten Anblick einer schwierigen Wand spontan denke: „Das schaffe ich nicht!" oder „Das ist nicht möglich!" Meist dauert es jedoch nicht lange, bis ich meine Einschätzung revidieren muss – weil wir schließlich doch in die Wand einsteigen und die Route schaffen.

Doch nicht nur der Wechsel der Perspektive auf die Wand ist wichtig für die Einschätzung der Herausforderung, ich brauche auch den Wechsel zwischen Distanz und Nähe zur Wand. Ich will diesen wesentlichen Punkt mit dem Begriff des Zoomens beschreiben. Um die gesamte Wand und den ganzen Routenverlauf zu erfassen, muss ich den großen Überblick über die Wand bekommen. Thomas und ich suchen uns dafür beispielsweise während des Zustiegs einen geeigneten Platz und versuchen die mögliche Route im Fels auszumachen. Bei besonders schwierigen Routen machen wir dies schon Tage oder auch Wochen vor der Begehung der Route. Wir nehmen ein Fernglas mit und suchten die Wand nach Klettermöglichkeiten und Standplätzen ab. Standplätze findet man in der Route üblicherweise im Abstand von 30 bis 40 m, sie dienen als stabile Sicherungsplätze für die Seilschaft. Wir verschaffen uns auch einen Überblick über mögliche Fluchtwege oder Rückzugsmöglichkeiten und blicken dabei über die Ränder der Wand hinaus. Was alles könnte noch relevant werden? Gefahrenzonen, Steinschlag von anderen Bergen beim Zustieg, Wetterentwicklung? Daraus ergibt sich dann für uns der Gesamtüberblick.

Ich brauche die große Distanz zur Wand, aber natürlich im Gegenzug auch die Nähe. Ich muss den Fels sehen und ihn spüren, um ein Gefühl von Vertrauen aufzubauen. Ich brauche die unmittelbare Nähe von wenigen Zentimetern, damit mein Auge auf dem Fels jene kleinen Unebenheiten und Rauheiten erkennt, die zuerst als Griffe und dann als Tritte dienen. Und ich muss mich manchmal mit den Händen am Fels weitertasten, um Griffe, die ich nicht sehen kann, einfach nur zu erfühlen.

Wenn ich dann in der Route klettere, setzt sich dieses Wechselspiel von Distanz und Nähe auf ähnliche Weise fort. In manchen Passagen klebe ich förmlich am Fels und versuche mit minimalen Haltepunkten ganz vorsichtig diffizile Kletterbewegungen auszuführen. Kaum habe ich wieder große Griffe und Tritte zur Verfügung, kann ich mich mit dem gesamten Körper aus der Wand hinauslehnen und nach oben blicken. So verschaffe ich mir einen Überblick darüber, wie ich die nächste Kletterstelle meistern kann und wie es oben weitergehen wird. Ich muss mich vom Kletterproblem buchstäblich lösen, um es lösen zu können. Auch Thomas braucht diesen ständigen Wechsel von Auszoomen und Einzoomen, um erfolgreich nach oben zu kommen und auf der richtigen Route zu bleiben.

Manchmal setzen wir uns vor einer Tour gemeinsam mit einem Fernrohr auf eine Wiese und beobachten die Wand. Wir tun nichts anderes als hinzuschauen und nach Ähnlichkeiten zu vorangegangenen Routen zu suchen. Wir erkennen immer schneller, welche Route für uns machbar ist und welche nicht. Dadurch kommen wir unweigerlich

ins Visualisieren. Ich sehe mich dann bei der erfolgreichen Bewältigung einer schwierigen Stelle, versetze mich in diese Situation hinein
und denke mir dabei: „Es wird hart werden, aber wenn ich mein Bestes
gebe, ist es möglich." Lange bevor wir in Kontakt mit Trainingsmetho-
den kommen, die diese Visualisierungsformen gezielt einsetzen, haben
wir bereits intuitiv visualisiert.

Wir verfolgen unsere Sache leidenschaftlich, was uns sehr schnell besser und erfahrener werden lässt. Schritt für Schritt kommen wir so zu
einem Verständnis der Gesamtzusammenhänge und relevanten Dynamiken und zu einer Einschätzung, wie wir uns in diesen Kontext einordnen können und was für uns machbar ist. Im ersten Jahr nach dem
Kletterkurs – damit beginnt für uns die Zeitrechnung – fahren wir das
erste Mal in die Dolomiten und können Routen im 4. Schwierigkeitsgrad klettern. Es gibt damals sieben alpine Schwierigkeitsgrade. Im
Klettergarten und in den heimatlichen Karawanken können wir bereits
ein paar Routen im 5. Schwierigkeitsgrad klettern. Mit diesen Aktivitäten ergeben sich Kontakte zu anderen Kletterern und bald werden
wir in der Szene als ernst zu nehmende Seilpartner gesehen.

Im zweiten Jahr kommen wir das erste Mal an Routen im unteren 6.
Schwierigkeitsgrad heran und für mich kommt ein persönlicher Durchbruch. Bis dahin habe ich in Situationen, die ich als „wahrscheinlich zu
schwer für mich" eingeschätzt hatte, gerne meinem jeweiligen Seilpartner den Vorstieg und damit auch das größere Risiko überlassen, dabei
aber innerlich gespürt, dass ich mich unter meinem Wert geschlagen
gebe.

■ Neu Hinschauen unter Druck

Im August 1983 machen Thomas und ich uns daran, einen Wunsch-
traum in den Dolomiten zu realisieren. Wir klettern die Gelbe Kante an
der Kleinen Zinne, eine wunderschöne, kerzengerade, senkrechte Route, die eine der Traumlinien der Dolomiten ist. Relativ rasch erreichen
wir die Schlüsselstelle in etwa 250 Meter Kantenhöhe. Dort kommt für
mich der Moment der Wahrheit:

Irgendwie habe ich beim Klettern im Dolomit den Überblick verloren. Die Spitzen der Kletterschuhe finden zwar immer ausgeprägte

Kanten und Leisten, aber unter dem Rest der Sohle befinden sich 250 Meter Luft. Ein Tritt bricht aus, ich blicke ihm nach. Sekunden später schlägt er zehn Meter von der Wand entfernt im Schuttkar auf, ohne während des Falls auch nur einmal den Fels zu berühren – die Kante hängt hier mächtig über. Mit stark erhöhtem Pulsschlag rette ich mich auf ein schmales Band. Ganz eng schmiege ich meinen Körper an den Fels, fast als wolle ich eins werden mit ihm, aber nicht aus Sehnsucht nach dem Einssein, sondern aus nackter, fast panischer Angst. Verkrampft kralle ich mich in die Wand und wage kaum zu atmen. Der Puls steigt und zwischendurch beginnen die Füße auf dem schmalen Sims zu zittern. Ich versuche aus dieser verkrampften Stellung heraus nach oben zu blicken und die Route auszumachen – ich sehe nichts, was mich weiterbringen könnte, und ich sehe auch keinen Haken weit und breit.

Allein der Gedanke an den Blick in die Tiefe verursacht mir ein flaues Gefühl in der Magengegend. Mir wird schlagartig klar, dass ich von der Originalroute abgekommen bin. *Was tun? Zurück … geht niemals. Hinauf … geht vielleicht, aber eben nur vielleicht.* Ich beginne immer stärker zu zweifeln. *Das schaffe ich nie … Soll der Thomas das probieren … aber wie komm ich wieder zu ihm hinunter? … Springen? … Stop! Aus!* Ich merke, wie ich mir mit diesen Gedanken selbst schade. Wie der Dialog, den ich mit mir selber führe, mir die Kraft raubt. *Genau das habe ich doch immer gewollt: im Vorstieg klettern, im senkrechten Dolomitenfels führen, auch wenn es schwer, ausgesetzt und hart ist.* Ich versuche mich durch tiefes Ausatmen zu beruhigen und schaffe es damit, die verkrampften Hände aus der kraftraubenden Winkelstellung in eine entspannte, gestreckte Armhaltung zu bringen.

So kann ich mich vom Fels lösen und einen Überblick gewinnen, um meine Situation überhaupt realistisch beurteilen zu können. Der Blick nach unten ist tatsächlich so atemberaubend, wie ich mir das vorgestellt habe. Nur Luft unter meinen Sohlen, 250 Meter tiefer das Kar und irgendwo unter mir sehe ich Thomas und sein gespanntes Gesicht. Der letzte Haken ist ziemlich weit unten, aber gut. *Ein Sturz würde weit gehen … so an die 25 Meter, aber ich würde mir nicht wehtun … es ist hier ja unheimlich steil … wahrscheinlich fliege ich ohne gröberen Felskontakt einfach ins Freie … und hänge dann neben Thomas frei in der Luft … das ist vermutlich die Konsequenz, ganz egal, ob ich jetzt abspringe oder beim Versuch hinaufzuklettern stürze.* Der Gedanke beruhigt mich noch nicht wirklich, aber er erleichtert mich etwas und ich denke mir: *Wenn die Konsequenzen ohnehin dieselben sind, ist es besser zu stürzen, als zu springen.*

Ich blicke wieder nach oben. Dadurch, dass ich mich vom Fels gelöst habe und mich hinauszulehnen wage, sehe ich plötzlich viel mehr, als ich vorher sehen konnte. *Da oben scheinen bessere Griffe zu sein als gedacht, zwei schwierige Züge, dann kommen große, gute Löcher. Von dort könnte es nach links zur Schuppe und dann weitergehen. Weiter oben scheint auch eine Nische zu kommen. Vielleicht lässt sich da oben mit Klemmkeilen ein Standplatz bauen, und wenn es dann schon nicht weitergeht, können wir von da oben zumindest einen Rückzug durch Abseilen versuchen und ich muss nicht springen.* Ich beginne mir die nächsten Momente vorzustellen und rufe Bilder vom erfolgreichen Bewältigen einer solchen Kletterstelle ab, wie ich sie mir beim Visualisieren ausgemalt hatte: Raufklettern, es schaffen. Irgendwie geben mir diese Bilder Kraft und meine Zweifel schwinden.

Mein Fokus verengt sich plötzlich, ich blicke nur noch maximal bis zu den Zehenspitzen nach unten und auf die nächsten Griffe über mir. In dem Moment, in dem ich losklettere, gibt es nur noch eins: Klettern. Alles andere ist ausgeblendet. Ein Griff nach dem anderen, ein Schritt nach dem anderen, mit jeder gelungenen Bewegung kommt mehr Zuversicht auf und irgendwie erreiche ich die großen, guten Griffe und hangle mich über die Felsschuppe in die Nische. Dort kann ich bequem stehen und finde Risse im Fels, in die ich meine Klemmkeile legen und einen Standplatz bauen kann.

Als Thomas nachklettert, merke ich, dass es ganz schön schwer gewesen sein muss. Eine her-

Oben die Gelbe Kante in den Sextener Dolomiten, unterer 6. Schwierigkeitsgrad, in der Mitte der erste Seilpartner Thomas Kappl, unten der Autor

ausfordernde Passage wartet noch über uns. Die Erfahrung, dass ich diese dramatische Situation so erfolgreich gemeistert habe, hat mich aufgebaut, und ich mache mich gleich an den Vorstieg in der nächsten Seillänge. Danach kommen wir wieder auf die Originalroute zurück und können die Tour ohne größere Probleme abschließen.

Hätte mich zwei Jahre davor jemand unter die Gelbe Kante gestellt und mir gesagt, dass ich diese irgendwann durchklettern könnte, hätte ich gesagt: „Unmöglich! Niemals." Und mir gedacht: „In drei, vier Jahren könnte es vielleicht gehen." Ein Jahr später habe ich diese Kante nun gemeinsam mit Thomas geschafft. Ein unglaubliches Gefühl bleibt zurück. Es hat nicht nur mit der Route zu tun, sondern vor allem mit der konkreten Erfahrung, dass ich mein Bestes gegeben habe. Das war nur möglich, weil es mir unter Druck gelungen war, einen neuen Blickwinkel einzunehmen und *neu hinzuschauen*.

Lektionen aus der Gelben Kante

Ich erkannte schon vorher die Wichtigkeit des Verständnisses der Gesamtdynamik, des Perspektivenwechsels und des Zoomens. Mir wurde klar, dass die angemessene Beurteilung einer schwierigen Situation nur dann möglich ist, wenn man sich vorher einen Gesamtüberblick aus unterschiedlichen Perspektiven verschafft. An diesem besonderen Tag an der Gelben Kante der Kleinen Zinne wurde mir darüber hinaus bewusst, dass erstens Distanz und Nähe zum Problem notwendig sind und dass zweitens der innere Dialog bestimmt, was man wahrnehmen kann und was nicht. Mir wurde der wesentliche Einfluss der Sprache auf das, was für jemanden möglich oder unmöglich wird, klar. So führte der innere Dialog an der Gelben Kante bei mir dazu, dass ich die überlebensnotwendigen Griffe und Tritte zuerst nicht sehen konnte. Nachdem ich auf einen produktiven inneren Dialog umgestiegen war, erkannte ich plötzlich Möglichkeiten, wo vorher keine gewesen waren.

Sie sollten in Situationen, in denen Sie in unternehmerischen oder beruflichen Belangen neue Möglichkeiten suchen, das Prinzip des Neu Hinschauens anwenden:

- Die vermutete Schwierigkeit einer Situation ist meist eine Frage des Blickwinkels. Wechseln Sie daher bewusst die Perspektive.

- Ändern Sie auch Ihre Zoom-Einstellung: Gerade in schwierigen Situationen sollten Sie sich zurücklehnen, sich im wahrsten Sinn des Wortes vom Problem lösen und den größeren Kontext betrachten. Mit etwas Abstand können Sie vielleicht neue Möglichkeiten erkennen, die Sie vorher nicht gesehen haben. Manchmal brauchen Sie auch mehr Nähe und müssen genauer hinschauen. Wechseln Sie Ihre Zoom-Einstellungen daher systematisch.
- Achten Sie auf die Sprache und die Form Ihres inneren Dialogs.

◼ Impulse für den Einzelnen

Bewusst die Perspektiven wechseln
Die Ein- und Ausgangswege des neuro-zerebralen Systems, die den Organismus mit der Außenwelt verbinden, machen bei einem Menschen nur etwa 2 % vom Ganzen aus. Das bedeutet zugleich, dass 98 % des neuro-zerebralen Systems mit dem inneren Funktionieren beschäftigt sind. Hierin liegt einerseits großes Potenzial, da hier Ideen, Zukunftsbilder und Fantasien entstehen. Andererseits verschleiert diese innere Welt unseren Blick auf die äußere Welt, was immer wieder dazu führt, dass wir uns täuschen. Um eine möglichst angemessene Sicht der Dinge zu bekommen, brauchen wir daher unterschiedliche Perspektiven.

Die einfachste Methode, um zu anderen Perspektiven zu kommen, besteht darin, sich mit anderen Menschen auszutauschen. Bevor man sich beispielsweise mit viel Fantasie und Nachdenken abmüht, wie sich denn ein Problem für eine potenzielle Kundengruppe darstellt, könnte man ein paar Kunden direkt befragen oder sogar beim Umgang mit diesem Problem beobachten. Lässt sich dies praktisch nicht bewerkstelligen und ist man darauf angewiesen, sich in eine andere Perspektive hineinzuversetzen, kann es sehr hilfreich sein, dies nicht nur gedanklich, sondern auch räumlich zu tun. Schon der Begriff des *Hineinversetzens* enthält ja schon die Einladung zu einem Ortswechsel.

Bewusst die Zoom-Einstellung wechseln
Bevor man in einer schwierigen Situation die Anstrengungen erhöht oder aufgibt, ist es meist ratsam, auszuzoomen, den nächstgrößeren Zusammenhang zu betrachten und möglicherweise auch noch einen Blick auf den Kontext des nächstgrößeren Zusammenhangs zu wer-

fen. Man sollte die allgemeinen Entwicklungen im Großen ebenso ins eigene Blickfeld rücken wie die Bewegungen und Strömungen innerhalb der eigenen Branche. Neue Möglichkeiten erkennt man vor allem durch mehr Überblick. Und Überblick braucht Distanz: räumliche, gedankliche, zeitliche. Überblick beruht auf dem ständigen, niemals nachlassenden Bemühen, die Gesamtzusammenhänge und Wechselwirkungen zu verstehen, die direkten und indirekten Einfluss auf das eigene Spielfeld haben.

Ich persönlich halte die Gefahr, sich im Detail zu verlieren und dabei den Überblick außer Acht zu lassen, für den Einzelnen für größer als die Gefahr, den Überblick zu haben und Details zu übersehen. Aber natürlich ist der Blick fürs Detail ebenso wichtig wie der Überblick, worauf der Quantenphysiker Anton Zeilinger hinweist: „Mach das Experiment eine Stufe genauer, als du es für notwendig erachtest – dann passiert das Unerwartete." Auch im Detail lassen sich neue Möglichkeiten entdecken und Durchbrüche erzielen.

Vermutlich ergeben sich alleine dadurch, dass man seine Zoom-Einstellung immer wieder ändert, eine Unmenge neuer Erkenntnisse und Entdeckungen.

Bewusst auf die Sprache achten
Einer der größten Einflussfaktoren auf unsere Wahrnehmung und damit auf das, was für uns Bedeutung erlangt oder eben nicht, ist die Sprache. Wir sind natürlich der Überzeugung, wir würden unsere Muttersprache beherrschen, aber auch die umgekehrte Sicht ist eine Überlegung wert – dass nämlich unsere Muttersprache uns beherrscht. Unbemerkt und heimlich prägt die Sprache, die wir verwenden, unsere Sicht der Dinge. Auch hier lassen sich die vielen Facetten nur streifen, drei Aspekte erscheinen mir aber von besonderer Bedeutung:

Der Psychologe Dietrich Dörner hat in seiner Untersuchung zur *Logik des Misslingens* herausgefunden, dass sich der Sprachstil von Menschen, die in komplexen Entscheidungssituationen Probleme entweder gut oder schlecht lösen, unterscheidet. Im Denken der schlechten Problemlöser finden sich häufig Begriffe wie „immer", „jederzeit", „alle", „eindeutig", „gewiss", „müssen" und Ähnliches. Im Sprachgebrauch der guten Problemlöser finden sich dagegen häufiger Ausdrücke wie „im Allgemeinen", „gelegentlich", „besonders", „andererseits", „denkbar", „dürfen", „können" und Ähnliches. Dörner folgert daraus, dass für komplexe, mehrdeutige Situationen ein Sprachgebrauch vorteilhaft ist, der auf Bedingungen und Sonderfälle hinweist, Hauptrichtungen zwar betont, Nebenrichtungen aber zulässt und Möglichkeiten angibt. Nachteilig wirkt sich dagegen die Verwendung von absoluten Begriffen aus, die keinen Raum für Möglichkeiten, Bedingungen und Sonderfälle lassen. Eine Sprache der Gewissheit scheint für den Umgang mit dem Ungewissen nicht besonders hilfreich zu sein.

Pantha rei – alles fließt, nichts bleibt gleich. Der griechische Philosoph Heraklit hat damit auf das Wechselhafte allen Daseins und aller Phänomene hingewiesen. Um diesem Fließen und der Dynamik des Geschehens gerecht zu werden, scheint es mir wichtig, bewusst häufiger Verben an Stelle von Substantiven zu verwenden. Denn allein die Großschreibung zeichnet Zustände und Objekte als besonders wichtig aus und verleiht dem Statischen damit mehr Gewicht: Das Glück wird so wichtiger, als sich zu freuen; das Urlaubsziel wird wichtiger, als zu reisen; und die Dinge werden wichtiger, als etwas zu tun.

Für den Umgang mit dem Ungewissen kann es helfen, die Balance zwischen Verben und Substantiven wieder herzustellen. Wenn wir Verben gebrauchen, kreist unser Denken weniger um Zustände und Dinge, die uns eine statische Welt vorgaukeln, und eher mehr um das, was abläuft, geschieht und sich entwickelt.

Eine Möglichkeit vermehrt Verben im Sprechen und Denken zu verwenden und damit einer Welt, die sich ständig wandelt, gerechter zu werden, besteht darin, *e-prime* zu sprechen. *E-Prime* ist eine Kunstsprache, die größtenteils ohne das Wort „ist" oder Abwandlungen davon auskommt. Sie wurde von Alfred Korzybski entwickelt und basiert auf seinen semantischen Forschungen. Diese zeigen, dass selbst sehr aufmerksame und linguistisch sensible Menschen durch die Verwendung des Wortes „ist" und anderen Abwandlungen des Wortstammes „sein" zu Kategorisierung und Vorurteilsbildung neigen. Der Gebrauch des Wortes „ist" führt beispielsweise dazu, dass wir Menschen vorschnell in Schubladen stecken, ihnen bestimmte Eigenschaften zuschreiben, Ideen und Konzepte voreilig bewerten und unseren Blick vom Spezialfall und vom Besonderen abwenden. „Diese Idee ist sinnlos" kann in *e-prime* folgendermaßen ausgedrückt werden: „Ich verstehe den Sinn dieser Idee momentan nicht."

63

Ich halte *e-prime* für eine faszinierende Möglichkeit, die innere Stimme des Urteilens und Bewertens leiser werden zu lassen, die uns mit vorschnellen Verurteilungen und Taxierungen davon abhält, doch genauer hinzuschauen und neue Möglichkeiten zu erkennen.

■ Impulse für Unternehmen

Wie können Unternehmen vom Prinzip des Neu Hinschauens profitieren? Wer im geschäftlichen oder unternehmerischen Kontext heute sein Feld erkunden will, kann dies mit einer Fülle von Werkzeugen tun. Denn an Werkzeugen mangelt es nicht. Der Strategieexperte Gary Hamel bemerkt dazu: „Die meisten Angehörigen einer Branche sind auf dieselbe Art und Weise blind – sie achten alle auf die gleichen Dinge und sind den gleichen Dingen gegenüber unaufmerksam." Ich kann diese Aussage aufgrund meiner Erfahrungen in Strategieprojekten nur unterstreichen. Wesentlich erscheint es mir, dort hinzuschauen, wo die anderen nicht hinschauen und Fragen zu stellen, die sich die anderen nicht stellen. Und das mit einer Haltung zu tun, die sich von der der anderen unterscheidet: der des Erkundens.

Bewusst die Perspektiven wechseln

Wie kann ein Unternehmen seine Perspektiven wechseln und welche Perspektiven sind hier überhaupt von Bedeutung? *Eine* Perspektive erscheint mir zentral, und das ist jene des Kunden. Obwohl der Begriff der Kundenorientierung in Unternehmen einer der am häufigsten gebrauchten ist, beobachte ich bei den meisten Unternehmen eine ausgeprägte Innenorientierung. Möglicherweise unterscheiden sich komplexe Organisationen gar nicht so sehr vom System Mensch, bei dem sich 98 % des Gesamtsystems mit dem inneren Funktionieren beschäftigen. In Unternehmen geht es vor allem darum, jenen Gehör zu verschaffen, die in direktem Kontakt mit dem Kunden stehen und deren Beobachtungen in die strategischen Überlegungen des Unternehmens einzubeziehen. Oft spielen sich entscheidende Dinge an der Peripherie eines Systems ab und oft zeigen sich Veränderungen oder Chancen für Neuerungen zuerst dort. Das stellt vor allem größere, komplexe Organisationen vor eine echte Kommunikationsherausforderung. Hier genügt es nicht, Informationssysteme zu installieren, sondern es müssen auch

Menschen zusammengebracht und in möglicherweise überraschender Art miteinander vernetzt werden. „Nichts hat uns für das gemeinsame Verständnis soviel gebracht wie die Regional-Workshops, wo wir quer über alle Funktionen und beteiligte Gruppen miteinander geredet haben", sagt dazu ein Product-Line-Manager eines weltweit tätigen Infrastruktur-Anbieters in der drahtlosen Telekommunkation. Folgende Geschichte eines Motorenherstellers unterstreicht diesen Punkt.

Mein Beraterkollege Herbert Schreib und ich begleiteten den Strategieprozess eines Geschäftsgebietes in einem Großunternehmen. Dem Geschäftsgebiet, das mit der Fertigung und dem Vertrieb von Antriebstechnik und Motoren weltweit Kunden im Maschinenbau zu bedienen hatte, war mit strammen quantitativen Zielvorgaben seitens des Vorstandes und einem nicht ganz unproblematischen Technologie-Wechsel in der so genannten Umrichter-Technologie ein durchaus herausfordernder Rahmen für die eigene Strategiearbeit gesetzt. Bei der Start-Klausur arbeiteten wir im Kreis des erweiterten Führungs-Teams mit etwa fünfundzwanzig Managern an der strategischen Gesamt-Ausrichtung des Geschäftsbereiches sowie an vorhandenen und zukünftig benötigten Kernkompetenzen. Die strategische Frage lautete: Was wäre notwendig, um in diesem heiß umkämpften Markt weiterhin bestehen zu können? Nach einem eher zähen Beginn kamen wir in einen sehr guten Arbeitsrhythmus und erzielten ganz gute Fortschritte. Irgendwie hatten wir aber das Gefühl, dass noch irgendetwas fehlte. Das Design sah am dritten Tag vormittags einen Kundenbesuch im Workshop vor, vielleicht würde dieser das, was noch fehlte, ergänzen.

Der Kunde war eine Firma im Maschinenbau, deren Einkäufer den Managern des Motorenherstellers im wahrsten Sinn des Wortes die Augen öffnete. Neben ausführlichem Feedback über die Stärken des Motoren-Lieferanten führte er ein Video aus der eigenen Produktion vor, das zeigte, wie die Motoren angeliefert wurden, in welchen Maschinen sie zum Einsatz kamen und vor allem auch, welche Probleme durch die eine oder andere Eigenart des Lieferanten beim Maschinenbauer entstanden. Seine Kernbotschaft war: „Ihre Fachspezialisten kommen und erzählen uns, was sie alles können. Sie hören uns aber überhaupt nicht zu. Wir glauben nicht, dass Sie wissen, was wir brauchen."

Die Botschaft brachte eine tiefe und völlig andere Betroffenheit in das Team als die Ausführungen des eigenen Vetriebsleiters, der zuvor versucht hatte, ähnliche Botschaften einzubringen. Die Botschaften des Kunden wurden nun in den Strategieprozess eingearbeitet und führten zur Bereitschaft des Teams, sich mit zum Teil völlig neuen Fragestellungen auseinander zu setzen und die wirklichen Probleme mit neuen Augen zu sehen.

Der Kunde hatte das eingebracht, was vorher gefehlt hatte, und der Strategieprozess bekam dadurch die Energie, die er brauchte, damit er vorankam.

Es geht darum, den Kunden ins Zentrum der strategischen Fragen zu holen. Das kann wie in dieser Geschichte bedeuten, ihn wirklich physisch hereinzuholen. Es kann auch heißen, seine Probleme hereinzuholen und wie in diesem Fall mittels Bildern zu zeigen, in welchem Umfeld die eigenen Produkte beim Kunden zur Anwendung kommen und welchen Nutzen und welche Probleme sie dort erzeugen. Den Kunden ins Unternehmen zu holen, kann aber auch bedeuten, selbst hinaus zu gehen, um sich ein Bild zu machen. Natürlich sind Mitarbeiter des Unternehmens beim Kunden vor Ort, aber in der Regel sind das immer dieselben oder schon lange Zeit dieselben. Sie schauen deswegen schon lange auf dieselben Dinge und sind bei denselben Dingen unaufmerksam.

Eine andere Möglichkeit, gezielt die Perspektiven zu wechseln, besteht darin, im Rahmen eines Strategieprojekts Learning Journeys zum Kunden oder auch in andere Branchenlogiken zu unternehmen, um Neues in Erfahrung zu bringen oder einfach nur, um das gewohnte Denken im Unternehmen zu irritieren. Der Unternehmer Otto Umlauft hat zum Beispiel den elterlichen Wäschereibetrieb in den letzten fünfzehn Jahren auf textile Vollversorgung für Krankenhäuser, Gastronomie und Industrie umgestellt. Seine Produktpalette umfasst Mietwäsche, sterile OP-Austattung, Berufskleidung. Auf der Suche nach neuen Ideen unternimmt er regelmäßig Learning Journeys mit Branchenkollegen und sagt darüber: „Ich komme von den Reisen immer mit neuen Ideen nach Hause, die stehen dann alle in meinem Büchlein. Dann setze ich mich mit meinen Leuten zusammen und sage: Schaut her, da sind vier Seiten über Dänemark drinnen, das und das ist mir aufgefallen, was wir gut machen, was wir schlecht machen. Was könnten wir besser oder anders machen? Was könnten neue Geschäftszweige sein?"

Manchmal machen Unternehmen solche Learning Journeys und sehen trotzdem nichts, weil sie trotz geöffneter Augen nicht neu hinschauen können. Berühmt ist in diesem Zusammenhang folgende Geschichte: In den frühen 80er-Jahren reisten hochrangige Vertreter der amerikanischen Automobilindustrie aus Detroit nach Japan, um dort vor Ort die Gründe zu sehen, weshalb ihnen die Konkurrenten aus dem Osten das Wasser abzugraben begannen. Nach einer Reihe von Besuchen hatte sich bei den amerikanischen Managern die Überzeugung durchgesetzt, dass die Japaner ihnen – verständlicherweise – nicht die richtigen Fabriken gezeigt hatten, sondern eigens aufgebaute Produktionskulissen, um keinen Einblick in die tatsächlichen Produktions-Systeme zu geben. „Sie haben uns nicht die richtigen Werke gezeigt. Da waren nirgends Lagerbestände, Zwischenlager, Abfälle oder Ähnliches. Ich habe viele Fabriken gesehen, aber das waren keine richtigen. Die wurden extra für unseren Besuch aufgebaut", sagte ein hochrangiger Vertreter der Amerikaner. Tatsache ist, dass die Amerikaner in die richtigen Fabriken geführt wurden und nur eine Nasenlänge von dem entfernt waren, was sie gesucht hatten, es aber trotzdem nicht sehen konnten: Das revolutionäre Just-in-time-Produktions-System der Japaner hatte tatsächlich keine Zwischenlager. Ihre Annahmen darüber, wie eine Fabrik auszusehen hatte, hinderte die Amerikaner, das zu sehen, was zu sehen war. (Senge, Scharmer et al., 2004)

Bewusst die Zoom-Einstellung ändern

In meiner Beratungs-Praxis werde ich öfter damit konfrontiert, dass Management-Teams bei Meetings, Klausuren oder Workshops auf unterschiedlichen strategischen Flughöhen aneinander vorbeireden, ohne dass es ihnen im Moment des Geschehens bewusst ist oder sie es exakt benennen können. Während sich die einen noch mit strategischen Grundsatzfragen beschäftigen, denken die anderen schon über die operative Umsetzung nach. Diese Vorgangsweise ist nicht produktiv, es fehlt die Fähigkeit, bewusst, gemeinsam und gleichzeitig die Zoom-Einstellung ändern zu können. Um die gedanklichen Bewegungen des Ein- und Aus-Zoomens in einem weitgehend gemeinsamen Rhythmus zu vollziehen, braucht es ein dialogfähiges Führungsteam. Wenn ein Führungsteam diese Fähigkeit ausgebildet hat, verfügt es über eine echte Stärke, die zu enormen Zeitgewinnen führen kann. Gemeinsam zu wissen, wo man gerade unterwegs ist, ist nicht nur als Seilschaft in der Wand von Vorteil.

Auf folgende Bereiche sollte ein Führungsteam mit unterschiedlichen Zoom-Einstellungen neu hinschauen, um dort Entwicklungen zu erkennen, die sich für das Unternehmen künftig als Chance herausstellen können:

- Wo gab es unerwartete Erfolge und Misserfolge im eigenen Unternehmen oder bei den Mitbewerbern?
- Wo und wie verhalten sich Kunden anders als erwartet?
- Welche neuen Ideen und welches neue Wissen gibt es innerhalb und außerhalb des Unternehmens?
- Welche Veränderungen der Branche und der Marktstrukturen zeichnen sich ab?
- Welche demografischen Entwicklungen und Veränderungen in den gesellschaftlichen Werten und Einstellungen kann man ausmachen?

Als wesentlich erscheint mir dabei, die Erfolge und Chancen in den Vordergrund der Betrachtung zu rücken, und sich nicht nur mit den Problemen und Risken auseinander zu setzen. Beim Ändern der Zoom-Einstellung geht es um den systematischen Wechsel zwischen Nähe und Distanz, um die Beschäftigung sowohl mit dem Detail als auch mit den Entwicklungen im Großen.

Bewusst auf die Sprache achten

Um wirklich zu neuen strategischen Sichtweisen zu kommen, braucht es auch im Kollektiv einen bewussten Umgang mit der Sprache. So wie beim Einzelnen unachtsame Sprache einen unproduktiven inneren Dialog zur Folge haben kann, kann unachtsame Sprache auch bei besten Absichten dazu führen, dass einem Führungsteam wichtige Erkenntnisse verborgen bleiben, obwohl sie offen auf dem Tisch zu liegen scheinen.

Unachtsame Sprache führt meiner Erfahrung nach in Unternehmen zu vielen Problemen, weil Sachverhalte als gegeben hingestellt werden, ohne die Gedanken und Überlegungen zu explizieren, die zu den Aussagen geführt haben. Unachtsame Sprache ist normativ und deklarativ, sie lässt den Beobachter und seinen Standpunkt unauffällig verschwinden und stellt nur mehr fest: „So IST es." So setzen sich blinde Flecken, Vorurteile und Kategorien fest, die uns nicht nur behindern, sondern uns leider auch gar nicht bewusst auffallen. Ganz praktische Hilfsmittel dagegen sind: der vorhin angeführten Verzicht auf das Wort „ist" und verwandte Abwandlungen des Wortes „sein"; der verstärkte Gebrauch von Verben; der Verzicht auf Verallgemeinerungen und Abstraktionssprünge; die Wiedereinführung des eigenen Standpunktes und Benennung der eigenen Perspektive.

Achtsam mit der Sprache umzugehen ist vermutlich eine der wichtigsten Qualitäten eines Führungsteams. Mit achtsamer Sprache und durch einen bewussten Dialog kann das Potenzial einer Situation erspürt und Dinge, die noch nicht greif- oder sichtbar sind, können wahrgenommen und in weiterer Folge formuliert werden. Meetings werden so zu Orten des gemeinsamen Denkens, statt zu einer Arena, wo man Punkte sammelt.

Gemeinsam denken impliziert, dass der eigene Standpunkt zu Beginn eines Gespräches noch nicht feststehen kann. Der Verzicht auf das Recht-haben-Wollen ist eine der Grundvoraussetzungen dafür, dass Dialog stattfinden kann.

Weiters erscheint mir die Fähigkeit zur öffnenden und schließenden Kommunikation zentral für die strategische Arbeit in Führungsteams zu sein: Öffnende Kommunikation schafft Raum für Möglichkeiten und Gedankenexperimente, ist spielerisch, expliziert Annahmen und lässt Fragen an die Oberfläche kommen, die wirkliche strategische Bedeutung haben. Schließende Kommunikation ist entscheidungsorientiert, setzt Prioritäten, schließt aus, trifft Entscheidungen.

Führungsteams brauchen die Fähigkeit, zwischen öffnender und schließender Kommunikation unterscheiden und bewusst hin- und herwechseln zu können. Ich werde die öffnende und schließende Kommunikation beim 4. Prinzip, *Handeln nach dem Gesetz der Seilschaft*, noch einmal ausführlicher zum Thema machen.

Literaturempfehlungen

Albert Bandura: *Self-Efficacy. The Exercise of Control.*
   Freeman and Company 1997
Richard T. Pascale, Jerry Sternin: *Geheimagenten des Change*
   Managements. Harvard Business Manager 02/2006
Siegfried J. Schmidt: *Unternehmenskultur. Die Grundlage für den wirtschaftlichen Erfolg von Unternehmen.* Velbrück Wissenschaft 2004
Peter Senge, C. Otto Scharmer et al.: *Presence. Human Purpose and*
   the Field of Future. SoL Publishers 2004

3. Prinzip: Loslassen und Verzichten

„Vollkommenheit entsteht nicht dann,
wenn man nichts mehr hinzufügen kann,
sondern, wenn es nichts mehr gibt,
was man weglassen könnte."

Antoine de Saint-Exupéry

Beim 3. Prinzip geht es darum, zu erkennen, was für sinnlosen Ballast wir auf unserem Weg in die Zukunft mitschleppen. Sinnloser Ballast kann sich in Unternehmen auf mehreren Ebenen ansammeln, er entsteht oft durch hinderliche oder unangemessene Vorstellungen und zeigt sich beispielsweise in komplizierten Arbeitsabläufen, schwerfälliger Zusammenarbeit sowie überflüssigen Produkt- und Leistungsmerkmalen.

Für den Einzelnen und für Unternehmen bedeutet Loslassen und Verzichten: nicht alles machen wollen – sich auf weniges fokussieren – den Mut haben, Schwerpunkte zu setzen und Ballast abzuwerfen, manchmal auch vorausschauend Nein zu sagen. In der folgenden Geschichte ist deswegen mein Rucksack der Hauptdarsteller.

Die Direkte Nordwand der Großen Zinne

Neun Monate nachdem Thomas und ich die Gelbe Kante in den drei Zinnen durchstiegen hatten, und ich meinen persönlichen Durchbruch beim „Neu Hinschauen" hatte, fahre ich wieder in die Dolomiten. Diesmal ist Peter Gasser mein Partner. Ich habe den ganzen Winter über trainiert, bin stark geworden und habe das Gefühl, mich nun auf

Der Autor 1984 in der Direkten Nordwand der Großen Zinne; die Markierung rechts zeigt den Quergang, wo der Rucksack abgeworfen wurde. Auch für wirtschaftlichen Erfolg ist es notwendig, sich von überflüssigem Ballast freizumachen.

Routen wagen zu können, wo nicht mehr viele Seilschaften klettern. Die Direkte Nordwand der Großen Zinne ist so eine Route. 550 Meter hoch, überhängend, aber dafür brüchig. Sie genießt in der Szene einen besonderen Ruf. Rückzüge namhafter Kletterer sind bekannt, immer wieder misslingt die Durchsteigung an einem Tag und Seilschaften müssen biwakieren.

Die Route ist extrem ausgesetzt, liegt im oberen 6. Schwierigkeitsgrad und verlangt in den überhängenden Passagen zudem noch kraftraubende technische Kletterei. Die meisten Seilschaften zu dieser Zeit brauchen dafür ein Unmenge Material und Strickleitern. Zu den klettertechnischen Schwierigkeiten, der immensen Ausgesetztheit und dem brüchig-splittrigen Fels kommt noch eine über weite Strecken schlechte Absicherung mit alten, rostigen Haken. Was der ganzen Sache zusätzlich besondere Würze verleiht, ist ein etwa 35 Meter langer, extrem schwieriger Quergang, der in den überhängenden Wandteil führt.

Diese Stelle ist ein point of no return. Ist man einmal drüben, sind sowohl ein Rückzug nach unten als auch fremde Hilfe von oben schwierig, wenn nicht ausgeschlossen, weil die Wand für beides zu überhängend ist. Dann gibt es nur noch eins: Die Seilschaft muss es bis zum Ausstieg schaffen.

An einem wunderschönen Nachmittag holt mich Peter mit seinem orangefarbenen VW-Käfer ab und wir fahren nach Südtirol in die Sextener Dolomiten, deren Wahrzeichen die Drei Zinnen sind. Es ist schon dunkel, als wir den Parkplatz bei der Auronzo-Hütte erreichen. Wir rollen direkt hinter dem Auto unsere Unterlagsmatten aus und verschwinden schnell in unseren Schlafsäcken. Der Himmel ist sternenklar und die Luft sehr kühl, hier oben am Zinnen-Plateau weht zudem ein äußerst frischer Wind. Die Nacht ist nicht sehr angenehm. Die groben Steine des Schotter-Parkplatzes drücken durch die Unterlagsmatte schmerzhaft in den Rücken und es ist kalt. Dazu kommt die Spannung, die immer da ist, wenn man am nächsten Morgen in eine große Wand einsteigt. So frösteln wir in unseren Schlafsäcken im Halbschlaf dem Tagesanbruch entgegen.

Der Morgen beginnt kühl und klar. Wir haben keinen Kocher mit und in der Hütte ist auch noch niemand wach, also gibt es auch keinen Kaffee. Eine Käse-Semmel für jeden und kaltes Wasser zum Nachspülen bilden das Frühstück, das jedoch an solchen Tagen ohnehin keinen hohen Stellenwert genießt. Absoluten Vorrang hat heute Morgen das Sortieren des Materials, das für den Durchstieg benötigt wird: Karabiner, Klemmkeile, Haken, Bandschlingen, Reepschnüre und Sicherungsgeräte. Wir fragen uns, was davon wir für den Durchstieg tatsächlich brauchen werden und beschließen, auf Hammer und Haken zu verzichten, stattdessen aber ein komplettes Sortiment an Klemmkeilen mitzunehmen. Klemmkeile sind konische Aluminiumkeile, durch die ein Drahtseil gefädelt ist. Sie werden zur Absicherung in Felsritzen gelegt und verklemmen sich dort. Wir setzen auf zwei besondere Formen von Klemmkeilen, nämlich Stopper und Hexentrics und nehmen auch zwei „Friends" mit. Diese bestehen aus sich verspreizenden Kreissegmenten und lassen sich mittels ausgetüftelter Drahtseilzugmechanik in unterschiedlichste Rissbreiten und Felsformen verklemmen. Keile statt Haken lautet unsere Devise, denn Keile lassen sich schnell legen und auch leicht wieder entfernen, Haken schlagen hingegen kostet Zeit. Mit fünfzehn Express-Schlingen zusätzlich wollen wir das Auslangen finden

Wir beschließen aber nicht nur, auf Hammer und Haken zu verzichten, sondern auch auf den Einsatz von Strickleitern, was für die damalige Zeit unüblich ist. Die Route durch die Direkte Nordwand weist nämlich schon im ersten Wandteil immer wieder Überhänge und kleine Dächer auf. Dächer sind Vorsprünge, die dachkantenartig aus der Wand ragen und das Weiterklettern erschweren. Der zweite Wandteil besteht aus einer überhängenden Riesenverschneidung, die sich mehrere Seillängen nach oben zieht und die man sich wie eine umgekehrte Riesentreppe vorstellen kann – man klettert quasi an der Unterseite dieser überhängenden Riesentreppe nach oben. Ein Überhang reiht sich an den anderen und das ist natürlich enorm kraftraubend. Um hier bei Kräften zu bleiben, verwenden fast alle Seilschaften Strickleitern. Deren Vorteil liegt in einer Kraftersparnis, ihr Nachteil in der komplizierten, ungelenken Klettertechnik, die wiederum Zeit kostet. Wir beschließen jedenfalls, die Strickleitern ebenfalls im Kofferraum zu lassen, und wollen so viel wie möglich frei klettern.

Was uns jedoch Kopfzerbrechen bereitet, ist die Frage, wie lange wir durch die Wand brauchen werden und ob wir Biwaksachen benötigen werden. Wir hörten von Seilschlingen-Biwaks in der Wand. Wir kennen eine von uns als sehr leistungsfähig eingeschätzte Seilschaft, die

die Route zwar an einem Tag schaffte, aber beim Abstieg in die totale Finsternis kam und biwakieren musste, wissen aber auch, dass eine andere Seilschaft es an einem Tag hinauf und hinunter schaffte. Wir sind uns also nicht sicher, ob sich das Unternehmen an einem Tag ausgehen wird und beschließen, vor allem auch in Anbetracht der Gipfelhöhe von fast 3.000 Metern, das Biwakzeug einzupacken. Mit all der Ausrüstung und den Biwaksachen hat der Rucksack nun ein ordentliches Gewicht.

Zwei 50-Meter-Zwillingsseilen umgehängt, marschieren wir los und queren an der Südseite der Drei Zinnen vorbei in Richtung Patern-Sattel. Wir kommen unter der Gelben Kante vorbei, die mich auch an diesem Tag ungeheuer beeindruckt. Die 350 Meter lange Linie wirkt, als hätte sie ein begnadeter Architekt mit dem Lineal entworfen und mit dem Lot über die Bauausführung gewacht. Le Corbusier soll auf die Frage nach dem schönsten Bauwerk der Erde geantwortet haben: „Zweifelsohne die Dolomiten!" Wahrscheinlich war er hier.

Oben am Patern-Sattel angekommen, stockt mir fast der Atem, als wir zum ersten Mal Einblick in die Zinnen-Nordwände haben. Wir queren hinüber zum Einstieg und machen uns kletterfertig. Rein in die Gurte, rein in die engen Kletterschuhe, die wir Slicks nennen, da ihr Sohlengummi aus der Formel 1 kommt. Sie haben allerdings den Schnitt von Ballett-Schuhen und werden von Kletterern grundsätzlich mindestens eine Nummer zu klein gewählt, damit sich ja kein sinnloser Kubikmillimeter Luft zwischen den Zehenspitzen und den kleinen Felsvorsprüngen, die wir als Tritte nutzen, befindet.

Wir wählen folgende Taktik: Wir steigen in Wechselführung – auch überschlagendes Gehen genannt –, wobei der jeweils Nachsteigende die Aufgabe hat, den Rucksack nach oben zu bringen. Die ersten Schritte sind eckig und ungeschickt, da es noch ziemlich kalt ist. So klettern wir die ersten Seillängen nach oben. Der Erste klettert voraus, hängt die Expressschlingen in die Zwischenhaken ein, baut am Ende der Seillänge den Standplatz auf, zieht das restliche Seil ein und sichert den Nachsteiger nach. Zur Regelung dieses Ablaufes gibt es allgemein gebräuchliche Seilkommandos, aber wenn sich eine Seilschaft kennt, so wie wir beide, kann sie auf allzu förmliche Kommunikation verzichten. Manchmal genügt ein Blick über vierzig Meter und es ist klar, dass der Zweite nun gesichert ist und nachsteigen kann. Der Nachsteiger hat die Aufgabe, all die Zwischensicherungen zu entfernen und wieder mitzunehmen. Am Standplatz angekommen, übergibt er den Rucksack und macht sich nun selbst an den Vorstieg in der nächsten Seillänge, in der der andere nun die Aufgaben des Nachsteigers übernimmt. Wenn eine Seilschaft diesen Ablauf auf dieser Route 21mal erfolgreich wiederholt, hat sie in aller Regel die Direkte Nordwand der Großen Zinne durchstiegen. War in den Jahren zuvor das Vorklettern immer eine echte Überwindung für mich gewesen, so merke ich jetzt, dass sich hier einiges deutlich verändert hat.

Das winterliche Training in der Kraftkammer hat enorm viel gebracht, vor allem seit ich es mit einer Zehn-Kilo-Bleiweste betreibe. Ich bin in der Lage, auch kleinste Griffleisten im Fels zu fixieren und genieße es, meine Kraft und Klettertechnik beim Überwinden der senkrechten Wandstellen und der kleinen Überhänge im unteren Wandteil zu spüren.

Der sichere Nachstieg, den ich wahrscheinlich vor einem Jahr insgeheim noch bevorzugt hätte, wird allerdings aufgrund des schweren Rucksacks zu einer regelrechten Plackerei. Die Kletterstellen sind dermaßen extrem, dass sie äußerst genaue Bewegungen verlangen. Der schwere Rucksack verlagert aber den Körperschwerpunkt nach außen und stört so das unbedingt notwendige Gleichgewichtsgefühl empfindlich. Das Klettern im Nachstieg kostet auf diese Weise viel Zeit und extrem viel Kraft, viel mehr Kraft als der Vorstieg. Überdies kommt der Nachsteigende immer öfter mit brennenden Muskeln am Standplatz an und muss sich anschließend schon einigermaßen ausgepumpt an die Herausforderung des Vorstiegs in der nächsten Seillänge machen. Wir beginnen nun mit allen Fasern zu spüren, warum diese Route als so extrem gilt.

Peter und ich erreichen einen Standplatz, über dem nur noch die glatte Wand und Überhänge sichtbar sind. Weit und breit keine Haken. Der Blick geht nach links. Da drüben stecken Haken, das muss der 30 Meter-Quergang sein. Die Ausgesetztheit des Ortes und die Wucht der Szenerie übertrifft alles, was ich bis dahin erlebt hatte. Das ist also die berühmte Stelle. Wir saugen leise und schweigsam Luft durch die Zähne und wissen: Das ist der Moment der Wahrheit und wir müssen entscheiden, ob wir glauben, der Route gewachsen zu sein, und ob wir weiterklettern oder eben nicht. Ein Rückzug von hier zum sicheren Boden ist durch Abseilen noch machbar. Sind wir allerdings erst einmal drüben in der überhängenden Wand, steht uns diese Möglichkeit nicht

75

mehr offen. Auch Hilfe von oben ist aufgrund der Überhänge undenkbar. Die Seilschaft kann sich dann nur mehr selbst helfen – indem sie aus eigener Kraft hinaufklettert.

Was tun? Der Blick auf die Uhr zeigt, dass wir langsamer geworden sind. Der Rucksack macht uns beim Klettern schwer zu schaffen. Wahrscheinlich werden wir die Wand schon irgendwie meistern, aber vermutlich müssen wir biwakieren. Was ja kein Problem ist, denn Biwakzeug haben wir ja dabei. Plötzlich wird uns klar: Der Biwakzeug macht den Rucksack schwer und der schwere Rucksack macht uns langsam, und weil wir langsam sind, werden wir biwakieren müssen!

Peter und ich schauen uns an und wir denken beide: Der Rucksack muss weg. „Werfen wir ihn hinunter?" – „Warum nicht?" Wir inspizieren den Rucksack noch einmal: Die Turnschuhe für den Abstieg befestigen wir am Klettergurt, genauso die Trinkflasche und eine Fleece-Jacke. Die Biwakausrüstung und die Rucksackapotheke bleiben im Rucksack.

Wir wägen nochmals sorgfältig ab, was wir wirklich brauchen und was nicht und werfen dann den Rucksack ab. Ohne auch nur einmal die überhängende Wand zu streifen, nimmt er seinen Weg nach unten, wird unglaublich schnell kleiner und schlägt nach wenigen Sekunden unten im Schutt-Kar auf, etwa zwanzig Meter von der Wand entfernt. Wir haben gar nicht gemerkt, dass die Wand schon hier so weit überhängt. Der Rucksack kollert ein paar Meter und bleibt dann liegen. Ein Wanderer, der gerade vorbeikommt, sieht das und schüttelt den Kopf. Wahrscheinlich kann er sich weder vorstellen, warum man in so eine Wand einsteigt, noch warum man einen Rucksack aus der Wand abwirft.

Gewichtsmäßig erleichtert, aber innerlich noch immer angespannt, machen wir uns ans Weiterklettern. Ich klettere den Quergang als Erster hinüber, Peter folgt nach. Ohne den Rucksack klettern wir als Seilschaft wie ausgewechselt. Was vorher eine echte Plackerei war, verwandelt sich nun in einen gemeinsamen rhythmischen Tanz in der Senkrechten. Zur Ästhetik der Kletterei kommt die unbeschreibliche Szenerie. Die Welt scheint Kopf zu stehen. Als Peter die erste Seillänge in der Riesenverschneidung hinter sich gebracht hat und das Seil einzuziehen beginnt, ist er meinen Blicken entschwunden. Plötzlich erscheint das Rest-Seil – die Schlaufe, die sich beim Einziehen bildet – aus den Überhängen und scheint waagrecht aus der Wand zu wachsen. Ich bin mir einen Moment unsicher – optische Täuschung oder Halluzination? Ich reibe mir die Augen. Nein, es wächst weiterhin auf völlig unnatürliche Weise aus der Wand. Irgendwann verstehe ich die Welt wieder. Das Seil markiert die Senkrechte. Ich habe vor lauter Überhängen nur das Gefühl dafür verloren. Es ist unglaublich. Wir klettern weiter.

In der Riesenverschneidung stecken viele Haken, nicht alle sind gut. Wir klettern immer wieder an den Haken vorbei und hängen nur jede zweite Zwischensicherung ein. Würden wir jeden Haken einhängen, hätte das nach fünfzehn Metern eine solche Seilreibung verursacht, dass das Weiterklettern nur mehr schwer möglich wäre. Zu viel Sicherung kann das Weiterkommen regelrecht behindern. Die Taktik, auf die Strickleitern zu verzichten, stellt sich als richtig heraus.

Schnell und voller Energie klettern wir Seillänge um Seillänge nach oben. In den Ausstiegsrissen legt sich die Wand dann wieder zurück. Die Kletterei bleibt aber anspruchsvoll und ich werde langsam müde. Plötzlich erreichen wir ein Band, das mir bekannt vorkommt. Es ist das Gipfelringband, das ich bereits von der Durchsteigung der Dibona-Kante kenne. Das bedeutet, wir sind durch. Peter und ich lachen uns zu und gratulieren einander.

Der Gipfel hat wenig Bedeutung, was für uns zählt, ist die Route, und so machen wir uns gleich an den Abstieg. Es handelt sich dabei um eine vergleichsweise leichte Kletterei, die wir seilfrei bewältigen. Lediglich an zwei Stellen müssen wir über senkrechte Wandstellen abseilen. Ohne Probleme erreichen wir das Schutt-Kar auf der Südseite der Großen Zinne und wandern um den Berg herum, um den Rucksack zu holen. Die nervöse Spannung von heute Morgen hat sich in ein euphorisches Pulsieren verwandelt. Die Erfahrungen beim Klettern und das atemberaubende Erlebnis klingen in uns nach. Wir sammeln den Rucksack ein, zumindest das, was davon noch übrig ist und machen uns im Sonnenuntergang auf den Rückweg zu unserem VW-Käfer. Eigentlich haben wir nicht nur den Rucksack losgelassen, denke ich mir, während ich so dahingehe. Eigentlich haben wir unsere Zweifel und falschen Vorstellungen aus der Wand geworfen.

Lektionen aus der Direkten Nordwand der Großen Zinne

Rückblickend kann ich heute sagen, dass Dinge manchmal nur deswegen so schwierig sind, weil wir zuviel Ballast in unseren Rucksäcken mit uns herumschleppen. Rucksäcke können aus hinderlichen Vorstellungen bestehen, aus Zweifel und Misstrauen. Rucksäcke können auch komplizierte Arbeitsabläufe oder überflüssige Produkt- und Leistungsmerkmale sein.

Folgende Impulse möchte ich nun mit dem Prinzip des Loslassens und Verzichtens dem Einzelnen mit auf den Weg in die Zukunft geben:

- Überlegen Sie sich: Was könnte mein Rucksack sein? Was macht mich langsamer, was hemmt mich? Was kann ich abwerfen? Befreien Sie sich von hinderlichen Vorstellungen und von sinnlosem Ballast.
- Was muss ich loslassen, damit Neues entstehen kann und Raum bekommt? Halten Sie sich vor Augen, dass Sie neue Haltepunkte erst erreichen können, nachdem Sie die alten losgelassen haben.
- Bedenken Sie, dass Ihre Rucksäcke im Gehen schwerer werden. Fangen Sie daher nichts an, was Sie nicht über die erforderliche Dauer durchhalten können.

■ **Impulse für den Einzelnen**

Hinderliche Vorstellungen und sinnlosen Ballast abwerfen

Bei unserer Durchsteigung der Direkten Nordwand der Großen Zinne waren wir von der unausgesprochenen Annahme ausgegangen, dass *man* einen Rucksack mitnehmen *muss*, da *man* in diesen Höhenlagen und solch großen Wänden *nicht* ohne Rucksack und die entsprechende Notfallausrüstung unterwegs sein *darf*. Dass uns aber das Gewicht der Notfallausrüstung tatsächlich auch in eine Notlage bringen könnte, wurde uns erst durch unsere Schwierigkeiten beim Weiterkommen klar. Einerseits war es wichtig, dass wir uns klar wurden, was uns behinderte, andererseits war es notwendig, die Entscheidung zu treffen, das Hindernde loszulassen.

Ich persönlich habe ausnahmslos erlebt, dass dem äußeren Loslassen – was auch immer im Einzelfall losgelassen werden muss – ein inneres

Loslassen vorangeht. Dieses bildet die Voraussetzung für die darauf folgende Entscheidung und auch für deren erfolgreiche Umsetzung.

Wenn es darum geht, sich von hinderlichem Ballast zu befreien, ist es durchaus sinnvoll sich zu fragen, was auf jeden Fall so bleiben soll, wie es ist und was *nicht* verändert werden soll. So verhindert man ein leichtfertiges Vorgehen und eine generelle Abwertung des Alten. Wir fragten uns in der Großen Zinne-Nordwand am point of no return: Was brauchen wir unbedingt noch? Wir nahmen die Trinkflasche, die Turnschuhe für den Abstieg und die Fleece-Jacke für den weiteren Aufstieg aus dem Rucksack und hängten diese Teile auf den Klettergurt. Beim Loslassen geht es darum, das Wesentliche mitzunehmen und sich vom Unwesentlichen zu trennen. Egal ob es sich dabei um Erfahrungen, Verfahrensweisen, Produktmerkmale oder auch gravierende Veränderungen der persönlichen Situation handeln sollte.

Eine hilfreiche Methode, um zu erkennen, worin der eigene Rucksack besteht und was ihn schwer macht, ist, sich folgende Fragen zu stellen:

• Was glaube ich tun zu müssen?
• Was glaube ich tun zu sollen?
• Was glaube ich nicht tun zu dürfen?
• Was glaube ich nicht tun zu können?

Sehr oft verstecken sich hinter den Antworten unhinterfragte, verinnerlichte Annahmen oder vermutete, aber in der Realität nicht existierende Regeln und Einschränkungen. Mit Hilfe der obigen Fragen können Sie diese Annahmen und mentalen Modelle einer bewussten Prüfung unterziehen.

Alte Haltepunkte loslassen, um neue zu erreichen

Zu Beginn meiner Kletterlaufbahn tat ich mir manchmal unheimlich schwer, weiterzuklettern, wenn ich zwischen zwei schwierigen Kletterstellen einen komfortablen Haltepunkt erreicht hatte. Und so kam es, dass ich mich so lange an diese komfortablen Haltepunkte klammerte, bis mir die Kraft zu schwinden drohte. Das Anklammern hatte zur Folge, dass meine Kraft vor dem Weiterklettern schon teilweise verbraucht war und ich mir damit selbst den weiteren Durchstieg erschwerte.

Mit mehr Kletterroutine wurde mir klar, dass sich mein Chancenpotenzial objektiv erhöhte, wenn ich nur so lange an den komfortablen

Haltepunkten verweilte, bis ich mich von den körperlichen und nerv-
lichen Anstrengungen der vorhergehenden Kletterstelle erholt hatte
und mich mental und taktisch auf die Bewältigung der neuen Kletterstelle einstellen konnte.

Was hatte mich zuerst daran gehindert, die guten Griffe loszulassen? Es war die Angst vor dem Unbekannten und Ungewissen, die auch
eine gewisse Berechtigung hatte. Es dauerte lange, bis ich die Angst vor
dem Loslassen einerseits als hilfreichen Begleiter, der mich vorsichtig
werden ließ, nutzen konnte und andererseits dort gezielt etwas gegen
sie zu unternehmen, wo sie mich zu blockieren drohte.

Otto Scharmer weist darauf hin, dass die Wörter *Leadership* und *Leitung*
auf dieselbe indoeuropäische Wurzel zurückgehen: *leith* bedeutet „nach
vorne gehen", „über die Schwelle gehen" oder auch „sterben". Es macht
für mich einen fundamentalen Unterschied, ob man versucht am Alten
festzuhalten und zu hoffen, dass das Neue kommt, oder ob man versucht das Alte loszulassen und sich auf den Weg zu machen – wie Jeff
Bezos bei der Gründung von Amazon oder wie meine Freunde bei der
Organisation des Ironman Austria.

Beim 1. Prinzip erzählte ich bereits die Geschichte, wie es zu Ironman
Austria kam. Sie erinnern sich: Eigentlich wollte das Organisatoren-
Team die erste Ironman-Veranstaltung in Klagenfurt in Form eines
Vereines abwickeln, doch die Dinge wollten auf diese Art und Weise
nicht ins Laufen kommen. Helge Lorenz sagte dazu: „Du brauchst als
Unternehmer den Druck. Wir hatten zuerst gedacht, wir lagern die
Sponsor-Geschäfte an eine Agentur aus. Es hat nicht funktioniert, wir
mussten uns selbst darum kümmern und selbst die notwendige Begeis-
terung zu den möglichen Sponsoren rüberbringen. Das geht aber nur,
wenn du davon abhängig bist. Wenn du im Hinterkopf hast: *Ich hab eh
meinen Job und mir kann eh nix passieren* und den Druck nicht hast, dass
das Unternehmen nicht überleben könnte, wird es nichts. Du brauchst
diesen Druck, dann gehst du zu diesen Sponsorgesprächen anders hin."
Rückblickend war es eine wesentliche Voraussetzung für den weiteren
Erfolg, dass Helge Lorenz nach seinem Uni-Abschluss auf andere Job-
Angebote verzichtete und Stefan Petschnig seinen unkündbaren Beam-
ten-Job an den Nagel hängte.

Sich für etwas zu entscheiden impliziert automatisch auch eine Entscheidung gegen etwas anderes. Dieser Punkt erscheint mir wesentlich. Matthias Varga von Kibéd, Systemtheoretiker und Professor für Logik, betont, dass es für grundlegende Entscheidungen wichtig ist, die Kraft des Nicht-Gewählten in das Gewählte einfließen zu lassen und so den Wert des Gewählten zu steigern: „Solange die nicht gewählten Alternativen nach einer Entscheidung nur abgewertet werden, schwächen sie die getroffene Wahl. Wenn das, was wir gewählt haben, uns gerade darum kostbar ist, weil es viel gekostet hat und weil die anderen Alternativen einen echten eigenen Wert hatten, dann werden wir mit der getroffenen Entscheidung sorgsamer und achtungsvoller umgehen. Statt nach der Entscheidung noch immer mit der getroffenen Wahl zu hadern, indem wir nicht gewählten Möglichkeiten nachtrauern, lassen wir (…) die Kraft dessen, für das wir uns entschieden haben, mit der Kraft der abgelehnten Alternative zusammenfließen." (Matthias Varga von Kibéd, Insa Sparrer, 2002)

Vorausblickend klug verzichten
Wir hatten in der Großen Zinne-Nordwand aus Sicherheitsdenken so viel in unseren Rucksack gepackt, dass wir mit dem Gewicht kaum noch klettern konnten. Die Notausrüstung verzögerte unser Weiterkommen und wir erkannten, dass wir sie abwerfen mussten.

Im Berufs- oder Geschäftsleben scheint mir die Sache etwas heimtückischer zu sein. Die Dinge, die wir hier in unseren Rucksack packen, können ihr Gewicht verändern. Wir mögen uns imstande fühlen, auch noch dieses und jenes anzufangen und gehen möglicherweise optimistisch von der Tatsache aus, dass alles laufen wird wie geplant. Doch meist tun das die Projekte nicht.

Gerade für Ein-Personen-Unternehmer, Selbstständige und Freiberufler, deren Tag auch nur aus 24 Stunden besteht, ist es wichtig, sich beim Start von Projekten die Fragen zu stellen:
1. Was an bestehende Aktivitäten kann ich weglassen, um Zeit für das Neue zu schaffen?
2. Was will ich künftig an Ausrüstung, das heißt an Projekten, Detailaufgaben und Verpflichtungen mitschleifen?

Ich möchte hier ein typisches Beispiel aus der Welt der Kleinunternehmer anführen: Die Entscheidung für die neue Homepage mit dem Punkt „Aktuelles", den monatlichen Newsletter, den vierteljährlichen

Kunden-Bindungs-Event ist schnell getroffen. Doch die Konsequenzen zeigen sich erst in der Umsetzung. Es kommt darauf an, die Energien und die Zeit zu haben, diese Vorhaben auf Dauer durchzuführen. Und überdies ist zu bedenken: Welche Eigendynamik ergibt sich, falls aus den Initiativen rasende Erfolge werden? Welche Verpflichtungen und Folgewirkungen resultieren daraus? Habe ich die Ressourcen, den Erfolg weiterzuführen?

Wenn es sich bis zum beabsichtigten Ende durchhalten lässt, gut! Wenn nicht, ist es ratsam, sich bereits vorausblickend im Loslassen und Verzichten zu üben und konsequent NEIN zu sagen.

■ Impulse für Unternehmen

Was sind nun die Rucksäcke, die das Fortkommen eines Unternehmens verzögern oder erschweren? Wo ist die Notfallausrüstung, die für ein Unternehmen paradoxerweise zur Gefahr werden kann, weil sie ein flexibles und rasches Fortkommen behindert?

Wenn wir uns fragen, wo es für Unternehmen oder Organisationen sinnvolle Anwendungsmöglichkeiten für das Loslassen und Verzichten gibt, finden wir ein breites Betätigungsfeld. In vielen Unternehmen würde sich die Zusammenarbeit verbessern und es für die Einzelnen leichter werden, wenn man die praktizierten Abläufe regelmäßigen Entschlackungskuren unterziehen würde. Wie viele Berichte und Abfragen bleiben übrig, wenn man prüft, ob sie auch gelesen werden? Wie viele Besprechungen müssen anders organisiert werden, wenn man sich fragt, wozu sie beitragen sollen?

Die Arbeit wird vielfach komplizierter gemacht, als sie sein muss. Ich rede hier nicht einem simplen Reduktionismus das Wort. Manche Dinge kann man nicht vereinfachen. Umso wichtiger ist es aber, es dort zu tun, wo es möglich ist. Der Aktionismus und Stress, der zum Beispiel in vielen Organisationen durch die CC-Zeile der E-Mail-Programme verursacht wird, ist ein weiterer Punkt, wo sich Potenzial zur Befreiung von Ballast findet. Auch viele Routinen in Prozessen und im Berichtswesen bergen solche Befreiungs-Potenziale in sich. Organisationen tendieren dazu, ein Eigenleben zu entwickeln und immer mehr Routinen und Prozesse anzuhäufen.

Doch Unternehmen haben beim Loslassen und Verzichten auch

Möglichkeiten, die der Einzelne nicht hat: sie können das Alte auslaufen lassen, während das Neue startet, und einen schleifenden Übergang zum Neuen machen.

Hier nochmals die drei Themen für Unternehmen, zu denen ich Ihnen Gedanken zur Anwendung des 2. Prinzips anbieten möchte:
- Loslassen und Verzichten, um ein einzigartiges Leistungsprofil zu entwickeln
- Loslassen und Verzichten im Spannungsfeld von Alt und Neu
- Vorausschauendes Loslassen und Verzichten .

Verzichten für ein einzigartiges Leistungsprofil
Dass es wichtig ist, sich im wirtschaftlichen Wettbewerb von seinen Mitbewerbern deutlich wahrnehmbar zu unterscheiden, ist wahrlich keine Neuigkeit mehr. Weder in Großunternehmen noch bei der ständig wachsenden Zahl selbstständiger Mikro-Unternehmer. Man könnte fast sagen, es handelt sich dabei um geschäftliches und unternehmerisches Allgemeinwissen. Blickt man jedoch auf die einzelnen Branchen und innerhalb dieser Branchen auf die einzelnen strategischen Gruppen, erkennt man mehr Ähnlichkeiten als Unterschiede. Wie von einer unsichtbaren Kraft getrieben, scheinen die meisten Unternehmen den unaufhaltsamen Drang zu verspüren, sich ihren wichtigsten Mitbewerbern nahezu bis aufs Haar anzugleichen. Der Strategieexperte Gary Hamel mutmaßt, dass sich die Strategien der Unternehmen einerseits schrittweise annähern, weil „die meisten Angehörigen einer Branche auf die gleiche Weise blind sind – sie achten alle auf die gleichen Dinge und sind den gleichen Dingen gegenüber unaufmerksam" und andererseits, weil „Erfolgsrezepte sklavisch imitiert werden, da die Unternehmen nicht kreativ genug sind, sich eigene Konzepte auszudenken". (Hamel, 2001)

Diese strategische Konvergenz wird in vielen Großunternehmen noch durch Best-Practice-Studien und das beliebte Benchmarking sowie durch externe Berater genährt, die mit Branchenkenntnissen als Referenz innerhalb der Branche alle Unternehmen mit den gleichen Erfolgs*geheimnissen* beraten. Aber auch die Mehrheit der kleinen Unternehmen, die sich weder externe Experten noch Benchmark-Studien leisten können, scheinen nichts Besseres zu tun zu haben, als sich strikt aneinander zu orientieren und sich wechselseitig bis zur völligen

Ununterscheidbarkeit zu kopieren. Es scheint, als würde die zentrale, alles weitere Handeln orientierende Frage lauten: Wie können wir mitmachen? Wohin das führt, dürfte auch klar sein. Höchstwahrscheinlich in einen Wettbewerb, der über den Preis ausgetragen wird. Solange, bis nichts mehr zu verdienen bleibt.

Die eigentlich wichtige Frage wird vielfach gar nicht erst gestellt: Wie können wir uns unterscheiden? Wie können wir nach vorne kommen? Ich glaube nicht, dass es den Unternehmen nur an Kreativität mangelt, zumindest ist der Mangel an Kreativität nur eine Seite der Medaille. Die andere Seite ist die Angst – die Angst vor dem Anderssein, die Angst, auf das eine oder andere Geschäft zu verzichten, die Angst, das eine oder andere Leistungsmerkmal, Produkt oder was auch immer wegzulassen. Loslassen und Verzichten bedeutet immer, bestimmte Dinge bewusst und gezielt NICHT zu tun. Es ist eine Grundvoraussetzung dafür, so etwas wie Schwerpunkte oder ein Profil überhaupt bilden zu können.

Wenn es darum geht, ein einzigartiges oder zumindest unterscheidbares Profil auszubilden, könnte man sich am Eingangszitat von Antoine de Saint-Exupéry orientieren: „Vollkommenheit entsteht nicht dann, wenn man nichts mehr hinzufügen kann, sondern wenn man nichts mehr wegnehmen kann."

Die Firma patagonia hat diesen Gedanken zur Leitidee ihres Produktdesigns gemacht und reüssiert damit als einer der weltweit führenden Ausstatter für Outdoor- und Expeditions-Bekleidung. Die Bekleidung muss unter extremen Bedingungen funktionieren. Unter extremen Bedingungen funktionieren keine komplizierten Verschlüsse, man braucht auch keine überflüssigen Aufsätze und keine Schnörkel auf der Kapuze. Die Konzentration auf das Wesentliche in Design und Funktion sowie der konsequente Verzicht auf alles Überflüssige haben der Bekleidungslinie zu einem einzigartigen Profil und schwer zu übertreffender Funktionalität verholfen. Ausrüstung von patagonia wird von Outdoor-Sportlern quer über den Globus nachgefragt und gerühmt. Das Unternehmen stellt sicher ein radikales Beispiel dar und den meisten Firmen würde schon ein Teil des Geistes reichen, der die Produktentwicklung bei patagonia prägt.

Bei den allermeisten Unternehmen ist eher das Gegenteil der Fall. Die Bereitschaft, auf bestimmte Dinge zu verzichten und dafür andere

Schwerpunkte zu setzen, ist nicht besonders weit verbreitet. Im Kleinen genauso wie im Großen. Mein Lieblingsbeispiel im Kleinen sind all die vielen und durchaus bemühten Hotels, die als ihre Schwerpunkte Bustourismus UND Seminare UND Tagungen UND Familienurlaub UND Wellness angeben – hab ich was vergessen?

Zum Nachdenken hier noch ein Beispiel aus der Automobilbranche: Im Jahr 2004 wurden aus Mercedes-Automobilen sechshundert (!) technische Funktionen entfernt, weil kein Fahrer sie brauchte. (brand eins, 2004)

Bei den großen Unternehmen sieht es vielfach ähnlich aus. Ein prominentes Beispiel aus dem Jahr 2005 ist der Verkauf der Mobiltelefon-Sparte eines europäischen Unternehmens an den taiwanesischen Mitbewerber. Die Europäer hatten über Jahre qualitativ höchstwertige Handys hergestellt. Echte europäische Ingenieurskunst

Auf überflüssige Produktmerkmale und Funktionen konsequent verzichten

eben, die den Mitbewerbern zumindest ebenbürtig, in einigen Teilen sogar überlegen war. Das Dumme war nur, dass ein Großteil der Überlegenheit in Leistungsmerkmalen zu finden war, die für den Kunden entweder keine Bedeutung hatten oder zu kompliziert zu bedienen waren. Technisch bis ins letzte Detail ausgefeilte Produkte brauchen natürlich auch entsprechend lange Entwicklungszeiten. Die Mitbewerber hatten sich im Gegensatz dazu entschlossen, nicht überperfekte Handys auf den Markt zu bringen, sondern solche mit ausreichender Qualität, für die die Entwicklungszeiten kürzer waren.

Aus den Vertriebseinheiten der Europäer war immer wieder zu hören: „Wir müssen unseren Entwicklern das Produkt regelrecht aus der Hand reißen, sonst kommt es nie auf den Markt." Es hat leider nichts genützt. Komplizierte interne Abläufe hatten einen zusätzlichen Beitrag dazu geleistet, dass die Kosten stiegen und die Produkte trotzdem immer später als die der Mitbewerber auf den Markt gebracht wurden. Schon kurz nach der Übernahme durch die Mitbewerber war zu vernehmen, dass einer der wesentlichsten Schwerpunkte der Taiwanesen die Vereinfachung komplizierter Abläufe und der schwerfälligen Qualitätssicherungsprozesse sein würde. Davon erhofft man sich die nötigen Kosteneinsparungen und eine wesentlich kürzere time-to-market.

Loslassen und Verzichten im Spannungsfeld von Alt und Neu
Ein weiteres Anwendungsfeld für das Prinzip des Loslassens und Verzichtens stellt die Balance von Alt und Neu in Veränderungs- und Entwicklungsprozessen dar. Hier ist besonders behutsames Vorgehen geboten, da der nicht-wertschätzende Umgang mit dem Alten den Erfolg des Neuen stark beeinträchtigen kann.

Aus meiner Erfahrung und Beobachtung geraten viele Veränderungsbestrebungen in Organisationen ins Stocken, weil im Rahmen der jeweiligen Initiativen kein bewusst wertschätzender Umgang mit dem „Alten" gefunden wird. Manche scheitern gar daran. Beim „Alten" kann es sich um Verfahrensweisen, Vorstellungen, Überzeugungen oder sogar um die Unternehmens-Identität handeln.

Damit Menschen überhaupt die Bereitschaft entwickeln, alte Überzeugungen oder Verfahrensweisen, die letztlich Gewissheiten darstellen, loszulassen, braucht es neben einem Angebot an zukünftigen Alternativen auch eine bewusste Wertschätzung des Alten, das einen letztlich dorthin gebracht hat, wo das Unternehmen oder der Bereich heute steht.

Es geht dabei weniger um das Alte an sich, sondern um die Menschen, die hinter diesen vergangenen Bemühungen stehen. Deren Einsatz, Anstrengungen und emotionalen Investitionen wollen gewürdigt werden. Jeder zarte Versuch, etwas verändern zu wollen, ist an sich schon eine implizite Abwertung des Alten. Bevor sich eine betroffene Gruppe noch an das Verstehen und Erkunden des Neuen machen kann, steht oft unausgesprochen die Frage im Raum: Heißt das, dass wir in der Vergangenheit alles falsch gemacht haben? – Ein angemessener Umgang damit könnte möglicherweise lauten: Nein, das heißt es nicht. Das, was wir in der Vergangenheit gemacht haben, hat uns dorthin gebracht, wo wir heute stehen. Für den dafür notwendigen Einsatz gebührt allen Beteiligten Wertschätzung. Aber Veränderungen im Umfeld machen Veränderungen in der Organisation notwendig, und wir werden gemeinsam sehr genau hinschauen, was wir loslassen wollen und was wir unbedingt beibehalten und in die Zukunft mitnehmen wollen.

Was in den meisten Veränderungsprozessen übersehen wird, ist, dass die Menschen nicht nur eine Orientierung brauchen, wo es hin-

Otto Umlauft: Von der chemischen Reinigung zur
computergesteuerten textilen Vollversorgung

gehen soll, sondern auch darüber, was bleiben
wird, bleiben kann und was möglicherweise sogar unbedingt so bleiben soll. Diese bekannten
Dinge fungieren wie mentale Inseln der Sicherheit und des Selbstvertrauens, von denen aus
das Neue, Unbekannte und Ungewisse zuerst
erkundet und schließlich zum neuen Bekannten
gemacht werden kann.

In diesem Zusammenhang scheint mir noch
wesentlich, dass Loslassen ein aktiver Akt des
Betroffenen ist, eine Eigenleistung, die nur jeder aus sich selbst heraus erbringen kann. Jemanden zum Loslassen zu zwingen, bedeutet,
ihm etwas wegzunehmen. Vielleicht sollten die
Initiatoren von Veränderungsprozessen, die mit
Widerständen konfrontiert sind, nicht klagen:
„Warum sehen die Mitarbeiter nicht ein, dass
wir uns ändern müssen?", sondern vielmehr
fragen: „Was brauchen die Mitarbeiter, um loslassen zu können?"

Die Fähigkeit auszubilden, sich von alten Gewissheiten zu lösen, ist Voraussetzung dafür,
überhaupt produktiv mit Zukunftsfragen umgehen zu können, was sich in der Geschichte von
Otto Umlauft zeigt.

„Ich hatte von meinem Vater ein Textilreinigungsunternehmen mit
fünfzehn Filialen übernommen. Die Filialen liefen nicht so gut, und
wenn ich bei meinen Besuchen unter die Tresen blickte, stieß ich immer wieder auf Strickzeug, Kaffeetassen, Bücher und so weiter. Ich
habe damit gekämpft und mich gefragt: Sollen wir das schließen oder
nicht? So leicht war das nicht, weil auch unser Image an den Filialen
hing. Dann passierte Folgendes: An einem Montag um neun Uhr früh

ruft mich eine erboste Kundin an und beschimpft mich, dass sie vor geschlossenen Türen stehe, weil die Filialistin noch nicht da sei. In dem Moment war mir klar, dass die betreffende Mitarbeiterin einfach nicht zur Arbeit gekommen war.

Ich habe mich dann relativ ruhig bei der Kundin entschuldigt und gesagt: ‚Da muss der Zettel runter gefallen sein, aber die Filiale ist geschlossen.' Danach bin ich hingefahren, habe das Schloss gewechselt und ein Schild in die Tür gehängt: Filiale ist geschlossen. Am nächsten Tag kam die Filialistin, die es überhaupt nicht der Mühe wert gefunden hatte anzurufen, und fragte, was mit dem Schlüssel sei, der nicht mehr passe. Ich antwortete nur knapp: Die Filiale ist geschlossen und Sie sind gekündigt. Und damit hatte ich die erste Filiale geschlossen. Einige weitere folgten. Die restlichen Filialen habe ich an ein anderes Unternehmen verkauft und dafür dem Unternehmen einen Teil der Wäscherei, die ich jetzt betreibe, abgekauft. Es war für mich die einmalige Chance, mich von einem ungeliebten und unrentablen Bereich zu trennen und gleichzeitig zu expandieren."

Heute ist die Firma Umlauft ein führendes Unternehmen der textilen Vollversorgung für Krankenhäuser, Gastronomie und Industrie. (www.umlauft.at)

Loslassen und Verzichten scheint nicht nur am Berg ein wichtiges strategisches Prinzip zu sein, sondern auch in der Wirtschaft, wie das Beispiel von Otto Umlauft zeigt. Aber es gilt nicht nur für Unternehmen, sondern beispielsweise auch in der Forschung. Der Quantenphysiker Anton Zeilinger hat auf die Frage, wie Spitzenleistungen in seinem Forschungsfeld möglich werden, geantwortet: „Man muss lernen, alte Arbeitsrichtungen abzustellen, auch wenn das Neue unklar ist. Es geht ums Abdrehen können, auch wenn es gut funktioniert!"

Vorausschauendes Loslassen und Verzichten

Beim Prinzip Loslassen und Verzichten geht es nicht nur darum, bereits Vorhandenes loszulassen, sondern auch darum, den Rucksack vorausblickend nicht unnötigerweise schwer zu beladen. Unternehmen sollten sich beim Starten neuer Initiativen stets fragen: Wie viele Projekte können wir gleichzeitig starten, überschauen, integrieren und wie viele können wir während des gesamten Verlaufs mit der nötigen Energie, Aufmerksamkeit, Zeit und anderen Ressourcen versorgen? Viele Projekte zu starten, wenige abzuschließen und den Rest irgendwie auslaufen oder versanden zu lassen, raubt der Organisation das Vertrauen in die eigenen Umsetzungskräfte. Es schwächt sie weit über die vergeudeten Ressourcen hinaus und untergräbt ihre Energie.

Literaturempfehlungen

Matthias Varga von Kibéd, Insa Sparrer: *Ganz im Gegenteil*.
  Carl-Auer-Systeme Verlag 2002
Tom Peters: *Re-Imagine! Spitzenleistungen in chaotischen Zeiten*.
  Dorling Kindersley 2004
Edgar H. Schein: *Organisationskultur*. EHP Verlag 2003

4. Prinzip: Handeln nach dem Gesetz der Seilschaft

„Jeder Versuch des Einzelnen für sich zu lösen,
was alle angeht, muss scheitern."

Friedrich Dürrenmatt

Mit dem 4. Prinzip möchte ich darlegen, dass es bei jedem persönlichen Schritt ums Ganze geht, dass kein persönlicher Schritt gut ist, wenn er nicht fürs Ganze gut ist. Anhand der Durchsteigung der Nordwand der Grandes Jorasses zeige ich auf, dass eine Seilschaft viel mehr zu leisten imstande ist als ein Einzelner. Es ist erstaunlich, welche Energien auch in Unternehmen frei werden, wenn Mitarbeiter und Führungskräfte wie Seilschaften agieren und ein eingespieltes Miteinander zum Wohl des Ganzen entwickeln.

Die Nordwand der Grandes Jorasses: der Walkerpfeiler

Als Sepp Bierbaumer mich im Sommer 1984 fragt, ob wir gemeinsam in die Westalpen fahren, bin ich sehr stolz. Drei Jahre zuvor war er noch mein Lehrer beim Anfänger-Kletterkurs gewesen, und weder er noch ich hätte sich damals vorstellen können, dass wir beide jemals gemeinsam in die Westalpen fahren würden, geschweige denn schon drei Jahre später. Wir verstanden uns prächtig und hatten schon im Sommer zuvor einige Klettertouren in den Dolomiten gemeinsam unternommen. Ich hatte in der Zwischenzeit intensiv trainiert und meine Leistungsfähigkeit deutlich erhöht. Bei einem kurzen Vorbereitungswochenende in den Dolomiten sehen wir, dass unsere Form stimmt.

Die Seilschaft Sepp Bierbaumer und der Autor nach drei Tagen in der Nordwand am Gipfel der Grandes Jorasses (oben) – Übergreifende Zusammenarbeit im Unternehmen

Sepp hat schon einige Erfahrung in den Westalpen und bereits große kombinierte Touren – das sind Touren, bei denen sowohl Eis als auch Felspassagen zu bewältigen sind –, wie die Droites-Nordwand hinter sich gebracht. Für mich sind die Westalpen eine neue Welt. Ich bin noch nie zuvor auf einem Gletscher unterwegs gewesen und auch noch nie mit Steigeisen in einer kombinierten Wand geklettert. Wir setzen uns daher den Mont Maudit als Ziel, den wir als eher leichten Berg einschätzen. Die Autofahrt bringt uns über das Aosta-Tal vom Süden ins Mont-Blanc-Gebiet, und unmittelbar nach der Ankunft schnappen wir die nächste Gondel, die uns zur Turiner-Hütte bringt, von wo aus wir am nächsten Tag den Kuffner-Grat auf den Mont Maudit in Angriff nehmen wollen.

Als wir am nächsten Tag frühmorgens um vier Uhr aufbrechen, hat sich das strahlende Sommerwetter vom Vortag deutlich verwandelt. Nebel, Schneetreiben und ein massiver Temperatur-Sturz bedeuten, dass wir uns den Kuffner-Grat für den heutigen Tag abschminken können. Während wir so über den Gletscher navigieren, schiebt der Wind plötzlich die Wolken kurzzeitig auseinander und gibt so einen Blick auf die Nordwand der Tour Ronde frei. Wir entschließen uns kurzerhand einzusteigen. Wir steigen drei Seillängen in Wechselführung nach oben. Ich merke, dass ich mit den Steigeisen keinerlei Probleme habe und gut zurechtkomme. Wir entschließen uns, das Seil wegzugeben und klettern den Rest der Tour seilfrei weiter. Zurück auf der Turiner-Hütte entschließen wir uns, in Anbetracht der völlig durchnässten Klamotten und des auch für den nächsten Tag noch als unbeständig angekündigten Wetters mit der Gondel ins Tal und weiter nach Chamonix zu fahren.

Dort angekommen erkundigen wir uns im Maison de la Montagne nach dem weiteren Wetterbericht. Nach einer unbeständigen Nacht und einem weiteren wechselhaften Tag sollte das Wetter für drei Tage durch ein stabiles Hoch geprägt sein. Das heißt für uns, einen Tag zu warten und dann zu entscheiden, welche Tour wir in Angriff nehmen können. Während wir durch den Ort schlendern, treffen wir einige bekannte Bergführer aus Österreich und unterhalten uns kurz. Sie erzählen uns nebenbei von einer Rettungsaktion am Walkerpfeiler, bei der eine slowenische Seilschaft geborgen werden musste, und dass heuer aufgrund der Vereisung noch kein erfolgreicher Durchstieg dieser berühmten Nordwand gelungen war.

Der Walkerpfeiler ist die begehrteste Route durch die Nordwand der

Grandes Jorasses, die zusammen mit der Eiger-Nordwand und der Matterhorn-Nordwand die berühmten „drei großen Nordwände der Alpen" bildet. Die Matterhorn-Nordwand wird mit dem 4. Schwierigkeitsgrad bewertet und ist die leichteste dieser drei Wände. Die Eiger-Nordwand wird mit dem 5. Schwierigkeitsgrad bewertet und ist nicht zuletzt wegen der dramatischen Geschichten rund um ihre Ersteigung die berühmteste der drei Nordwände. Die Grandes Jorasses-Nordwand mit dem Walkerpfeiler ist die klettertechnisch schwierigste der drei Nordwände: 6. Schwierigkeitsgrad im Granit, der bei Vereisung nahezu unmöglich werden konnte.

Für mich als extremem Felskletterer stellt der Walkerpfeiler schlichtweg die Traumroute der Alpen dar. 1.200 Meter Wandhöhe, Granit, Eis, höchste Kletterschwierigkeiten im 6. Grad und eine unglaubliche Ästhetik der Linienführung. In der Felskletterer-Bibel der 80er-Jahre – „Im extremen Fels" von Walter Pause – wird die Durchsteigung als das große Finale alpiner Leidenschaft, als ein Muss für jeden Extremkletterer gepriesen.

Ich sehe zwar das Leuchten in Sepps Augen, wenn wir vom Walkerpfeiler sprechen, denke aber im Moment nicht im Entferntesten daran, in diese Route einzusteigen. Ich denke nicht einmal daran, in eine andere, leichte Route einzusteigen: Die Kleider sind noch feucht und das Wetter sieht zurzeit trotz der positiven Prognosen noch alles andere als freundlich aus. Am Abend beginnt es wieder zu regnen, und wir suchen uns einen Rohbau, in dem wir unsere Unterlagsmatten und Schlafsäcke für die Nacht ausrollen können. Die Nacht ist kurz und unbequem. Schon sehr früh kommen die Maurer und geben uns unmissverständlich zu verstehen, dass wir uns vertschüssen sollen, weil sie weiterbauen wollen.

Nach einem Frühstück auf einer noch feuchten Parkbank holen wir noch einmal den Wetterbericht ein. Ja, es sollte tatsächlich für drei Tage schön werden. Sepp fragt mich: „Gehen wir den Walkerpfeiler?" Ich sage: „Ich weiß nicht, ob ich mir das zutrauen soll. Ich bin noch nie in viertausend Meter Höhe mit Steigeisen im extremen Fels geklettert." Sepp meint dazu lediglich: „Bis vorgestern bist du auch noch nie seilfrei im Eis geklettert, und die Nordwand der Tour Ronde war auch kein Problem für dich." Das überzeugt mich vorerst, und eine Stunde später sitzen wir in der Zahnradbahn nach Montenvers.

Das Wetter klart auf, und als wir aussteigen und von der Bergstation in Richtung Mer de Glace hinuntergehen, sehe ich ihn zum ersten Mal: den Walkerpfeiler.

So übertrieben es auch klingen mag, aber es verschlägt mir fast den Atem. So unglaublich hoch, so extrem mächtig und gleichzeitig so schön, ästhetisch und herausfordernd. Jetzt spüre ich das erste Mal: Ich will da raufklettern!

Während wir uns über den Gletscher in Richtung Leschaux-Hütte bewegen, bin ich aufgeregt und fühle mich wie von einer pulsierenden Kraft getrieben. Mit zunehmender Nähe zur Wand schwindet jedoch die anfängliche Faszination und weicht einer aufkommenden Beklemmung. Mit jedem Schritt, den Sepp und ich tun, wird mir klarer, welch ein Monster da auf mich wartet.

Die Wand sieht aufgrund des vorangegangenen Wettersturzes höchst bedrohlich aus, sie wirkt, als wäre es Winter. Schnee. Eis. Nur dazwischen etwas nackter Fels.

Mitte des Nachmittags erreichen wir die Leschaux-Hütte. Am späten Nachmittag gesellen sich noch weitere Seilschaften dazu: Oberösterreicher, die zur Petites Jorasses-Westwand wollen, zwei vollbärtige Spanier und zwei Engländer, die mit Irokesenschnitt und langen Unterhosen, über die sie kurze Adidas-Shorts tragen, ein für die damalige Zeit eher ungewohntes Bild in den Bergen abgeben. So geben wir eine illustre Runde ab, die in Anbetracht der Prüfungen, die vermutlich auf jeden warten, wortkarg um den Tisch sitzt und sich nach dem Abendessen relativ früh Schlafen legt.

Der Ruf von Sepp reißt mich aus dem Schlaf: „Rainer, steh auf. Es ist sternenklar!" Es ist 0.30 Uhr und mir wird schlagartig klar, was das bedeutet. Jeder in der Hütte müsste jetzt eigentlich mein Herz klopfen hören. Warum kann es nicht regnen? Dann wäre klar, dass wir nicht einzusteigen brauchen. Aber so? Ich bin unfähig, mich zu bewegen. Ich hätte nie gedacht, dass ein Mensch so schwer sein kann. Ich habe das Gefühl, Tonnen zu wiegen. Ich weiß nicht genau, ob ich in die Tour einsteigen möchte oder nicht – ich möchte natürlich schon, ich möchte zumindest sagen können, dass ich es geschafft habe; aber ich bin mir nicht sicher, ob ich es wirklich wagen will.

Ich merke, dass meine Zweifel mich ans Bett fesseln. Was würde Sepp sagen, wenn ich „Nein, ich gehe doch nicht" sagen würde? Ich merke, dass mich diese Gedanken keinen Schritt weiterbringen. Es ist eine Sache, die ich ganz mit mir alleine ausmachen muss. Mir wird klar, dass ich jetzt bald eine echte Entscheidung treffen muss. Kein lauwarmes „Ja, vielleicht …" oder zögerliches „Ja, aber …", sondern ein echtes, inneres JA. Oder eben ein echtes, inneres NEIN. Als ich so daliege, tonnenschwer und bewegungsunfähig und mich frage, ob ich das kann, passiert etwas Eigenartiges. Ich habe das Gefühl, als hätte ich die Frage, ob ich der Wand wirklich gewachsen bin noch gar nicht an mich herangelassen. Ich darf mir die Frage nicht nur mit dem Kopf stellen, sondern muss auch mit Bauch und Herz überlegen: „Kann ich das?" Ich habe das Gefühl, ich muss die Frage „Kann ich das?" ganz tief in mich hineinlassen und ganz offen für sie werden.

Und als hätte es nur einen Spalt breit von dieser Öffnung gebraucht, taucht plötzlich ein Bild vor mir auf und ich sehe mich klettern, und zwar so real, als wäre ich schon oben in der Wand. Ich sehe mich voll Entschlossenheit und Kraft hinaufklettern: Ich klettere den Roten Kamin, die letzten extrem schwierigen und auch teilweise brüchigen Seillängen am Walkerpfeiler. In über viertausend Meter Höhe zudem meist vereist. Ich weiß plötzlich: „Ich kann das!" Ich fühle, wie Energie durch meinen Körper strömt und bin plötzlich wieder bewegungsfähig. Ich stehe auf und trete in den Fluss des folgenden Geschehens ein.

Wir verlassen die Hütte und gehen mit Stirnlampen zum Fuß des Pfeilers. Beim ersten Morgenlicht steigen wir in den Walkerpfeiler ein. Die ersten Seillängen wären bei normalen Bedingungen nicht schwer, aber aufgrund des vielen Schnees verlangen sie bereits volle Konzentration. So erreichen wir den Rebuffat-Riss, die erste sehr schwere Seillänge im 6. Grad. Ich bin mit Führen dran. Es sind meine ersten extremen Klettermeter im Granit. Glücklicherweise sind die entscheidenden Stellen hier im Riss trocken und schneefrei. Ich komme auch mit den steifen Schuhen gut zurecht. Im Unterschied zu den schweren Dolomitentouren, wo wir im Kalk mit den weichen, profillosen Kletterpatschen unterwegs waren, klettern wir hier mit steigeisenfesten Bergschuhen, die auch die Kälte etwas abhalten. Ich bin ganz begeistert, wie gut ich im Granit vorankomme. Vor den schwierigsten Metern hänge ich noch den Rucksack ab, um ihn später mit dem Seil nach oben zu ziehen. Als Sepp nachklettert, merke ich, dass es schwer gewesen sein muss.

Nach dem Rebuffat-Riss warten drei unter normalen Verhältnissen etwas leichtere Seillängen auf uns, bevor es in der 75 Meter-Verschnei-

95

dung wieder extremer wird. Die leichten Seillängen haben bei den derzeitigen Verhältnissen nach dem Wettersturz leider ausnahmslos den Nachteil, total vereist und schneebedeckt zu sein. Die folgenden 120 Meter liegen normalerweise im 4. Schwierigkeitsgrad, vom Fels ist aber nur zwischendurch etwas zu sehen. Einzig von den Sicherungshaken ist noch weniger zu sehen als vom Fels. Die Haken sind zur Gänze unter Schnee und Eis verschwunden. Sepp und ich klettern die vollen 120 Meter zwar in Seilschaft, aber so gut wie ohne Sicherung. Wenn das Seil zu Ende ist, stecken wir das Eisbeil irgendwie in den lockeren Schnee und sichern pro forma über dessen Schaft nach, wohl wissend, dass dies niemals einen Sturz des jeweils anderen aushalten könnte.

Bei jedem einzelnen Schritt geht es hier im wahrsten Sinn des Wortes ums Ganze. Würde einer von uns beiden einen Fehler machen, würden wir beide als Seilschaft in hohem Bogen aus der Wand fliegen und unsere Reste sich hunderte Meter tiefer auf dem Gletscher wieder finden. Im Moment des Kletterns gibt es aber nur das wechselseitige Vertrauen darauf, dass jeder mit höchster Konzentration und Verantwortung für das Ganze mit den entsprechenden Reserven und der nötigen Kontrolle über jeden einzelnen Schritt zur Sache geht. Anders wäre es absolut unverantwortlich, hier auch nur einen einzigen weiteren Schritt zu machen. Wir müssten den sofortigen Rückzug antreten.

Es dauert nicht lange bis wir die 75 Meter-Verschneidung erreicht haben. Die Schwierigkeiten steigern sich nun bis zum oberen 5. Schwierigkeitsgrad, der durch die noch immer anhaltende Vereisung immens anspruchsvoll zu klettern ist. Wir sind aber trotzdem etwas entspannter, da wir nun zumindest fixe Standhaken zum Sichern zur Verfügung haben. Die Kletterei bleibt trotzdem extrem. Immer wieder müssen wir die Haken aus dem Eis auspickeln, uns dann wieder auf schneebedeckten Leisten nach oben schwindeln, mit den Steigeisen an den Füßen im vereisten Fels nach oben spreizen, dann wieder an unzuverlässigen Haken hängend die Steigeisen ausziehen, um drei Meter ohne Steigeisen weiterzuklettern und sie gleich danach wieder – an dem nächsten unzuverlässigen Haken hängend – anzuziehen. Die 75-Meter-Verschneidung kostet uns enorm viel Kraft, Nerven und Haut an den Fingerknöcheln. Als wir am Ende auf einem Sims angelangt sind und dann auch noch Wolken aufziehen, beschließen wir nach 600 Metern hier etwa in Wandmitte zu biwakieren.

Die Nacht verbringen wir auf einem cirka vierzig Zentimeter breiten

Sims, die Füße baumeln in den Abgrund. Die mentale Beanspruchung in der Nacht ist härter als am Tag beim Klettern. Ich sitze hier und habe Zeit zum Grübeln. Mit den freihängenden Füßen ist an echten Schlaf nicht zu denken. Immer wieder schrecke ich auf und weiß nicht genau, was los ist. Ändert sich das Wetter? Nein, es war nur der Wind, der in den Biwaksack, den wir uns übergestülpt haben, gefahren ist. Gegen Morgen hin wird es immer kälter und die völlig durchnässten Bergschuhe beginnen einzufrieren, ich verliere das Gefühl in den Zehen. Als es endlich heller wird, schmelzen wir mit dem Gaskocher etwas Schnee, um eine Tasse Tee zuzubereiten. Noch bevor es ganz Tag wird, klettern wir weiter.

Wir wollen es heute bis zum Gipfel schaffen. Es geht gleich vom Biwak weg ziemlich hart zur Sache. Extrem schwierige Granitplatten, Überhänge, zwischendurch delikate Passagen, wo es darauf ankommt, beim Aufstehen auf abschüssigen, schneebedeckten Granitleisten mit den Steigeisen nicht abzurutschen, immer wieder die Erleichterung, wenn die Frontalzacken der Steigeisen auf den Granitplatten endlich Unebenheiten finden und wir wissen, dass sie zumindest für den nächsten Schritt halten werden. Wir klettern und klettern und merken gar nicht, wie die Zeit vergeht. Plötzlich legt sich die Pfeilerkante etwas zurück, der Fels wird trocken, zwischendurch scheint etwas Sonne in die Wand und wir kommen etwas problemloser voran, merken aber gleichzeitig, dass wir langsamer werden.

Sepp und ich kommen an einer Stelle vorbei, wo eine Unmenge von Haken und Karabinern baumeln und zwei neuwertige Seile zusammengeknäuelt auf einem Vorsprung liegen. Das muss die Stelle sein, wo die Slowenen aus der Wand geborgen wurden. Wir klettern weiter. Es wird Abend und das Sonnenlicht am Gletscher ist warm und goldig. Wie spät ist es? Es wird bald sieben Uhr. Meine Güte, ist die Zeit vergangen. Wir erreichen auf viertausend Meter Höhe ein Band unterhalb des Roten Kamins und beschließen noch einmal zu biwakieren. Das heißt wir haben heute „nur" vierhundert Meter geschafft und morgen bleiben uns noch zweihundert Meter bis zum Gipfel.

Der heutige Platz ist geringfügig komfortabler als der Biwakplatz der vorangegangenen Nacht. Gleichzeitig merken wir die Anstrengungen der letzten Tage. Weil es so aufwändig und langwierig ist, aus Schnee und Eis Tee zu machen, haben wir seit dem Frühstück nichts mehr getrunken. Der Mund ist pelzig, das Brot will auch bei noch so langem Kauen nicht mehr wirklich hinunterrutschen, auch die Salamistücke mit viel

Senf machen Mühe. Ich werfe einen Kilo Brot aus der Wand. Wozu habe ich es überhaupt die ganzen zwei Tage mitgeschleppt? Wir kochen Tee, um uns wenigstens einigermaßen zu regenerieren. Die zweite Nacht ist noch kälter als die erste. Ich spüre meine Zehen schon lange nicht mehr. Erstaunlicherweise hat das taube Gefühl das Klettern kaum beeinträchtigt. Immer wieder versuchen nagende Zweifel während der Nacht von meinem Denken Besitz zu ergreifen. Es tut gut, dass es heller wird und wir im Morgenlicht endlich wieder weiterklettern können.

Eine Seillänge geht es im Eis über das so genannte Firndreieck nach oben, dann sind wir im berüchtigten Roten Kamin. Die Stelle, die mir schon im Tal so viel Respekt eingeflößt hatte. Ich spüre meine Zehen nicht mehr, meine Finger sind kalt, ich bin müde und ausgezehrt, aber ich klettere. So wie ich unten in der Hütte aus dem plötzlich auftauchenden Bild Kraft für den Aufbruch geschöpft habe, gibt mir dieses Bild hier am Ort des Geschehens erneut Energie. Ich spreize höher, die Beine weit auseinander, jeweils links und rechts an den Kaminwänden abgestützt und klettere über vereiste Stellen. Ich mache Stand und Sepp kommt nach, nimmt im selben Stil die nächste Seillänge in Angriff, macht Stand, ich komme nach und das Spiel wiederholt sich von vorne.

Auf einmal legt sich die Pfeilerkante zurück und wir sehen den Gipfelgrat. Von oben winken zwei Bergsteiger, die über den Normalweg aufgestiegen sind, zu uns herab. Wir wissen beide, dass uns der Durchstieg nun nicht mehr zu nehmen ist. Zwei Seillängen noch, die letzten zehn Meter auf den Gipfelgrat fallen an mich. Ein paar Schritte noch und ich wälze mich vollkommen erschöpft, aber glücklich und erleichtert über die Wächte auf den Gipfel. Sepp kommt nach, wir umarmen uns. Mit dem letzten Bild des Filmes machen wir unser Gipfelfoto. Dann wartet noch ein langer Abstieg auf uns. Meine Reserven sind ziemlich verbraucht, ich bin froh, in Sepp einen starken Partner zu haben. Sechs Stunden später sind wir unten.

Am Abend gönnen wir uns das erste Mal auf dieser Fahrt ein richtiges Essen in einem Restaurant. Wir feiern unseren Erfolg mit einer ganz gewöhnlichen Bestellung, bei der sich kein normaler Mensch etwas denken würde. Für uns ist es ein Festmahl. Es geht gar nicht so sehr darum, dass wir hier nach drei kargen Tagen mit wenig Trinken und Essen einfach nur mit dem Finger zu schnippen brauchen. Das Wissen, gemeinsam etwas Großartiges geschafft zu haben, macht aus dem

Die Nordwand der Grandes Jorasses mit dem Walkerpfeiler; unten links: Klettern im kombinierten Gelände ohne Absicherungsmöglichkeiten; unten Mitte: Sepp Bierbaumer und der Autor im Wandbiwak am Walkerpfeiler: vertikales Himmelbett, Modell fußfrei; unten rechts: Der Autor im Rebuffat-Riss im 6. Grad

einfachen Menü ein Fest. 1.200 Meter vereister, senkrechter Granit im 6. Schwierigkeitsgrad liegen hinter uns, ich habe sieben Kilo abgenommen, nur mehr wenig Haut auf den Fingerknöcheln und kein Gefühl mehr in den Zehen. Klar, wir mussten beim Klettern drei Tage lang alles geben, und die zwei Nächte, in denen wir ohne schlafen zu können auf schmalen Felsvorsprüngen saßen und die Füße in den Abgrund baumeln ließen, trugen auch nicht wirklich zur Erholung bei.

Rückblickend gesehen befand sich die Schlüsselstelle aber nicht in der Wand, sondern auf der warmen und sicheren Matratze in der Leschaux-Hütte.

Lektionen aus der Nordwand der Grandes Jorasses

Die Durchsteigung der Nordwand der Grandes Jorasses zeigte mir, was in einer Partnerschaft alles realisiert werden kann, was gemeinsam durch eine Vielzahl von kleinen, für sich alleine unspektakulären Interaktionen, die aber zusammen eine mächtige Kraft ergeben, möglich wird. Die notwendigen Grundbestandteile dafür sind Vertrauen, Verlässlichkeit, Verantwortung und gemeinsame Begeisterung für eine Sache.

Wenn heute das Wort Seilschaften im beruflichen oder geschäftlichen Kontext verwendet wird, assoziieren viele Menschen zuallererst unlautere Machenschaften, Packeleien, Geheimabsprachen, unerlaubte, gegenseitige Vorteilsverschaffung und dergleichen mehr.

Ich habe mich trotz dieser negativen Konnotationen dafür entschieden, den Begriff der Seilschaft zu verwenden, da er auf das Aufeinander-angewiesen-Sein hinweist und es meiner Beobachtung nach in den meisten Organisationen gerade um ein Bewusstsein dafür geht. Denn zurzeit kommt es im Bereich der Zusammenarbeit vielfach zu erheblichen Schwierigkeiten und Energieverlusten.

In einer Seilschaft sind die Partner auf Gedeih und Verderb miteinander verbunden, das Vertrauen zueinander und die gegenseitige Unterstützung bilden die Basis für den gemeinsamen Erfolg. Und: Unterschiede in der Seilschaft sind wichtig und sollten bestmöglich genutzt werden. So klettert vielleicht der eine besser im Eis und der andere besser im Fels, dadurch wird der Durchstieg einer Tour wesentlich leichter für beide.

Eine Seilschaft ist mehr als 1+1, eine Seilschaft kann etwas zustande bringen, was zwei Einzelne niemals zustande bringen würden. Die Seilschaft verbindet Potenziale, Kräfte und Fähigkeiten. Daher wähle ich zuerst den Partner und dann erst mit ihm gemeinsam die Route als konkretes Ziel, anstatt mir zuerst die Route als konkretes Ziel auszuwählen und dann erst den passenden Partner dafür zu suchen.

Folgende Lektionen habe ich aus dieser schwersten der drei großen Alpenwände für mich mitgenommen, von denen sowohl Einzelne als auch Unternehmen profitieren können. Ich lade Sie ein, diese Überlegungen auch auf Ihre Arbeit und Ihr Unternehmen zu übertragen.

- Wählen Sie zuerst Ihre Partner aus und dann erst die konkreten Ziele.
- Übernehmen Sie bei jedem persönlichen Schritt Verantwortung für sich und das Ganze.
- Nutzen Sie die bestehenden Unterschiede anstatt Gleichmacherei zu betreiben.

■ Impulse für den Einzelnen

Zuerst der Partner, dann die Route

Wir haben als Seilschaft oft mehr geschafft, als wir uns vorgenommen hatten. Wir wussten vorher immer nur, dass wir gemeinsam klettern gehen. Zuerst bildete sich die Seilschaft, dann erst folgte das gemeinsame Nachdenken darüber, welche Wand wir durchsteigen wollten.

Ich habe daraus gelernt, dass es auch im Berufs- oder Geschäftsleben ratsam ist, zuerst die Gemeinschaften zu bilden und dann über die Möglichkeiten nachzudenken, die aus dieser Gemeinsamkeit entstehen können. Und aufgrund meiner Erfahrung weiß ich, dass man, wenn man zuerst den oder die Partner und dann die Ziele wählt, offen für die zusätzlichen Möglichkeiten bleibt, die durch die Gemeinschaft entstehen. Man sollte sich bei der Wahl der Partner auch Zeit nehmen, um die nötige Substanz an Vertrauen und Energie gemeinsam aufzubauen, bevor man sich gemeinsam auf große Projekte einlässt.

Verantwortung für sich und das Ganze übernehmen

Wer sich bei jedem persönlichen Schritt bewusst ist, dass es ums Ganze geht, wird auf lange Sicht eher weiterkommen. Ums Ganze gehen heißt: Die Belange des Ganzen sind stets mitzudenken und es ist Verantwortung für das Ganze zu übernehmen. Das Ganze ist die Überlebenseinheit, von der man direkt und indirekt abhängig ist, egal, wie selbstständig man zu sein glaubt. Ob als Ich-AG oder als Mitarbeiter in einem Großunternehmen. Dazu muss sich der Einzelne ein möglichst umfassendes Bild vom Ganzen und seiner persönlichen Rolle darin verschaffen, um seine persönlichen Entscheidungen daran ausrichten zu können. Es geht darum, sich zu fragen: „Welchen Beitrag sollte ich zum Ganzen leisten?" und dann auch dementsprechend zu handeln.

Eine Seilschaft steigt in eine extreme Route in der Regel erst ein, wenn sie aufeinander eingespielt ist. Aufeinander-eingespielt-Sein heißt, dass man nicht mehr viele Worte braucht, um sich über die wesentlichen Abläufe zu verständigen. Bei meinen langjährigen Seilpartnern konnte ich in der Regel an der Seilbewegung ablesen, in welcher Situation sie sich befanden, was von mir an Unterstützung verlangt war, ob ich noch sichern oder schon weiterklettern sollte. Ich wusste das, obwohl ich sie manchmal weder sah noch hörte, weil der Routenverlauf um mehrere Kanten und Winkel führte. Auch im Geschäftsleben funktioniert das so. Bis es allerdings soweit ist, muss man expliziter kommunizieren.

Aus meiner Erfahrung sind folgende Fragen dabei sinnvoll: Was braucht der andere von mir an Informationen, Wissen, Unterstützung, damit er seinen Beitrag zum Ganzen leisten kann? Was brauche ich vom anderen, damit ich meinen Beitrag für das Ganze leisten kann? Was müssen wir wechselseitig von unseren Aufgaben wissen, damit wir auch darüber Bescheid wissen, was der andere noch brauchen könnte, um seinen Beitrag zum Ganzen noch besser leisten zu können?

In Unternehmen entsteht ein großer Teil der Schwierigkeiten in der Zusammenarbeit meiner Beobachtung nach weniger wegen zwischenmenschlicher Probleme, sondern vielmehr wegen mangelndem Aufeinander-eingespielt-Sein. Wenn Menschen in einem Unternehmen hingegen diese wechselseitige Verantwortung füreinander und das Ganze übernehmen, entsteht Vertrauen. Und Vertrauen macht schnell. Wenn Menschen in einer Organisation wie eine Seilschaft in der Nordwand zusammenarbeiten, rechnet sich dies für jedes Unternehmen.

Unterschiede nutzen statt Gleichmacherei betreiben

Einer der wesentlichsten Erfolgsfaktoren in schwierigen Routen und extremen Wänden ist das gezielte Nutzen unterschiedlicher Stärken. Wenn einer Spezialist für extrem schwierige Felspassagen ist und der andere sich im Eis und im kombinierten Gelände wohler fühlt, kann das schon eine perfekte Mischung für eine große Wand darstellen. Vorausgesetzt, man kann sich darüber verständigen und dies auch als gemeinsamen Vorteil nutzen, anstatt eine Wertigkeit oder Rangordnung herstellen zu wollen. Das ist aus meiner Sicht ein Punkt, den man nahezu 1:1 auf alle Bereiche des Lebens übertragen kann. Insbesondere auf die Arbeit, egal ob man als Einzelunternehmer oder als Mitglied einer größeren Gemeinschaft agiert.

Wichtig dafür ist allerdings, dass man seine Stärken erstens kennt und zweitens zu ihnen steht. Zu seinen Stärken zu stehen bedeutet auch, zu seinen Schwächen zu stehen und darin nicht Defizite zu sehen, derer man sich schämt und die es auszumerzen gilt. Man kann von seinen eigenen Schwächen viel mehr profitieren, als man denkt, wenn man sie als die idealen Anknüpfungspunkte für Partner und Kooperationen betrachtet.

■ Impulse für Unternehmen

Ich halte bereits seit einigen Jahren Vorträge über das Nordwand-Prinzip®. In den Diskussionen nach dem Vortrag stellen Führungskräfte sehr oft die Frage, ob denn das Bild von der Seilschaft nicht an der Realität von Organisationen vorbeigehe und wo ich denn konkrete Ansatzpunkte zur Umsetzung dieser Gedanke sähe.

Ich sehe hier zwei Ansatzpunkte für Unternehmen: Der erste ist das Zusammenwirken der Beteiligten in den Führungsteams und Leitungskreisen. Der zweite betrifft die übergreifende Zusammenarbeit zwischen Abteilungen, Geschäftsbereichen oder Partner-Unternehmen.

Im Führungsteam gemeinsam Verantwortung übernehmen

„Wenn man betrachtet, in welchem Territorium sich Unternehmen heutzutage zu bewegen haben, so sind Management und Führung mit einer Komplexität konfrontiert, die zu erfassen die Fähigkeiten eines Einzelnen eigentlich immer überfordert. Es ist also höchst unwahrscheinlich, dass einsame Entscheidungen heroischer Manager auf Dauer zu tragfähigen Ergebnissen führen. Langfristig kann dieses Modell als irrational und zum Untergang verdammt angesehen werden." (Simon, 2004)

Ich führe diese Aussagen von Fritz B. Simon an, weil sie sich mit meinen Beobachtungen und Erfahrungen decken. Die Entscheidungsfindung in komplexen Problemlagen wird mehr und mehr zu einer Aufgabe, die nur in Seilschaften bewältigt werden kann. Ich denke hier an eine Klausur zur Umorganisation des Vertriebsbereiches eines weltweit tätigen Telekommunikations-Infrastruktur-Anbieters. Mein Berater-kollege Franz Fröschl und ich hatten ein crossfunktionales Team aus dreißig Managern für drei Tage in einen Raum geholt. Es ging um folgende Fragen: Welche Funktionen sollen im Stammhaus bleiben? Welche sollen von Shared-Service-Centers in Asien übernommen werden? Welche können ganz ausgelagert werden? Wie könnte damit eine Produktivitätssteigerung und Kostensenkung erreicht werden?

Bezüglich der Antworten auf diese Fragen herrschten zu Beginn völlige Unklarheit und Zweifel, ob denn überhaupt Antworten gefunden werden könnten. Die Situation erinnerte mich an die drei Tage in der Nordwand der Grandes Jorasses: Das Team kämpfte so unnachgiebig um die Lösung wie wir um den Durchstieg der Großen Wand. Wir hatten ein dynamisch-entschleunigendes Moderations-Design gewählt, durch das das Team in den notwendigen Dialog-Modus kam und Schritt für Schritt die Komplexität der Problemlage durchdringen konnte. Am Ende der Klausur stand nicht nur eine inhaltliche Lösung, sondern auch ein gemeinsames Commitment zur Umsetzung. Der Leiter sagte: „Mit einem traditionellen Ansatz hätten sich vermutlich ein paar Führungskräfte alleine zusammengesetzt und ein herkömmliches Projekt gestartet. Diese Vorgangsweise wäre der Komplexität nicht gerecht geworden. Ein komplexes Problem wie dieses verlangt eine ebenso komplexe Bearbeitungsform. Ich bin trotzdem überrascht, was für eine unglaubliche Power entwickelt werden kann, wenn sich ein crossfunktionales Team drei Tage lang einsperrt und wirklich miteinander arbeitet."

Wie anhand dieses Beispiels aufgezeigt, beginnt sich heute in immer mehr Organisationen die Einsicht durchzusetzen, dass Führung eine kollektive Herausforderung und Aufgabe sein kann.

Ein zeitgemäßes Selbstverständnis von Führungsteams wäre möglicherweise folgendes: Wir sind zusammen für die Führung und Steuerung des Unternehmens verantwortlich. Jeder trägt die Verantwortung für sich und das Ganze. Wir tragen unsere Konflikte aus, denn darin stecken Chancen für Lösungen auf einer höheren Ebene. Das Führungsteam denkt gemeinsam und trifft gemeinsam die Entscheidungen. Im Zweifelsfall könnte die Hierarchie entscheiden, wir streben aber Konsensentscheidungen an.

Ein Führungsteam, das in diesem Modus arbeiten will, muss einige unverzichtbare Qualitäten ausbilden. Da ist zum einen die Fähigkeit zur Doppelbindung jedes einzelnen Mitgliedes. Doppelbindung bedeutet, sich gleichermaßen für den eigenen Bereich und für das Ganze verantwortlich zu fühlen und auch so zu handeln. Das ist weder leicht noch widerspruchsfrei, aber notwendig. Als Ermutigung führe ich ein Zitat von Scott F. Fitzgerald an: „Das Kennzeichen ausgezeichneter Intelligenz ist die Fähigkeit, gleichzeitig zwei widersprüchliche Ideen im Kopf zu haben und trotzdem funktionsfähig zu bleiben."

Eine weitere unbedingt notwendige Fähigkeit, auf die ich bereits beim 2. Prinzip, *Neu Hinschauen*, hingewiesen habe, ist kollektiver Natur. Es geht darum, einen gemeinsamen Rhythmus von öffnender und schließender Kommunikation zu finden und die dabei geforderten Kommunikationsformen zu beherrschen: den Dialog und die Entscheidungsfindung. Öffnende Kommunikation ist durch gemeinsames Denken im Dialog, Fragen und Hinterfragen, spielerisches Erkunden und Hypothetisieren von strategischen Möglichkeiten gekennzeichnet. Schließende Kommunikation ist eher auf die Entscheidungsfindung hin gerichtet, es geht hier um den Ausschluss von Alternativen, der durchaus zum heiß umkämpften Streit auf der Sachebene werden kann und wenn es im Interesse der inhaltlichen Lösung ist, auch durchaus manchmal werden soll! Das verlangt auch ein ausgeprägtes Bewusstsein des Führungsteams dafür, wie die Entscheidung eigentlich zustande kommt und nicht nur, was als Entscheidung gilt.

Edgar Schein berichtet in diesem Zusammenhang auf sehr amüsante Art und Weise vom so genannten *Abilene-Paradox*, wo sich eine Familie eines Sonntags zum Mittagessen in Abilene wieder findet, obwohl dort eigentlich niemand hinwollte. Trotzdem fuhren alle hin, weil niemand etwas Ablehnendes äußern wollte und alle von der Annahme ausgegangen waren, das Schweigen der anderen würde Zustimmung bedeuten. Ich beobachte das Auftreten des *Abilene-Paradox'* manchmal zu Beginn der Zusammenarbeit in Führungsteams, wo Schweigen als Zustimmung ausgelegt wird, und das Team dadurch auf gedankliche Irrwege oder zu Entscheidungen gelangt, die nicht wirklich mitgetragen werden. (Schein, 2000)

Zurück zum Wechsel von Öffnen und Schließen in der Kommunikation. Es genügt nicht nur, diese beiden Kommunikationsformen anzuwenden, sondern es geht auch darum, den Wechsel vom öffnenden Modus in den schließenden Modus und retour gemeinsam zu vollziehen. Wenn nämlich Teile eines Teams noch im öffnenden Modus unterwegs sind und mit weiteren Fragen die Situation tiefer erkunden möchten, andere Teammitglieder aber schon auf eine Lösung oder Entscheidung drängen, geht die Kommunikation aneinander vorbei. Das Gespräch wird zu einem mühsamen Gezerre statt zu einem fließenden Miteinander. Dieser Wechsel muss gemeinsam erfolgen. Das erfordert Übung und meist auch, dass das Führungsteam sich als echtes Team entwickelt. Zu Beginn kann es notwendig sein, diesen Übergang vom Öffnen zum Schließen oder retour explizit zu markieren, etwa durch eine Frage. Wenn das Team im Wechseln Übung hat, gelingen die Übergänge aus dem Fluss des Gesprächs heraus von selbst. Abbildung 5 stellt das Öffnen und Schließen der Kommunikation dar.

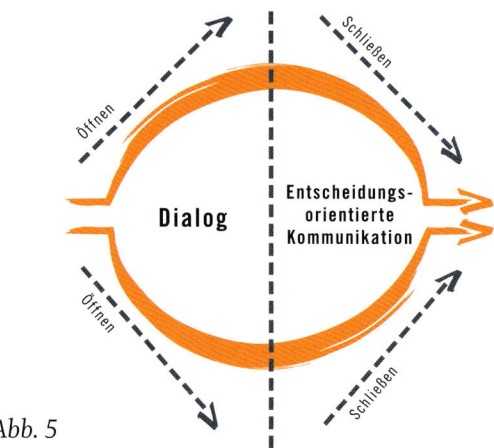

Abb. 5

Übergreifende Zusammenarbeit

Was in den Führungsteams im kleinen Kreis, aber an prominenter Stelle seinen Anfang nimmt, setzt sich im Unternehmen bei der Zusammenarbeit der Abteilungen oder Bereiche fort. Im Guten, wie im weniger Guten.

Der meist unter dem Druck wirtschaftlicher Ergebnisse von der Führung an die einzelnen Bereiche gerichtete Appell „Arbeitet bitte an den Schnittstellen besser zusammen!" löst als unmittelbare Reaktion oft ein „Fangt bei euch selber an" aus, wenn das Führungsteam von Zusammenarbeit nur redet, diese aber nicht vorlebt.

Im günstigeren Fall, wenn also das Führungsteam wirklich als Team agiert und auch so wahrgenommen wird, trifft diese Aufforderung zumeist auf ein kollektives Denken in Bereichslogiken. Denn in der etablierten Organisationsform der Funktionshierarchie lautete die Devise *Gemacht wird, was der Bereichsleiter anordnet* und nicht *Arbeitet entlang von Leistungsprozessen optimal zusammen.* Auch viele Umorganisationen in Matrixformen änderten daran nichts, da sie oft nur halbherzig durchgeführt wurden, ohne die Macht konsequent entlang der Leistungsprozesse zu verteilen. Und selbst wenn dies wirklich ernsthaft umgesetzt wurde, trifft jede Umorganisation auf die alten, eingelernten Logiken und Routinen.

Das heißt aber, dass die Entwicklung übergreifender Zusammenarbeit weit mehr bedeutet, als am grünen Tisch das Organigramm neu zu zeichnen und ein paar Kästchen und Namen hin und her zu schieben. Übergreifende Zusammenarbeit verlangt einen realen sozialen Prozess: Mitarbeiter müssen bereichs- und funktionsübergreifend zusammenkommen, einander als Menschen kennen lernen, erfahren, was die anderen zu leisten imstande sind, was ihnen in der Zusammenarbeit Schwierigkeiten macht oder gemacht hat. Erst bei einem realen Zusammentreffen wird den Mitarbeitern oft klar, wie sie voneinander profitieren können.

Im Regelfall werden dabei Vorurteile erkannt und abgebaut, die Mitarbeiter sehen, dass ihre Kollegen aus den anderen Bereichen auch ganz in Ordnung sind. Und das ist wichtig, denn wenn Mitarbeiter in einer gemeinsamen Anstrengung zusammenarbeiten sollen, um Kundenbedürfnisse entlang komplexer Leistungsprozesse zu erfüllen, ist es nicht besonders hilfreich, wenn sich die Abteilungen oder Bereiche gegenseitig für unfähig halten. Das bedeutet wiederum nicht, dass sich alle lieb haben müssen, es darf und soll manchmal auch ruhig gestritten werden. Aber es sollte allen klar sein, dass der Sinn eines Streites nur folgender sein kann: nämlich gemeinsam eine bessere Lösung hervorzubringen.

Eine gut entwickelte übergreifende Zusammenarbeit zeigt sich daher an der Fähigkeit der Organisation, rasch und unkompliziert Teams bilden zu können, die bereichsübergreifende Probleme lösen.

Literaturempfehlungen

Adam Kahane: *Solving tough Problems.* Berrett-Koehler Publishers 2004
Niklas Luhmann: *Vertrauen. Ein Mechanismus der Reduktion sozialer Komplexität.* Lucius & Lucius 2000
Fritz B. Simon: *Gemeinsam sind wir blöd!?* Carl-Auer-Systeme Verlag 2004

5. Prinzip: Ziele kommen lassen

„Verfolge dein Ziel als ob du es nicht hättest."

Laotse

Beim 5. Prinzip beginne ich mit einem persönlichen Negativ-Beispiel, wie man es nicht machen sollte. Der Durchstieg der Nordwand der Les Courtes führte mich in die *Planungs-Falle* und hätte für mich fast in einer Katastrophe geendet. Diese Schlüsselerfahrung begründet meine Überzeugung, dass starre Ziele und Pläne gefährlich sind. Ich zeige deshalb Möglichkeiten für einen offeneren Umgang mit Zielen auf, was zur Basis für ein neues Verständnis von Strategiearbeit von Einzelnen und Unternehmen werden kann.

Die Nordwand der Les Courtes

Nach dem großartigen Erfolg am Walkerpfeiler bin ich auf einem Höhenflug des Selbstvertrauens. In den Wochen danach hält das Hochgefühl an. Obwohl das Feingefühl in den tauben Zehen erst nach cirka sechs Wochen wieder zurückkehrt, bin ich im Fels unglaublich leistungsfähig, nicht nur wegen der sieben Kilo Gewichtsabnahme. Mir gelingen noch einige schwere Dolomitenklettereien, darunter der Pilastropfeiler in der Tofana und im Sellamassiv erstmals auch Routen im 7. Schwierigkeitsgrad.

Im Herbst bereitet nicht nur der erste Schneefall dem Klettern ein jähes Ende. Ich soll zu studieren beginnen, aber eigentlich weiß ich

Unsere Zelte im Argentière-Kessel, unterhalb der Nordwand der Les Courtes

Internationales Management-Team im Dialog

nicht so recht was. Ich lande schließlich rein körperlich an der Technischen Universität Graz im Fach Architektur. Gedanklich bin ich jedoch die meiste Zeit in den Bergen. Irgendwann dämmert mir die Tatsache, dass, wenn ich im Hörsaal sitze und von den Bergen träume, ich weder im Hörsaal noch in den Bergen bin. Ich frage mich: Wozu bin ich hier? Will ich das wirklich? Bin ich hier im Hörsaal, weil es mich interessiert, oder weil ich versuche Vorstellungen anderer zu verwirklichen?

Zur selben Zeit erhalte ich die Möglichkeit, in den Ferien als Reservist die Ausbildung zum Heeresbergführer zu beginnen. Als ich im Rahmen eines Winterkurses die Stubaier Alpen durchquere, trifft mich im Gehen wie ein Blitz die Erkenntnis: Ich möchte vom Bergsteigen leben. Das ist es! Dazu bin ich hier! Es klärt sich hier für mich etwas, das mit den ersten Klettertouren als Jugendlicher begonnen hatte, als würde sich dichter Nebel lichten und erstmals schemenhaft den weiteren Weg in meinem Spielfeld erkennen lassen. Die entscheidende Weichenstellung ist schnell getroffen und so beende ich das begonnene Architektur-Studium und widme mich dem Bergsteigen.

Innerhalb kürzester Zeit schließe ich die begonnene Bergführer-Ausbildung beim österreichischen Bundesheer ab und absolviere dann auch gleich die staatliche Berg- und Skiführer-Ausbildung. Damit habe ich die Voraussetzung, um als Profi-Bergführer zu arbeiten. In der Zwischenzeit bin ich beim Bundesheer als Offizier auf Zeit tätig und lerne dabei sehr viel über Führung und Organisation.

Im Sommer des Jahres 1986 bin ich mit Rudi Anetter unterwegs. Er ist etwas jünger als ich, aber immens leistungsstark und voller Begeisterung. Wir haben uns dienstlich kennen gelernt und schon im Frühjahr einige extreme Felsklettereien am Gardasee und in einem kroatischen Nationalpark unternommen. Nun sind wir gemeinsam nach Chamonix unterwegs, und natürlich soll wieder eine große kombinierte Wand durchstiegen werden. Im Gegensatz zu meiner ersten Westalpenfahrt gehe ich diesmal nicht spielerisch und locker an die Sache heran, sondern setze mir schon zu Hause die Nordwand der Les Courtes im Argentière-Kessel zum Ziel. Ich habe in einer Zeitung faszinierende Fotos von Kletterern im Steileis dieser Wand gesehen und mir fix in den Kopf gesetzt, diese Route zu klettern. Zuvor wollen wir noch einige der faszinierenden Granitklettereien an den Nadeln von Chamonix machen,

Links: Klettern im wunderschönen Granit von Chamonix; rechts: Die Nordwand der Les Courtes

dann aber auf jeden Fall auch eine richtig ernste Nordwand als Trophäe mit nach Hause bringen.

Nach der Ankunft in Chamonix nehmen wir die erste Gondel zur Aiguille du Midi, die uns auf 3.800 Meter Höhe bringt. Ein kurzer Abstieg führt auf den Gletscher unterhalb der Midi-Südwand, durch die einige faszinierende Granit-Routen führen. Wir schlagen unser Zelt zwischen den Gletscherspalten auf, um die nächsten Tage hier im Granit zu klettern. Das Wetter ist schön und unglaublich warm, ideal für schwierige Felskletterei. Die Rebuffat- und die Contamine-Führe, die beide dem 7. Schwierigkeitsgrad zuzurechnen sind, gelingen uns ohne Hakenhilfe. Wir sind in hervorragender Form. Als uns die Vorräte ausgehen, fahren wir mit der Gondel wieder zurück nach Chamonix und klettern noch am nächsten Tag vom Tal aus durch den berühmten Brown-Riss in der Blaitière-Westwand.

Es ist weiterhin unglaublich warm, und wir sind in hervorragender Felskletterform. Wir könnten noch einige wunderschöne und interessante Felsrouten realisieren, wenn da nicht unser Ziel wäre, unbedingt den Erfolg der Nordwand der Les Courtes mit nach Hause zu bringen. Und so verlassen wir die tollen Granitwände, packen am nächsten Tag unsere Rucksäcke und stellen schon am Nachmittag unser Zelt im berühmten Argentière-Kessel am Gletscher unterhalb der imposantesten Eiswände der Alpen auf.

Im Gegensatz zu den Fotos, die ich von diesen Eiswänden kenne, bietet die Realität hier ein trauriges Bild. Vom Eis ist nicht mehr viel zu sehen. Es war scheinbar viel zu warm und sämtliche Routen sind stark ausgeapert. Dort, wo in der Droites-Nordwand früher Eisfelder waren, schauen jetzt mächtige, abschreckende Granitplatten heraus. Vom berühmten Eisschlauch in der Les Courtes-Nordwand ist nur noch ein hauchdünner Streifen übrig, der sich wie ein fragiles, silbernes Band zwischen den Felsen hindurchschlängelt. Insgesamt ein tristes Bild. Aber wir haben uns dieses Ziel vorgenommen und den Durchstieg genau geplant. Deshalb bleiben wir hier.

Der nächste Morgen beginnt wieder mit schönem Wetter, und als wir nach kurzem Zustieg die Randspalte des Einstiegseisfeldes überwinden, ist es bereits sonnig und warm. Problemlos erreichen wir über diese Eispassage den Beginn des ehemaligen Eisschlauches, sozusagen die ersten Reste des Silberstreifens im mittleren Wandteil. Zu unserem Schreck handelt es sich dabei jedoch nicht mehr um Eis, sondern nur mehr um ein Gemisch aus morschen Eisresten und vor Nässe triefendem Schneematsch. Wir verlieren abrupt an Tempo. Alles ist brüchig und locker. Wir müssen äußerst vorsichtig nach oben balancieren und finden dabei nur wenige verlässliche Sicherungspunkte. Hie und da bringen wir einen Klemmkeil außerhalb des Schnee- und Eisstreifens unter. Eisschrauben wollen hier einfach keine halten, die Eisauflage beträgt meist nur wenige Zentimeter und ist von äußerst schlechter Qualität.

In völliger Ruhe und Konzentration bringen wir die delikaten Passagen hinter uns. In diesen schwierigen Seillängen scheinen wir sowohl die Zeit als auch alles andere ringsum vergessen zu haben. Es ist bereits spät, und nicht nur das – in unserer Klettertrance bemerken wir nicht, dass sich das Wetter verändert hat. Der Himmel ist bereits völlig grau, aber es ist weiterhin warm. Es hat den Anschein, dass ein Gewitter im Anzug ist. Nur noch ein schmales Band trennt uns vom Trichter im unteren Teil des oberen Eisfeldes. Wir blicken auf die Uhr, auf den Himmel und uns gegenseitig in die Augen. Die Bedingungen sind äußerst schlecht, aber wir entscheiden uns wortlos, weiterzugehen. Wir wollen heute noch diese Nordwand machen und sind auf dieses Ziel programmiert.

Ich bin in der nächsten Seillänge zum Führen dran und quere leicht ansteigend mit den Frontalzacken über ein schmales Felsband nach links in den Eistrichter. Ich bin erleichtert, als ich den ersten Fuß in das Eisfeld setze. Ab nun wird es rein technisch gesehen kein großes Problem mehr sein, die Tour zu durchsteigen. Wir müssen allerdings wegen des Wetters jetzt sehr schnell sein. Ich blicke zurück. Rudi befindet sich zehn Meter rechts unter mir. Eine Möglichkeit zur Zwischensicherung gibt es auf diesen Metern nicht. Ich prüfe, ob es möglich ist, in diesem Eismatsch eine Sicherungs-Schraube zu setzen, aber die Schneeauflage ist sehr dick. Es kostet zu viel Zeit, den Schnee wegzuputzen und auf solides Eis zu stoßen.

Ich klettere weitere zehn Meter im Eis nach oben und blicke wieder zurück zu Rudi. Er ist jetzt zwanzig Meter unter mir und das Seil läuft ohne Zwischensicherung frei vom Standplatz zu mir. Ich höre Donnergrollen. Irgendetwas kommt mir komisch vor, und ich blicke nach oben. Was ich sehe, lässt mir augenblicklich das Blut in den Adern gefrieren. Ab jetzt nehme ich alles nur mehr in Zeitlupe wahr: Weit oberhalb von mir, einige hundert Meter schätzungsweise, fliegt eine riesige Granitplatte durch die Luft. Egal welche Flugbahn sie genau nimmt, alles, was sie auf ihrem Weg nach unten noch in Bewegung setzen wird, all das wird seinen Weg unausweichlich durch den Trichter nehmen, durch den ich gerade klettere. Mir bleiben nur wenige Augenblicke, um zu reagieren, schätzungsweise drei Sekunden. Ich kann nicht ausweichen, rechts und links von mir ist gerade einmal ein Meter Platz. Ich ramme die Eisgeräte in den Schnee, schaffe mir noch eine größere Standfläche und schmiege mich dann so eng es geht an den Berg. Ich warte. Es wird lauter und ich merke, wie der Steinschlag über mich hinwegfegt.

Kein Stein trifft mich. Sekundenbruchteile später kommt eine kleine Schnee- und Eislawine nach. Eigentlich ein Lawinchen. Ein kleiner Rülpser eines großen Berges. Es reicht, um mich aus dem Stand zu reißen.

Verdammt, es geht nach unten. Nur nicht mit den Steigeisen in den Schnee kommen, sonst verfange ich mich und drehe mich kopfüber. Ich rutsche über das Schneefeld und habe schon nach wenigen Metern ein Höllentempo. Am Ende des Schneefeldes katapultiert es mich über die Felsen hinaus, und es geht im freien Fall weiter. Ich fliege an Rudi vorbei und sehe sein Gesicht, er schaut ungläubig. *Warum tut er nichts?* Er kann nichts tun. *Alles anspannen,* denke ich mir. Wenig später schlage ich ein erstes Mal kurz auf einem schneebedeckten Felskopf auf wie ein Billardball an der Bande, und dann geht es noch einmal weiter.

Wann kommt endlich der rettende Ruck des Seiles? Ziemlich abrupt dreht es mich um und ich pendle mit dem Kopf nach unten seitlich rechts zum Fels. Kopfüber bleibe ich hängen. Rudi wird mir später erzählen, dass er minutenlang meinen Namen gebrüllt hat, um zu wissen, was los ist. Ich bekomme von alledem nichts mit. Ich bin fürs Erste einfach nur froh, hier zu hängen. Keine Ahnung, wie lange genau. *Warum hänge ich überhaupt kopfüber?* Es hat mir während des Rutschens einen Strang des Zwillingsseils zwischen den Beinen durchgeschoben, und der hat sich hinten an meinem Hüftgurt in einen Materialkarabiner eingehängt. Ich versuche das Seil aus meinem Gurt auszuhängen, habe aber keine Chance. *Okay, Rainer, tu was, denn kopfüber hängend bleibst du nicht lange aktionsfähig.* Ich rufe Rudis Namen. Ich höre ihn antworten: „Alles klar?" Ich rufe: „Nein, aber halt mich einfach!"

Gute zwei Meter rechts neben mir entdecke ich einen Riss im Fels. Dort könnte ich einen Notstandplatz bauen, um mich aus dieser schmerzhaften Hängeposition zu befreien. Ich versuche zu pendeln, beginne mit den Händen hinüber zu hangeln, pendle wieder zurück, es tut weh, ich pendle wieder hin und wieder zurück, die Amplitude wird größer, beim vierten Mal bekomme ich die Fingerspitzen in den Riss und grabe sie hinein, als wollte ich diesen Fels niemals wieder auslassen. Ich verklemme eine Hand im Riss und fingere mit der zweiten Hand einen Klemmkeil vom Gurt. Der erste Keil ist zu klein, erst der zweite Keil passt. Ich stopfe ihn in den Riss, hänge eine Expressschlinge rein und verbinde sie mit meinem Brustgurt. Ich schreie Rudi zu: „Lass das Seil nach!" Das Seil kommt nach, und ich kann endlich umlasten und komme so in eine halbwegs normale Position, der Kopf ist wieder oben. Ich lege einen zweiten Keil und habe jetzt fürs Erste einen sicheren Standplatz. Ich binde mich aus den Seilen aus, damit Rudi am Doppelstrang abseilen und zu mir herunterkommen kann.

Es dauert lange, bis er mit dem Abseilen beginnt. Ich wundere mich, dass er nur das rote Seil zum Abseilen verwendet. Knapp oberhalb von mir muss er einen zweiten Standplatz machen. Das heißt, ich hänge hier mehr als zwanzig Meter unterhalb unseres höchsten erreichten Standplatzes, was wiederum bedeutet, dass ich insgesamt vierzig Meter geflogen bin. Als Rudi endlich da ist, merke ich auch, warum er das blaue Seil nicht mehr benützt. Bei meinem Sturz hat es eine scharfe

Felskante bis zur Hälfte durchtrennt. Rudi seilt nochmals neben mir zu einem komfortableren Standplatz einige Meter unterhalb von mir ab und ich lasse mich dann ebenfalls zu ihm abseilen. Rudi erzählt mir, dass er wie verrückt gebrüllt hat, dass ich mich beeilen soll, denn an seinem Standplatz hatte die Wucht meines Aufpralls einen Klemmkeil herausgerissen und wir hingen beide für kurze Zeit nur mehr an einem Haken. Dass das blaue Seil fast durchtrennt war, fiel ihm erst kurz vor dem Abseilen auf. Mir geht es in Anbetracht der Sturzhöhe körperlich eigentlich blendend, ich habe ein paar blutende Schrammen und vom ersten Aufprall Schmerzen im Becken, sonst scheine ich okay zu sein. Psychisch fühle ich mich allerdings wie ein Häufchen Elend, möchte hier am liebsten sitzen bleiben und geschehen lassen, was auch immer geschehen wird, obwohl das Gewitter immer heftiger wird, Blitze einschlagen und immer wieder Steinschlag runterpoltert.

„Komm, weg hier!", sagt Rudi, und seine Worte wirken auf mich wie ein Energiestoß und ich kann aufstehen. Wir lassen das blaue Seil liegen und beginnen in Richtung Einstieg, der etwa vierhundert Meter tiefer liegt, abzusteigen. Drei Seillängen sichern wir uns, danach erreichen wir wieder das Eisfeld. Das Gewitter und die Blitze nehmen zu und damit auch der Steinschlag. Wir entscheiden uns, das Seil wegzutun und ab nun seilfrei über das Eisfeld abzusteigen, damit wir schneller sind. Immer wieder pfeifen Steine knapp an uns vorbei. Wir sind noch immer zweihundert Meter oberhalb des Einstiegs und ich denke mir, dass es eigentlich an ein Wunder grenzt, wenn wir heute ungeschoren davonkommen. Eigentlich muss noch etwas passieren. Ich bin vollkommen bereit zu akzeptieren, dass es aus sein könnte und denke mir gleichzeitig, dass ich trotzdem alles tun werde, um nach unten zu kommen. Ich bin noch nie so schicksalsergeben geklettert wie jetzt auf diesen letzten zweihundert Metern nach unten. Rudi und ich klettern ungefähr zwischen fünf und zehn Meter nebeneinander, jeder voller Konzentration, Schritt für Schritt, die Frontalzacken ins Eis setzend, die Eisgeräte ins Eis schlagend nach unten. Ungefähr fünfzig Meter oberhalb des Bergschrundes lässt uns noch einmal ein eigenartiges Geräusch aufschrecken. Eine Granitplatte, messerscharf und groß genug, um darauf ein Abendessen für zwei Personen anzurichten, taucht plötzlich aus dem Nichts auf, nimmt Kurs auf uns beide und kollert wie das Sägeblatt einer Kreissäge zwischen uns durch.

Wenig später sind wir oberhalb des Bergschrundes, drehen eine Eisschraube in das Eis und seilen daran ab. Als ich den Gletscher erreiche, ziehe ich das Seil ab und marschiere in Richtung Zelt, das noch ungefähr einen Kilometer entfernt ist. Rudi geht neben mir, wir gehen und gehen, ohne zurückzublicken, aber jederzeit in der Erwartung, doch noch von einer Granitplatte erschlagen zu werden, wir gehen und gehen, bis wir nach zweihundert Metern am Gletscher wissen, dass uns hier keine noch so große Lawine und keine noch so weit fliegende Steinplatte mehr erwischen kann. Wir sind draußen.

■ Conclusio mit Anleitung zum Absturz

Unmittelbar nach der Tour, als wir wieder im Tal angekommen waren, dachte ich, wir hätten spätestens am Ende des Eisschlauchs umdrehen sollen, als wir bemerkten, dass sich das Wetter verschlechtert hatte. Als ich zu Hause ankam, dachte ich, wir hätte schon vor dem Eisschlauch bei Schönwetter umdrehen sollen, als wir die schlechte Eisqualität erkannten. Zwei Monate darauf dachte ich, wir hätten gar nicht erst einsteigen sollen.

Wenn ich heute, nach mehr als zwanzig Jahren, diese Sache reflektiere, weiß ich, dass ich in die *Planungs-Falle* geraten war. Einer der Hauptgründe für den Absturz lag schon in der Fixiertheit, mit der wir von zu Hause aufgebrochen waren. Das fixe Ziel Les Courtes-Nordwand, mit dem wir nach Chamonix fuhren, ließ uns die tollen anderen Möglichkeiten, die sich dort boten, gar nicht wahrnehmen. Vom Wetter und den Verhältnissen her war von kombinierten Touren eher abzuraten, aber das wollten wir nicht wahrhaben. Außerdem waren wir in toller Kletterform und es hätte sich angeboten, noch andere begeisternde Granitrouten zu klettern. Aber nein, das wollten wir nicht. Wir blieben bei unserem Plan und dem fixen Ziel.

Statt dem sturen Festhalten am Plan wäre es aber weit intelligenter gewesen, auf die nahezu unübersehbaren Chancen *neu hinzuschauen*, die alten Vorstellungen und Ziele *loszulassen* und auf die Nordwand der Les Courtes diesmal *zu verzichten*. Aber unsere Fixiertheit auf das Ziel vernebelte unsere Wahrnehmung. Ich bin froh, heute noch zu leben und darüber reflektieren zu können und für mich war es im Nachhinein eine wertvollere Lernerfahrung als so mancher Erfolg, aber wenn ich denke, wie knapp es war, empfiehlt sich eine Wiederholung oder Nachahmung auf keinen Fall.

Meine Erfahrungen aus der Nordwand der Les Courtes, die man aus meiner Sicht auf Abstürze aller Art umlegen kann, fasse ich in folgender ironisch gemeinter „Anleitung zum Absturz" zusammen:

1. Setzen Sie sich ein hohes, ehrgeiziges Ziel – möglichst genau, konkret und detailliert!
2. Identifizieren Sie sich völlig damit!
3. Trennen Sie Denken und Handeln!
4. Machen Sie einen 5-Punkte-Plan und ziehen Sie ihn beinhart durch!
5. Ignorieren Sie mögliche Gefahrenhinweise sowie alternative Chancen, und verfolgen Sie das ursprüngliche Ziel ohne rechts oder links zu schauen weiter!

In den Jahren zuvor wurden meine größten Klettererfolge durch eine spielerische Lockerheit möglich und meine jeweiligen Kletterpartner und ich gingen immer mit einer Einstellung an die Touren, die einerseits von hohen Ansprüchen an uns selbst geprägt war, andererseits aber immer Raum für das Unvorhersehbare, Unerwartete und Zufällige ließ. Diesmal hatten wir uns im Gegensatz dazu auf ein Ziel fixiert und wollten dieses unbedingt erreichen. Das Resultat war lebensbedrohend. Nach dieser Erfahrung war mir klar, dass es besser ist, mit einer gewissen Offenheit und Beharrlichkeit an eine Aufgabe heranzugehen und die Ziele einfach selbst kommen zu lassen, anstatt der Welt seinen Plan aufzwingen zu wollen.

Lektionen aus der Nordwand der Les Courtes

Die Anleitung zum Absturz stellt ein augenzwinkerndes Rezept dar, wie es mit hoher Wahrscheinlichkeit NICHT funktionieren wird. Aus dieser Vermeidung kann aber noch keine genaue Orientierung für das Funktionieren abgeleitet werde. Ich möchte Ihnen aber folgende Impulse mitgeben, die sich aus meiner Erfahrung sowohl am Berg als auch im Business bewährt haben:

- Kombinieren Sie absichtsvolles und offenes Vorgehen.
- Lenken Sie Ihre Aufmerksamkeit auf die leisen Signale der Zukunft.
- Schaffen Sie Raum und Zeit für das, was auftauchen und entstehen will.

■ Impulse für Einzelne und Unternehmen

Absichtsvolles und offenes Vorgehen kombinieren

Ziele kommen zu lassen, bedeutet natürlich nicht, dass nicht mehr geplant werden darf und keine Ziele mehr gesetzt werden können oder sollen. Es geht vielmehr darum, die eigenen Ziele und Pläne revisionsfähig zu halten. Nicht um schon zu Beginn eine Ausrede für ein späteres Nichterreichen einzubauen, sondern um sie dem Lauf der Dinge entsprechend anzupassen, zu hinterfragen, möglicherweise auch zu ersetzen.

Der Psychologe Dietrich Dörner zeigt am Beispiel des Schachspiels auf, dass es nicht sinnvoll ist, zu früh zu konkrete Ziele festzulegen: „Soll man, damit man ein spezifisches Ziel als klaren Richtungsgeber für das Planen von Handlungen hat, schon vor dem ersten Zug festlegen: Sein König muss auf H-1 stehen, meine Dame auf D-2, gedeckt durch Läufer auf G-3. Außerdem ... Dann ist er schachmatt! Das wäre ein sehr konkretes Ziel; zugleich wäre es dumm, in der Anfangsphase ein solches Ziel festzulegen, denn: weiß man, wie sich die Sache entwickelt? Man gestaltet das Spiel ja nicht allein, der Gegner ist auch noch da! Man muss bereit sein, Gelegenheiten zu ergreifen, die sich während des Spiels ergeben. Eine allzu frühe Festlegung des Endziels kann stören, da man sich dadurch den freien Blick auf den möglichen Gang der Entwicklungen verstellt." (Dörner, 1989)

Ziele kommen lassen heißt, Emergenz-Phänomene zu berücksichtigen. Emergenz-Phänomene werden nicht geplant, sondern durch den Lauf der Dinge hervorgebracht. Wir haben es mit einer lebendigen Welt zu tun, vieles taucht auf, ist plötzlich da. Wie in der Entwicklungsgeschichte der Menschheit, die man sich auch nicht als kausalen Vollzug von Evolutionsplänen vorstellen kann.

Strategisches Denken im Sinne des Prinzips *Ziele kommen lassen* ist ständig opportunistisch auf der Suche nach Zwischenzielen, die dem ursprünglichen Vorhaben sowie dem Aufbau von Erfolgspotenzialen dienen, und lässt dadurch gleichzeitig Raum für neue und auch unbeabsichtigte Möglichkeiten, die auftauchen.

Mit diesen emergenten und nicht kausalen Phänomenen werden auch in der modernen Forschung viele jener bahnbrechenden Erkenntnisse gewonnen, die die Allgemeinheit fälschlicherweise immer mit rational-geplantem Vorgehen verbindet. Der Quantenphysiker Anton Zeilinger sagt dazu: „Wir wissen, dass es Dinge gibt, die geschehen, für die es keine Ursache und somit auch keine Erklärung gibt. Die Welt ist offen. Fast alle großen technischen Entwicklungen waren die Folge unerwarteter Geschehnisse. Philosophische Neugier schlägt gezielte Forschung. Es sind auf Dauer die erfolgreich, die eine Idee verfolgen, nicht die, die erfolgreich sein wollen. Man muss den Dingen nachgehen, die einen interessieren. Wichtige Dinge ergeben sich oft von selber." (Zeilinger, 2004)

Im wirtschaftlichen Kontext weist der Strategieexperte Henry Mintzberg darauf hin, dass die meisten erfolgreich realisierten Strategien eine Kombination aus beabsichtigten und sich herausbildenden, das heißt *emergenten* Strategien sind. (Mintzberg, 1999) Dies wird durch den Nestlé-CEO Peter Brabeck bestätigt: „Man muss auch offen bleiben, um im richtigen Moment die richtige Entscheidung treffen zu können. Viele Dinge kommen ja auf einen zu. Dazu braucht man Neugier. Ich hätte mir nie gedacht, dass ich dahin komme, wo ich jetzt bin. Es war nie meine Zielsetzung." (Bachler, 2003)

Die Aufmerksamkeit auf die leisen Signale der Zukunft lenken
Im Umgang mit der Ungewissheit und sich verändernden Verhältnissen ist es notwendig, das so genannte Situationspotenzial zu erspüren. Dabei geht es darum, das auszumachen, was im Werden begriffen, aber noch nicht manifest ist. Auch dazu braucht es eine gewisse Lockerheit, ungerichtete Aufmerksamkeit und den unvoreingenommenen Blick des Neuen Hinschauens.

Die Aufmerksamkeit auf die leisen Signale der Zukunft zu richten, bedeutet einerseits in sich selbst hineinzuhören, andererseits mit allen Sinnen die Signale aus der Umwelt wahrzunehmen. Dieses sensible Abtasten der Welt ist das genaue Gegenteil davon, einem Ziel hinterher zu laufen oder eine ellenlange To-do-Liste abzuarbeiten.

Mit folgendem Beispiel möchte ich illustrieren, wie man die leisen Signale der Zukunft im Außen wahrnehmen kann, wenn man offen dafür ist:

Ende der 80er-Jahre macht Ernst Müllner als Manager des Geschäftsbereiches Philips Magnetic Media wiederholt Geschäftsreisen nach Hongkong. In Europa telefoniert man zu dieser Zeit noch mit schweren Koffertelefonen, während in Asien Geschäftsleute ihre europäischen Partner bei Geschäftsessen mit kleinen Mobiltelefonen zu beeindrucken versuchen. Ernst Müllner erkennt die leisen Signale der Zukunft und ist sich bewusst, dass mit einer Zeitverzögerung der Handy-Boom auch Europa erfassen würde. Seine Wahrnehmungen sollten ihn nicht täuschen, den Rest des Weges zu einer Weltmarktführerschaft als Handy-Komponenten-Zulieferer können Sie im nächsten Kapitel lesen.

Raum schaffen für das, was entstehen will
Damit die leisen Signale der Zukunft im Inneren wahrgenommen werden können, braucht man Raum und Zeit, das bedeutet, zuallererst eine Verlangsamung und eine Entschleunigung einzuleiten.

Wenn es um wesentliche Entscheidungen und tief greifende Weichenstellungen am persönlichen Weg geht, ist ein zeitweiliger Rückzug empfehlenswert. So kann man in einen tiefen Dialog mit sich selbst kommen. Ich selbst höre meine innere Stimme in der Natur am besten, das Herz schlägt hier etwas lauter. Ich unternehme heute vor allen wesentlichen Entscheidungen und Weichenstellungen ausgedehnte Wanderungen in den Bergen oder auch einsame Skitouren im Winter. Stille ist ein mächtiger Kontext für das Kommen Lassen von Zielen. Dieses Kommen Lassen lässt sich nicht kalendarisch fixieren, so nach dem Motto „An diesem Wochenende ziehe ich mich zurück, um an meiner Vision zu arbeiten, und am Montag beginne ich mit der Umsetzung". Ziele kommen zu lassen ist ein natürlicher Prozess, der sich keinen linearen Zeitvorgaben unterwirft.

Nicht nur wichtige Zukunftsfragen, auch Produktideen brauchen Raum und Zeit zum Auftauchen. Der Schokoladen-Hersteller Sepp Zotter etwa ist davon überzeugt, nur zu Ideen zu kommen, weil er sich dafür Zeit und Raum gibt. Er umgibt sich in seinem Büro gezielt mit Gewürzen, Weinen und anderen Rohmaterialien und schaut diese einfach immer wieder an. Das inspiriert ihn immer wieder zu dreihundert bis vierhundert Blitzideen pro Jahr, die er in sein Ideenbuch schreibt. Sie lesen seine Originalaussagen später bei den Beispielen aus der Praxis – „Die süßen Seiten des Lebens".

■ **Weitere Impulse für Unternehmen**

Was kann es nun für Unternehmen bedeuten, Ziele kommen zu lassen? Wie beim Einzelnen geht es auch in Unternehmen darum, absichtvolles und offenes Vorgehen zu kombinieren, auf die leisen Signale der Zukunft zu achten und dem, was kommen will, Zeit und Raum zu geben. Ziele kommen zu lassen ist, so paradox es klingt, im Rahmen systematischer Strategiearbeit durchaus möglich.

Wie Einzelne brauchen auch Teams Zeit und Ruhe für den Dialog und das gemeinsame Nachdenken über strategische Zukunftsfragen. Strategische Führung bedeutet, sich den Fragen rund um Suche, Aufbau und Erhalt von Erfolgspotenzialen zu widmen und die langfristigen Zukunftswirkungen heutiger Entscheidungen mitzudenken. Dies verlangt bewusste Verlangsamung und Entschleunigung. Strategiearbeit sollte daher abseits vom Dringlichkeitsdruck des operativen Geschehens in Form strukturierter Time-outs durchgeführt werden. Diese sollten in bestimmten Abständen fix eingeplant werden, damit der Blick des Teams immer wieder etwas weiter nach vorne gerichtet wird.

Aus meiner Erfahrung mit Strategieprojekten ist es jedoch zu Beginn wichtig, sich im Strategieteam darüber klar zu werden, was man unter Strategiearbeit versteht sowie drei weit verbreitete, das Kommen Lassen von Zielen behindernde Vorstellungen von Strategiearbeit kritisch zu hinterfragen.

Der Fünfjahresplan
„Die Strategie wird einmal für einen längeren Zeitraum formuliert, sie gilt dann beispielsweise für die nächsten fünf Jahre" ist eine Vorstellung von Strategiearbeit, die sich häufig findet.

Entgegen dieser etablierten Vorstellung ist Strategiearbeit eine kontinuierliche Aufgabe.

Geschieht das nicht, veraltet die einmalig formulierte Strategie

121

oft sehr schnell, wird nicht verwendet und schubladisiert. Permanente Auseinandersetzung ermöglicht es, flexibel auf geänderte Rahmenbedingungen reagieren zu können und offen für die leisen Signale der Zukunft zu sein.

Strategie als Top-Down Prozess
Häufig taucht die unhinterfragte Annahme auf, Strategiearbeit sei grundsätzlich ein Top-Down Prozess: Die „Oberen" in der Hierarchie denken und bestimmen den Kurs, die „Unteren" setzen diesen dann um.

Aufgrund meiner Erfahrung stehe ich dieser Annahme sehr skeptisch gegenüber, da strategische Initiativen oft an den Randzonen des Unternehmens entstehen können und zukunftsweisende Möglichkeiten zumeist in Ansätzen im Unternehmen vorhanden sind, sie müssen „nur" eingesammelt und in die Strategie eingearbeitet werden.

Entwicklung und Umsetzung der Strategie
„Strategiearbeit besteht aus zwei strikt getrennten Teilen: der Entwicklung durch die Unternehmensführung und der anschließenden Implementierung und Umsetzung durch die Mitarbeiter." Wie die Entwicklung eines Fünfjahresplanes, so hat auch die Trennung von Entwicklung und Umsetzung etwas „Papiertigerhaftes". Anstatt Strategiearbeit in eine Entwicklung und eine Umsetzung zu trennen, integriert ein Strategieprozess auf der Basis einer zirkulären Logik beides, macht beides zu einer gleichzeitigen Daueraufgabe und sorgt durch strategische Dialoge kollektiv für die Entstehung des Neuen. Folgendes Beispiel von IBM macht den Nutzen dieser Vorgangsweise deutlich.

Beispiel IBM
Der Umstieg von IBM auf das Consulting für Internet-Services, was auch den späteren Ausstieg aus dem unrentablen Hardware-Geschäft zur Folge hatte, war keineswegs auf die weise Voraussicht der Unternehmensspitze oder des damaligen CEOs Lou Gerstner zurückzuführen, sondern auf eine strategische Initiative technikbegeisterter Underdogs und mutiger mittlerer Manager. In der ersten Hälfte der 90er-Jahre befand sich das Unternehmen in höchsten Nöten und hatte Verluste in der Höhe von mehreren Milliarden Dollar angehäuft. Der Projektleiter John Patrick und der Programmierer David Grossman bliesen zum

Weckruf für IBM. Grossman war schockiert, dass während der Olympischen Winterspiele von Lillehammer Mitbewerber sich auf Basis von IBM-Rohdaten im Internet als Technologieführer präsentierten. Er hatte den Eindruck, dass IBM schlief und die Mitbewerber dem Unternehmen uneinholbar davonziehen würden. Es gelang ihm, John Patrick, der in einer Strategiekommission saß, von der Dramatik der momentanen Situation zu überzeugen, und damit kam ein Prozess ins Rollen, der IBM zu einer strategischen Neuausrichtung führte.

Freilich kamen Patrick und Grossman im weiteren Verlauf nicht ohne die Unterstützung der Unternehmensspitze aus, aber vor allem zu Beginn hatte ihr Projekt eher Ähnlichkeit mit einer subversiven Bewegung, denn mit einem geordneten Business Plan. IBM verwandelte sich im Lauf der nächsten sieben Jahre von einem Unternehmen, das primär Computer verkaufte, in einen Anbieter von Dienstleistungen und kompletten IT-Lösungen. IBM Global Services wuchs zu einem äußerst profitablen Geschäft mit über 135.000 Beschäftigten heran. (Hamel, 2001)

Innovative Formen der Strategiearbeit
Wie dieses Beispiel zeigt, ist innovative Strategiearbeit kein Top-Down-Prozess, sondern vernetzt Top-Down- mit Bottom-Up- und Kreuz-und-Quer-Prozessen. Bei diesen Formen der Strategiearbeit ist auf folgende zwei Aspekte besonderes Augenmerk zu legen.

Relevante Informationen als relevant erkennen und kommunizieren
Damit die relevanten Informationen zur Verfügung stehen, braucht es die rechtzeitige Beschaffung von Daten und Fakten. Dabei ist nicht nur die Frage wichtig, welche Daten und Fakten relevant sind, sondern auch, auf welche Art sie relevant werden.

Daten extern erheben zu lassen oder einzukaufen, mag viel bequemer und für manche Aspekte auch sinnvoll sein. Aufwändiger, aber in der Endabrechnung effektiver, ist das Vorgehen, relevante Informationen durch die beteiligten oder zu beteiligenden Menschen – Schlüssel-Mitarbeiter, Zulieferer, Kunden – in die Strategiearbeit hereinzuholen. Ob die Schlüssel-Mitarbeiter diese Informationen aufgrund ihrer Tätigkeit schon besitzen oder etwa im Rahmen einer *Learning Journey* erst besorgen müssen, ist eine nächste wesentliche Frage. Was ist eine *Learning Journey*? Ich schlage vor, dass Mitarbeiter und Führungskräfte

123

dorthin gehen, wo sie noch nie waren, mit Leuten sprechen, mit denen sie noch nie gesprochen haben, dass sie andere Branchen aufsuchen oder an einer Stelle in das Feld eintauchen, an der sie vorher noch nie waren. Durch diese Form des *Neu Hinschauens* wird neue Wahrnehmung möglich.

Auch die Perspektive des Kunden auf eindrückliche Weise hereinzuholen – wie im Beispiel des Motorenherstellers im Kapitel über das *Neu Hinschauen* dargestellt –, kann die Strategiearbeit enorm bereichern. Zusammenfassen lässt sich dies mit der Kernfrage: Welche Menschen und Informationen müssen wie vernetzt werden?

Entwicklungsingenieure beim gemeinsamen Denken

Wirklichen Dialog stattfinden lassen
Damit wirklicher Dialog stattfinden kann, muss ein entsprechend sicheres Umfeld für die Teilnehmer geschaffen werden. Die Arbeiten von William Isaacs zum Thema „Dialog als Kunst gemeinsam zu denken" geben dazu ausführliche und hilfreiche Anweisungen. Dialog scheint mir die einzige Möglichkeit zu sein, im Kollektiv Neues entstehen zu lassen.

Gleichzeitig könnte es sich um die einzige Arbeitsform handeln, die es ermöglicht, die hohe Komplexität, durch die die meisten heutigen strategischen Problemlagen gekennzeichnet sind, angemessen zu bewältigen. Um das Bestehende zu hinterfragen, um *Neu Hinzuschauen* und *Loslassen und Verzichten* zu können, reicht eine Dialogform aus, die Otto Scharmer in seinem Presencing-Ansatz als *Reflexiven Dialog* bezeichnet. Damit meint er das gemeinsame Erkunden eines Themas oder eines Standpunktes.

Damit aber *Ziele kommen können* und fundamental Neues entstehen kann, braucht es laut Scharmer eine tiefere Dialogform, die er als *schöpferischen Dialog* bezeichnet. Mit dem *schöpferischen Dialog* kommen Menschen und Teams zu Outputs und Ergebnissen, die sich vorher alleine niemand hätte vorstellen können, die niemand allein hätte denken können. Durch das gemeinsame Sprechen und Denken in der Gruppe entsteht im schöpferischen Dialog etwas Neues. (Scharmer, 2004)

125

Literaturempfehlungen

William Isaacs: *Dialog als Kunst gemeinsam zu denken.*
 EHP Verlag 2002
Joseph Jaworski: *Synchronicity. The Inner Path of Leadership.*
 Berrett-Koehler Publishers 1998
Richard T. Pascale et al.: *Chaos ist die Regel. Wie Unternehmen Naturgesetze erfolgreich anwenden.* Econ Verlag 2002

Finden Sie Ihr Spielfeld ...
... und machen Sie einen sinnvollen
Unterschied, 1. Prinzip – Teil II

„Deine Aufgabe ist es
deine Aufgabe zu erkennen
und dich ihr dann
mit ganzem Herzen zu widmen."

Buddha

In „Finden Sie Ihr Spielfeld, Teil 1" ging es darum, den Zustand der Unklarheit nicht als Hindernis zu sehen, trotz Ungewissheit aufzubrechen und sich auf den Weg zu machen. Folgende Fragen sollten dabei helfen, sich auf diesem Weg zu orientieren: Wer bin ich? Wozu bin ich hier?

Nachdem das Spielfeld nun bereits erkundet und ein tieferes Verständnis des Kontextes vorhanden ist, kommt die klare Aufforderung nach Präzisierung, Konkretisierung und Benennung des Spielfeldes. Wenn es zusätzlich darum geht, in diesem Spielfeld auch wirtschaftlich zu bestehen, ist es wichtig, dass die eigenen Beiträge für andere einen sinnvollen Unterschied machen. „Sinnvoll" bezieht sich dabei auf die Frage: Welcher Beitrag wird gebraucht? Will man nicht in die Me-Too-Falle geraten, ist es wichtig, sich von den anderen positiv abzuheben, einen signifikanten Unterschied zu machen. Deswegen lautet die nächste Frage: Wie kann ich mich unterscheiden? In diesem Prinzip geht es um das Herzstück der Strategiearbeit.

Ich stelle den 2. Teil des 1. Prinzips *Finden Sie Ihr Spielfeld und machen Sie einen sinnvollen Unterschied* anhand meines Weges vom Normalweg- zum Nordwand-Bergführer dar.

Wofür stehe ich? Wofür stehen wir?

Vom Bergsteigen leben

Nach dem Absturz in der Nordwand der Les Courtes falle ich innerlich in ein tiefes Loch und beginne daran zu zweifeln, ob meine Entscheidung, den für mich vorgedachten Weg „etwas Ordentliches zu studieren und dann was Ordentliches zu arbeiten" zu verlassen und mich dem Bergsteigen zu widmen, richtig gewesen ist.

Wenn ich jedoch in mich hineinhöre, spüre ich trotz des Zweifels, dass ich mich auf dem richtigen Weg befinde. Folgende Aussage des Dalai Lamas kommt mir unter: „Wenn du verlierst, verliere nie die Lektion." Ich empfinde dies als Aufforderung, aus dem Scheitern das Positive für mich herauszuziehen und beginne, mich aus dem inneren Loch wieder hinauszubewegen. Ich ziehe meine Lehren aus dem Geschehenen und entscheide mich dafür, einen Schritt nach dem anderen weiterzumachen und dadurch im Gehen die Zuversicht zurückzugewinnen.

Zu diesem Zeitpunkt wird mir auch klar, dass ein Verbleib beim österreichischen Bundesheer für mich nicht in Frage kommt. Ich habe die Gelegenheit erhalten, viele wertvolle Dinge zu lernen, auch manche, deren Wert ich erst später schätzen werde können. Vor meinem geistigen Auge beginne ich aber bereits, mir ein Leben als selbstständiger Profi-Bergführer vorzustellen. Ich habe das Gefühl, damit in Kontakt mit meinen ureigensten Ressourcen und Energien zu kommen. Deshalb quittiere ich den Dienst und beschließe, hinaus auf den freien Markt zu gehen.

Ich will eine Alpinschule gründen und geführte Bergtouren und Kletterkurse anbieten. Nahezu alle Leute tippen sich an den Kopf, wenn sie von meinem Ziel hören. „Das geht nie!", höre ich sehr oft. Trotzdem bin ich fest entschlossen, es zumindest zu versuchen, um mir nicht später irgendwann vorwerfen zu müssen, es nicht wenigstens probiert zu haben.

Daneben eröffne ich noch einen Laden für Bergsportausrüstung. Ich erwarte mir davon Synergieeffekte, außerdem bin ich ein Ausrüstungsfreak und konnte meine Ausrüstung und Bekleidung bisher immer nur in Chamonix, Cortina oder am Gardasee kaufen, da es im Umkreis von zweihundert Kilometern kein spezialisiertes Geschäft gab. Angeregt durch ein Buch der beiden Spitzenkletterer Güllich und Zak nenne ich

Shop und Alpinschule „high life". Der Name bringt für mich das Lebensgefühl der Kletterer auf den Punkt.

Meine Freundin Waltraud Krainz unterstützt mich, zwei Monate später gesellt sich noch Gerald Sagmeister, ein alter Kletterfreund und ebenfalls Bergführer, in loser Kopplung dazu, wir wollen bei den Touren zusammenarbeiten, zwischendurch will er mich ebenfalls im Shop unterstützen.

Die ersten drei Jahre sind hart, das erste Jahr ist extrem hart. Wir beginnen zu lernen, worauf es ankommt: Es reicht nicht nur, das anzubieten, was wir gut können und wozu wir uns berufen fühlen. Es geht vor allem darum herauszufinden, was gebraucht und angenommen wird und vor allem, wie wir uns unterscheiden können. Im Shop ergibt sich die Zusammensetzung des Sortiments mit der Zeit fast von alleine. Die Leute beginnen das Angebot anzunehmen, fragen von uns als deklarierten Spezialisten aber nahezu ausnahmslos die Top-Marken nach.

Für die Alpinschule gestaltet sich die Suche nach dem richtigen Programm weitaus schwieriger. Immer, wenn wir auf den Bergen und den Hütten andere selbstständige Kollegen treffen, merken wir, dass es auch für sie hart ist. Es scheint so zu sein, dass alle Profi-Bergführer dieselben Probleme haben. Die einzigen Unternehmen, die in diesem Bereich wirklich zu florieren scheinen, sind aus unserer Sicht die Bergsteigerschulen der Alpenvereine.

Irgendwann dämmert uns, dass dies daher rühren könnte, dass alle Bergführer und kleinen Alpinschulen nahezu dasselbe Programm anbieten. Es scheint fast so, als hätten alle jährlich bei der Gestaltung des Programms für die nächste Saison nichts Besseres zu tun, als gegenseitig voneinander abzuschreiben. Ununterscheidbarkeit bis zur Unkenntlichkeit ist die Folge, deren peinlichste Höhepunkte wortwörtlich identische Tourenbeschreibungen darstellen. Wir befanden uns, so wie viele andere Kollegen auch, in der *Me-too-Falle*.

Die mit diesen Marketing-Bemühungen trotzdem verbundenen Erfolge führen mich, wie so viele andere Kollegen auch, auf viele Viertausender der Alpen, x-mal auf den Großglockner und auch zweimal in den Himalaja in das Everest-Gebiet, wo ich mit meinen Kunden neben dem faszinierenden, wochenlangen Gehen durch das eindrucksvolle Sherpa-Land auch 6.000er bestieg. Es sind unvergessliche Erfahrungen,

129

berührende Momente mit glücklichen Kunden, egal ob in den Alpen oder im Himalaja. Trotzdem gibt es Aspekte, die mir in dieser Zeit klar machen, dass dies kein Weg sein kann, der von Dauer ist. Profi-Bergführer zu sein mag für einen Außenstehenden aussehen wie etwas Besonderes. Fakt ist, dass ich tue, was viele andere auch tun, und mich nicht unterscheide. Es ist nur ein Aspekt, dass es in der *Me-too-Falle* wirtschaftlich hart ist, über die Runden zu kommen. Der andere Aspekt, der fast noch schwerer wiegt, ist, dass es meinem Naturell zutiefst widerspricht, dorthin zu gehen, wo alle hingehen, mich einzureihen und einfach der Schlange zu folgen, egal ob am Gipfelgrat des Großglockners oder des Mont Blancs oder auf einer Hängebrücke am Weg zum Mount Everest-Basislager. Dorthin zu gehen, wo es meinem Wesen entspricht, wo die anderen aber nicht hingehen, das müsste es sein.

■ Das optimale Wirkungsfeld finden

In meinen Träumen tauchen Bilder aus extremen Wänden auf. Ich sehe mich mit Kunden die großen Dolomitenwände meistern, ich sehe, wie ich anderen Menschen das atemberaubende Erlebnis in der Vertikalen ermögliche, weitab von den Normalwegen, auf denen sich die Bergführer üblicherweise bewegen. Wirklich extreme Routen führen Anfang der 90er-Jahre nur wenige Bergführer. Damit könnte ich wirklich einen Unterschied machen, mich abheben. Wird es aber auch gebraucht werden? Gibt es Kunden, die das interessiert? Die auch bereit und finanziell dazu imstande sind, für so ein gehobenes Programm die entsprechend höheren Kosten zu tragen?

Wie so oft, liegt das Beste direkt vor der Nase und ich habe das Glück, zum *Neu Hinschauen* regelrecht gezwungen zu werden: Während einer leichten Klettertour erzähle ich die Idee, Führungen durch extreme Kletterrouten als Angebot auf den Markt bringen zu wollen, einem neuen Kunden. Er heißt Ludwig, ist ein deutscher Unternehmer und 54 Jahre alt. Da er nach meiner Einschätzung für extreme Klettertouren wegen seines Alters nicht in Frage kommt, denke ich mir, dass ich ihm meine noch unreifen Gedanken gefahrlos darlegen kann. Er fängt sofort Feuer und zeigt Interesse. Plötzlich sagt er: „Probieren wir das

Aufstieg mit Kunden zum 6.189 m hohen Imja Tse Himal im Himalaja; unten links: Blick zur Ama Dablam, rechts mit Sherpa-Freunden am Gipfel

einfach nächstes Jahr! Was müssen wir dazu tun, wir müssen uns ja sicher vorbereiten?" – „Wäre schon nicht schlecht", sage ich. Sagt Ludwig: „Was ist, wenn wir uns im Frühjahr zweimal am Gardasee treffen und dann im Sommer zweimal in die Dolomiten fahren, so jeweils vier Tage?"

Mich haut´s fast um! Das bedeutet insgesamt sechzehn Tage im extremen Fels. Das bringt mich dem, was ich mir heimlich vorgestellt habe, schon ein großes Stück näher. Wir vereinbaren noch am Ende unserer ersten Klettertage die Termine für das nächste Jahr. Neben der Begeisterung für das Extremklettern als Beruf bedeutet das Ziel, schwere Touren zu führen, für mich auch, eine große Herausforderung anzunehmen. Im Hinterkopf ist mein 40-Meter-Sturz an der Les Courtes noch immer präsent. Wird es mir gelingen, die für die extremen Routen mit Kunden notwendige Lockerheit wieder aufzubauen?

„Wenn du verlierst, verliere niemals die Lektion." Das heißt nicht, den großen Herausforderungen in der Zukunft auszuweichen. Es ist vielmehr die Aufforderung, die aus dem Scheitern gewonnenen Erfahrungen in das zukünftige Handeln einfließen zu lassen. Wenn ich extreme Routen mit Menschen klettern will, die mir ihr Leben anvertrauen, werde ich in jeder Hinsicht verantwortungsvoll agieren müssen. Ich werde nicht nur die Routen und die jeweiligen Verhältnisse sorgsam beurteilen müssen. Mir ist auch klar, dass, wenn ich einen Kunden durch schwere Routen führen will, die ich vorher mit gleichwertigen Partnern oft nahe am Limit meistern konnte, diesen Routen haushoch überlegen sein muss. Ich brauche eine Sicherheitsreserve, um diese Unternehmungen verantwortungsvoll durchführen zu können. Diese Sicherheitsreserve muss in souveräner Leistungsfähigkeit bestehen.

Es wird nur möglich sein, wenn ich selbst einerseits hart trainiere, um die entsprechende Form zu erlangen und wenn ich es andererseits auch schaffe, diese Form zu halten. Um diesen hohen Leistungslevel zu halten, wird es notwendig sein, auch andere Kunden für schwere Routen zu begeistern und gleichzeitig auf alle anderen Aufträge zu verzichten, die mich auf irgendwelche Normalwege führen würden. Ein Kribbeln beginnt mich zu erfüllen. Dieses Kribbeln ist letztendlich ausschlaggebend für meinen inneren Entschluss, mich ganz bewusst raus aus dem Loch zu begeben und mich wieder in die steilen Wände aufzumachen. Jedoch mit einer ganz anderen Mission und unter ganz anderen Vorzeichen als zuvor: Künftig werde ich anderen Menschen das Erlebnis in der Vertikalen eröffnen, ihnen unvergessliche und wertvolle Erfahrungen ermöglichen und dabei mit höchster Professionalität und Verantwortung agieren. Es kribbelt mich, wie schon lange nicht mehr.

Ich weiß aus meiner bisherigen Erfahrung, dass eine Entscheidung für etwas nur möglich wird, wenn man etwas anderes nicht mehr tut. Ich habe gelernt, loszulassen und zu verzichten. Von diesem Tag an lehne ich alle Anfragen für Normalwege ab und vermittle sie an Kollegen weiter, auch wenn es manchmal hart ist, auf diesen Teil des Umsatzes zu verzichten. Mein neuer Fokus ist mir klar und ich will mir und anderen zeigen, dass ich es damit absolut ernst meine. Noch im selben Sommer beginne ich mich auf die völlig veränderten Herausforderungen der nächsten Saison vorzubereiten.

Finden Sie Ihr Spielfeld ... und machen Sie einen sinnvollen Unterschied – Kernfragen für die Suche

Die Frage nach dem optimalen Spielfeld zu stellen, ist eine permanente Aufgabe. Auf meinem persönlichen Weg hat das bedeutet, dass aus der Leidenschaft und einer Nebenbeschäftigung nun ein Beruf wurde und somit ökonomische Überlegungen mit hinzukamen. Zu den schon beim ersten Teil des 1. Prinzips gestellten Fragen:
- Wer bin ich? Was ist mein größtes Potenzial?
- Wozu bin ich hier? Was ist meine Aufgabe?

kamen für mich nun folgende Fragen hinzu:
- Welcher Beitrag wird gebraucht?
- Wie unterscheide ich mich?

Abbildung 6 zeigt die vier Fragen, die einen Fokusbereich als Schnittmenge ergeben.

Abb. 6

Wenn ich mit Menschen und Teams arbeite und diese vier Fragen stelle, beobachte ich Folgendes: Die Fragen sind leicht zu verstehen, aber die Menschen finden trotzdem oft nicht leicht Antworten darauf. Diese vier einfachen Fragen gehen so tief und treffen so sehr den Sinn des Daseins und des aktuelle Wirkens, dass die allermeisten Menschen ad hoc keine Antworten darauf geben können.

■ **Impulse für den Einzelnen**

Aus meiner Erfahrung braucht es unbedingt Beharrlichkeit, wenn man sich dazu entschließt, sich auf die Suche nach dem optimalen Wirkungsfeld zu begeben. Man wird wahrscheinlich keine schnellen oder offensichtlichen Antworten finden und zuerst möglicherweise mit großer Unklarheit konfrontiert sein.

Diese Unklarheit ist aber an sich nicht unbedingt etwas Schlechtes. Sie ist eher etwas Ungewohntes. Der Logikprofessor Matthias Varga von Kibéd weist auf das Positive an den Zuständen des Nichtwissens, der Hilflosigkeit und der Verwirrung hin: „*Nichtwissen* hilft uns beim Verzicht auf Interpretationen und erlaubt uns den Zugang zur Wahrnehmung und vor allem zur Selbstwahrnehmung. Und es verzichtet darauf, den Inhalten des Gewussten fragwürdige Dauer zu verleihen, und dient so der Haltung, immer wieder neu und offen hinzuschauen, zu fragen und wahrzunehmen. Die *Hilflosigkeit* zeigt uns ihre Freundschaftsdienste, indem sie uns daran erinnert, dass wir etwas Komplexes niemals alleine machen oder gar zu einem geplanten Ziel führen können. Und der Versuch *Verwirrung* zu vermeiden, entstammt meist dem Wunsch umfassend zu beherrschen, er verhindert echtes Lernen." (Varga von Kibéd, 2002)

Wenn Ihnen also bei der Suche nach Antworten auf die Fragen nach Ihrem optimalen Wirkungsbereich die eben geschilderten Zustände oder Abwandlungen davon begegnen, haben Sie sich nicht verirrt. Im Gegenteil, vermutlich unterstützen Nichtwissen, Hilflosigkeit und Verwirrung Sie eher dabei echt zu lernen, neu und offen hinzuschauen, bewusst wahrzunehmen und produktive Seilschaften mit anderen zu bilden. Ich habe darauf schon in den vorangegangenen Kapiteln bei *Neu Hinschauen* und dem *Gesetz der Seilschaft* hingewiesen.

Die Essenz des eigenen Wirkens finden

Die Beantwortung der vier Kernfragen ist eine permanente Aufgabe und dient dazu, die Essenz des eigenen Wirkens zu finden: Mir wurde schon sehr früh klar, dass das Bergsteigen etwas mit meinem tiefsten Wesenskern zu tun hatte. Im Alter von zwanzig Jahren lautete meine Antwort auf die Fragen „Wozu bin ich hier? Wofür brenne ich? Was ist mein größtes Potenzial?": Ich bin Extremkletterer. Als ich mich mit 25 Jahren als Profi-Bergführer um meine Positionierung und Profilbildung bemühte, lautete meine Antwort auf die gleichen Fragen: Meine Aufgabe ist es, Menschen das Erlebnis in der Vertikalen zu ermöglichen und ihnen zu helfen, Routen zu klettern, die sie für unmöglich halten.

Ich hatte in der Zwischenzeit Qualitäten und Stärken in mir entdeckt, die ich Jahre zuvor noch als Schwächen angesehen hatte. Im Gegensatz zu vielen natürlichen Klettertalenten musste ich mir mein Kletterkönnen hart erarbeiten. Neben Disziplin und mentaler Stärke lernte ich dabei auch, Bewegungen bis ins kleinste Detail zu zerlegen und zu analysieren, was mich später als Profi-Bergführer in die Lage versetzte, durch meine scharfe Beobachtungsgabe sofort jedem Kunden hilfreiche und konkrete Bewegungstipps zu geben. Eines meiner großen Potenziale war also nicht nur selbst gut klettern zu können, sondern dies auch anderen Menschen vermitteln zu können.

Und wenn ich mich heute frage „Wozu bin ich heute hier? Was ist heute meine Aufgabe?", sind die Antworten nicht viel anders, aber sie liegen auf einer Ebene dahinter und näher an der Essenz meines Wirkens: Ich helfe als Management-Berater noch immer Menschen dabei, neue Wege zu finden und zu gehen, nur nicht mehr in realen Felswänden, sondern im schwierigen Umfeld von Unternehmen. Meine Stärken dabei? Mein großes Potenzial heute? Ich habe noch immer einen Blick dafür, was Menschen, Teams und Gemeinschaften in schwierigen Situationen brauchen und kann ihnen helfen weiterzukommen. Ich unterstütze die Menschen dabei, die für sie strategisch relevanten Fragen zu stellen, Teams in einen produktiven Dialog zu bringen und gemeinsam Antworten zu finden. Das alles macht mich zu einem hilfreichen Begleiter und Berater in wichtigen Strategieklausuren und längeren strategischen Veränderungs- und Entwicklungsprozessen, wo Unternehmen gefordert sind, sich mit der Gestaltung Ihrer Zukunft auseinander zu setzen.

Selber Klettern – andere Menschen durch Nordwände führen – schwierige Veränderungsprozesse in Unternehmen begleiten: Die Essenz meines Wirkens ist in all diesen unterschiedlichen Ausprägungen gleich geblieben.

■ Kernfragen für Unternehmen

Die große Herausforderung für Unternehmen in einem sich ständig verändernden Umfeld ist es, ihr optimales Wirkungsfeld zu finden und ihren gesamten Fokus darauf auszurichten. Nicht nur bei Menschen, auch im Umgang mit Unternehmen erlebe ich, dass dies ein schwieriger und langfristiger Prozess sein kann. Abbildung 7 stellt nochmals die vier Kernfragen für Unternehmen dar. Auch bei Unternehmen liegt das optimale Wirkungsfeld in der Schnittmenge der vier Kernfragen.

Wozu sind wir hier?
Was ist unsere Aufgabe?

Wer sind wir?
Was ist unser größtes Potenzial?

Welche Beiträge werden
– jetzt und künftig –
gebraucht?

Wie unterscheiden
wir uns?

Abb. 7

Diese vier Fragen bilden die Basis für Strategiearbeit in Unternehmen, daher werde ich jede einzeln erörtern.

1. Wer sind wir? Was ist unser größtes Potenzial?

Bei diesen Fragen geht es sowohl darum, was heute ist, als auch darum, was übermorgen sein könnte. Fragen Sie sich: Wer sind wir? Was sind die einzigartigen Stärken und Kernkompetenzen unseres Unternehmens oder unseres Teilbereiches? Es ist dabei unerheblich, ob Sie eine Pizzeria führen oder ein Unternehmen mit tausenden Mitarbeitern.

Es reicht aber nicht aus, ein zuverlässiges Bild von den heutigen Stärken und Kernkompetenzen zu haben, sie brauchen auch ein gemeinsames Bild der Zukunft und der zukünftigen Erfolgspotenziale. Was ist das höchste zukünftige Potenzial Ihres Unternehmens oder Teilbereiches? Fragen Sie sich und Ihre Mitarbeiter oder Partner: „Worin könnten wir die Besten werden?" Entwickeln Sie eine bildhafte Zukunftsvorstellung, die die Gemeinschaft in die Zukunft zieht und ihr Energie verleiht.

Diese bildhafte Zukunftsvorstellung ist für Ihr Unternehmen wichtig, weil Sie heute schon in die vermutlich übermorgen notwendigen Kernkompetenzen investieren müssen, damit Sie diese bis dahin aufgebaut haben. Es geht hier um Zeiträume und Größenordnungen von mehreren Jahren. Die Leistungsfähigkeit von übermorgen ist das Ergebnis einer Vielzahl von Einzelanstrengungen und kleinen „Trainingseinheiten" im Heute.

Im damit erzielten Vorsprung kann auch ein gewisser Schutz liegen: Was Jahre von Aufbauarbeit braucht, kann nicht in wenigen Monaten aufgeholt werden, es sei denn, ein neues Geschäftsmodell macht das Branchenübliche obsolet. Wenn Sie jedoch Ihre einzigartigen Stärken nützen, um Vorsprünge aufzubauen, können diese zumeist nur schwer aufgeholt werden (siehe dazu auch Hamel, 2006).

2. Welche Beiträge werden jetzt und künftig gebraucht?

Der Aufbau von Erfolgspotenzialen benötigt relativ viel Zeit und muss deswegen in engem Zusammenhang mit der vorherigen Frage gesehen werden. Dieser langfristigen Aufbauarbeit der Leistungsfähigkeit von übermorgen stehen im Heute oft Verlockungen in Form kurzlebiger Trends gegenüber. Die große Herausforderung besteht darin, heute schon zu erkennen, was künftig relevant werden könnte, um durch die entsprechenden Innovationen dann die Antworten geben zu können, die der Markt von übermorgen verlangt.

Meiner Erfahrung nach ist es sinnvoll, sich bei der Antwort auf die Frage „Was wird gebraucht?" von einem dauerhaften Kundenproblem oder Kundenbedürfnis leiten zu lassen. Ein dauerhaftes Kundenproblem oder Kundenbedürfnis bietet jene Orientierungsgrundlage, die es ermöglicht, langfristig neue Erfolgspotenziale aufzubauen. Dazu müssen Sie Ihre Augen und Ohren am Kunden haben, Ihre Kunden kennen. Sie dürfen Ihre Augen und Ohren niemals outsourcen.

3. Wozu sind wir hier?

Bei der Antwort auf die Frage „Wozu sind wir hier? Was ist unsere Aufgabe?" sind aus meiner Sicht zwei Dinge wichtig: Erstens bezieht ein Unternehmen auch aus dem Wissen um seinen Existenzgrund einen großen Teil der Energie, die es für eine nachhaltige Leistungskraft benötigt. Der Existenzgrund eines Unternehmens geht über das Geldverdienen hinaus, berührt die Sinndimension der Gemeinschaft und stellt einen der stärksten Antriebe für den gemeinsamen Einsatz und die kollektive Leistungserbringung dar. Sie brauchen nicht nur Antworten auf die Frage „Was tun wir?", sondern auch auf die Frage „Warum tun wir es?".

Zweitens ist es wichtig, dass der Existenzzweck eines Unternehmens

137

lösungs- und produktunabhängig formuliert wird. Ich möchte hier ein bekannte Beispiel für eine vom Produkt abhängige Definition der eigenen Aufgabe anführen: Der Einzug des Computers in die Büros stellte das Ende der Schreibmaschinen-Hersteller dar. Nun stellt sich die Frage: Warum haben die Schreibmaschinen-Hersteller diesen Trend nicht erkannt? Wahrscheinlich weil sie ihren Existenzgrund in der Herstellung von Schreibmaschinen sahen und nicht erkannten, dass ihre Aufgabe in der Vereinfachung der Büroarbeit des Kunden bestand. Hätten sie dieses Kundenproblem als ihre Aufgabe definiert, hätten sie vielleicht rechtzeitig auf die Entwicklungen und Möglichkeiten, die der Computer mit sich brachte, reagieren können.

Dieses Beispiel soll zeigen, dass nur ein dauerhaftes Kundenproblem auch eine dauerhafte Geschäftsmöglichkeit darstellt und dass Innovationen am besten auf der Basis eines bestehenden oder entstehenden Kundenproblems passieren sollen. Das bedeutet, dass die Gefahr blinder Flecken, die das Erkennen von Veränderungen erschweren oder gar unmöglich machen, dann wächst, wenn die Unternehmens-Aufgabe zu sehr am konkreten Produkt festgemacht wird.

Die Antwort auf die Frage „Wozu sind wir hier? Was ist unsere Aufgabe?" sollte also bei aller Notwendigkeit der Konkretisierung auch allgemein genug bleiben. Sie sollte aber doch klar machen, wofür Sie oder Ihr Unternehmen von welchen Kunden bezahlt werden. Wer sind Ihre Zielkunden? Wem dienen Sie? Welches Kundenproblem lösen Sie? Was ist die dazugehörende ökonomische Kern-Metrik, mit der Sie Ihren Erfolg messen wollen? Was ist der ökonomische Faktor, mit dem Sie operieren? (vgl. Collins, 2001 und Buckingham, 2005) Das führt uns zur letzten Frage: „Wie unterscheiden wir uns?"

4. Wie unterscheiden wir uns?

Nahezu allen Managern und Unternehmern ist bewusst, wie wichtig es ist, sich von den Mitbewerbern positiv zu unterscheiden. Trotzdem findet man in jeder Branche, in jedem Wirtschaftszweig und jedem noch so entlegenen Marktwinkel nahezu unendlich viele Unternehmen, die einander ähneln wie ein Ei dem anderen und nur wenige Unternehmen, die sich von ihren Mitbewerbern positiv abheben.

Schauen Sie sich bitte die beiden folgenden Fotos an. Eines zeigt den Gran Paradiso, das andere zeigt das Matterhorn. Welches ist das Matterhorn?

Wenn Sie zufällig Bergsteiger sind, könnte es sein, dass Sie schon auf beiden Gipfeln waren. Wenn Sie sich nur am Rande für das Bergsteigen interessieren, werden Sie auf den Berg rechts tippen und sagen: „Das ist das Matterhorn!", während Sie wahrscheinlich vom Gran Paradiso noch nie etwas gehört haben. Das Matterhorn hat ein unverwechselbares Profil und bewegt unzählige Menschen dazu, es besteigen, umwandern oder zumindest fotografieren zu wollen.

Nur wenige Unternehmen, egal ob groß oder klein, haben am Markt ein Profil wie das Matterhorn in seiner Umgebung. Die meisten heben sich so wenig von ihren Mitbewerbern ab wie der Gran Paradiso von seinen Trabanten.

Es kommt zwar immer wieder vor, dass sich innerhalb einer Branche zumindest zwei strategische Gruppen – zum Beispiel die Billiganbieter und die Qualitätsanbieter – deutlich voneinander unterscheiden, aber innerhalb dieser strategischen Gruppen können sich die Anbieter wiederum meist bis zur Ununterscheidbarkeit ähneln. Gary Hamel bezeichnet dieses Phänomen als strategische Konvergenz.

139

Wahrscheinlich gibt es für das Phänomen der strategischen Konvergenz mehrere Gründe: Meist besuchen alle Unternehmer und Manager einer Branche dieselben Fachmessen oder Weiterbildungsveranstaltungen, lesen dieselben Fachzeitschriften oder Bücher und orientieren sich an denselben Branchendogmen. Außerdem ist unser ganzes Leben – nicht nur das berufliche oder wirtschaftliche – davon geprägt, sich aneinander und an *Norm*en zu orientieren, angefangen von den elterlichen Bemühungen, aus dem Kind einen *norm*alen Bürger zu machen, bis hin zu den ISO-*Norm*en, die in allen Bereichen der Wirtschaft die Qualität sicherstellen sollen. Irgendwann auf einmal *anders* sein zu sollen, könnte *norm*ale Menschen somit vor erhebliche Herausforderungen stellen.

Damit nicht genug. Ich vermute weiter, dass die meisten üblichen Werkzeuge, Vorgehensweisen und Analyseverfahren der Strategiearbeit ihre Anwender dazu bringen, sich aneinander zu orientieren, um sich in weiterer Folge anzugleichen. Von Best Practice über Benchmarking bis zur Balanced Score Card.

Ich sage damit nicht, dass es unmöglich ist, dass Unternehmen, die diese Methoden anwenden, sich von den Mitbewerbern unterscheiden. Aber es braucht einen sehr bewussten Umgang, damit man nicht durch die Anwendung von Werkzeugen unbemerkt zur Angleichung und zur strategischen Konvergenz mit den Mitbewerbern geführt wird.

Wenn Sie sich die Frage „Wie unterscheiden wir uns?" stellen, sollten Sie sich beim Einsatz jedes Werkzeuges immer bewusst sein, dass a) nicht nur Sie dieses Werkzeug benutzen und b) jedes Werkzeug auch etwas mit Ihnen macht, Ihnen eine bestimmte Denkrichtung vorgibt und Ihnen nur einen Ausschnitt der Wirklichkeit zeigt. Mit einem Management-Werkzeug ist es ähnlich wie mit einem stark taillierten Carving-Ski. Dieser zwingt Sie auch zum Kurvenfahren, a) auch wenn es Ihnen gar nicht bewusst ist und b) auch dann, wenn Sie es gar nicht wollen.

■ Sich ein Profil geben und einen Unterschied machen

Wenn Sie mit Ihrem Angebot Menschen in Bewegung setzen wollen, müssen Sie sich ein Profil verschaffen, das vergleichbar mit dem des Matterhorns ist. Sie müssen sich in der Wahrnehmung der bestehenden und potenziellen Kunden deutlich und positiv vom Rest Ihrer Mitbewerber abheben.

Als Erstes sollten Sie herausfinden, welche die Schlüsselfaktoren des Wettbewerbs in Ihrer Branche sind. Sie sollten zuerst wissen, wovon Sie sich unterscheiden wollen.

Als Nächstes sollten Sie feststellen, welches aus der Sicht des Kunden die kaufentscheidenden Faktoren sind. Was gibt den Ausschlag, dass sich ein Kunde für Ihr Angebot entscheidet? Das festzustellen ist keine Aufgabe für eine externe Marktforschung. Sie sollten die Probleme Ihrer Kunden wirklich kennen, Sie sollten wissen, warum die Kunden

Ihr Produkt kaufen und wie sie es verwenden oder wie Ihre Leistung Ihren Kunden hilft oder helfen soll. Dazu reicht weder ein Fragebogen noch ein kurzes Interview aus.

Wenn Sie herausfinden wollen, was Ihre Kunden wirklich bewegt, sollten Sie Gespräche führen, ihre Kunden beobachten oder gemeinsame Workshops durchführen. Egal ob Sie ein kleines technisches Büro leiten oder Geschäftsführer eines mittelständischen Produktionsunternehmens sind. Überlegen Sie gemeinsam mit Ihren Kunden und mit Ihren Mitarbeitern, wie Sie einen noch besseren oder neuen Nutzen bieten können. Machen Sie das nicht einmal im Jahr, sondern permanent. Planen Sie diesen Austausch monatlich oder auch wöchentlich ein und machen Sie ihn zum Teil Ihres Selbstverständnisses.

Bilden Sie zuerst mehrere mögliche strategische Profile für neue Produkte, neue Services oder überhaupt neue Geschäftsfelder. Holen Sie sich möglichst rasch Annahme-Feedback vom Markt durch schnelle, kostengünstige Feldversuche unter realen Bedingungen. Sie erfahren im nächsten Kapitel, wie Sie durch *Kluges Scheitern* zu Erfolg versprechenden Prototypen kommen und Durchbruchprojekte realisieren können. Haben Sie dann den Mut, durch Schwerpunkte ein unverwechselbares strategisches Profil zu bilden und sich zu unterscheiden. Schaffen Sie neue und zumindest vorübergehend einzigartige Angebote für bestehende und neue Kunden.

Überlegen Sie gleichzeitig, welche Produkte und Angebote Sie weglassen müssen, wenn Sie Ihr Profil schärfen wollen. Erinnern Sie sich an das *Loslassen und Verzichten*. Sind Sie aufgrund eines über die Jahre gewachsenen Produktportfolios mit Ihrem Angebot zu einer Art Gemischtwarenhändler geworden? Oder verstehen Sie sich eher als Feinkostladen, der nur über ein eingeschränktes, aber ausgewähltes Angebot verfügt?

141

Klarheit über die Kernfragen gewinnen

In einer Welt, die sich ständig wandelt, die in ihrer Komplexität undurchschaubar und mehrdeutig ist und in der Entwicklungen ungewisse und unberechenbare Verläufe nehmen, sind Unternehmen – egal ob groß oder klein – gefordert, sich über diese Kernfragen immer wieder Klarheit zu verschaffen. Sie brauchen Klarheit nach innen, um entscheiden zu können, was Sie tun und was Sie nicht tun wollen. Sie brauchen Klarheit im Unternehmen, im Bereich oder im Team, um zu einer gemeinsamen Logik des Handelns zu kommen. Sie brauchen Klarheit nach außen, um Partner zu gewinnen, Banken zu überzeugen und vor allem, um Kunden zu bewegen.

Wenn Sie Ihr Spielfeld gefunden haben und einen sinnvollen Unterschied machen, sind Sie in der Lage, wesentliche Aspekte Ihres Geschäfts klarer zu beobachten. Sie können klarer entscheiden, was sie tun und nicht tun werden. Und Sie können dies auch klar kommunizieren, sowohl nach innen, als nach außen.

Klarheit nach innen und außen zeigt sich darin, dass Sie und alle Menschen im Unternehmen wissen,

- welches konkret Ihre Zielkunden sind:

Sie können klar benennen, mit welchen Produkten und Leistungen Sie welchen Markt bedienen, welche Kundenprobleme Sie lösen, welche Kundenbedürfnisse Sie stillen können, und wofür Ihre Kunden Sie bezahlen.

- worin die heutigen und wahrscheinlich künftigen Erfolgspotenziale bestehen:

Jeder im Unternehmen ist in der Lage, aus der übergeordneten Strategie die persönlichen Beiträge und Entscheidungen abzuleiten, welche zur Erfüllung der eigenen Aufgabe notwendig sind. Diese persönlichen Beiträge und Entscheidungen haben den optimalen Dienst am Kunden sowie das Wahren und Schaffen von Erfolgspotenzialen zum Wohl des Ganzen im Fokus.

- worin Sie Ihren Mitbewerbern überlegen sind und welche Stärken und Kernkompetenzen Ihre Überlegenheit begründen:

Ihnen ist klar, welche Kernkompetenzen Sie noch aufbauen müssen, um diese Überlegenheit zu erreichen oder zu erhalten.

- durch welche Leistungsfaktoren Sie sich positiv von Ihren Mitbewerbern abheben:

Sie sind in der Lage, dies klar und unmissverständlich zu benennen.

Einfacher Gegentest: Fast jedes Unternehmen kommt früher oder später in die Situation, eine Selbstbeschreibung verfassen zu müssen. Egal ob für eine Website, eine Broschüre oder ein Inserat. Woran kann es liegen, wenn Ihnen dies schwer fällt oder einfach nicht gelingen will? Woran kann es liegen, wenn auch eine gut dotierte Werbeagentur nicht in der Lage ist, den Punkt genau zu treffen? Harry Beckwith empfiehlt: Wenn Sie nicht in der Lage sind, innerhalb einer Woche ein überzeugendes

Statement zu formulieren, warum jemand bei Ihnen kaufen sollte, worin Sie besser sind als Ihre Mitbewerber und worin der einzigartige Nutzen für Ihre Kunden liegt, sollten Sie aufhören, um eine Formulierung zu ringen, die endlich „den Punkt" trifft und sich wieder zurück an die Arbeit an Ihrem Leistungsangebot machen. (Beckwith, 2001)

Menschen durch eine überzeugende Geschichte gewinnen
In der Praxis trifft man oft auf Strategieaussagen, die nur aus Zahlen und Daten sowie aus abstrakten Statements zu strategischen Richtungen, Marktanteilen, Zielen, Stärken, Schwächen, Gefahren und Möglichkeiten bestehen. In manchen Unternehmen wird so versucht die Unklarheit in strategischen Grundsatzfragen durch Power-Point-Folien mit Diagrammen, Schaubildern und Worthülsen zu kaschieren. Aber auch wenn ein Unternehmen die notwendige Klarheit hat, gewinnt man mit Power-Point-Folien noch keine Menschen. Es geht bei der Antwort auf diese vier Kernfragen für Unternehmen nicht darum, schöne Schaubilder zu haben, sondern darum, damit die Grundlage für gemeinsames Handeln zu schaffen. Meiner Erfahrung nach kann eine schlüssige und überzeugende Geschichte, die die strategischen Kernaussagen zu einem inspirierenden gemeinsamen Auftrag verknüpft, den Mitarbeitern mehr Orientierung über die zu bewahrenden und noch zu schaffenden Erfolgspotenziale vermitteln als die meisten Folien.

„Strategy doesn't only have to position, it also has to inspire. So an uninspriring strategy is really no strategy at all." (Mintzberg 2005)

Mintzberg weist darauf hin, dass „echte" Unternehmensstrategien immer mit lebenden Kunden, dynamischen Märkten und neu entstehenden Technologien zu tun haben und dass diese Strategien immer aus einem intensiven Wechselspiel und Kontakt mit dem Umfeld und der Situation entstehen. Eine Strategie kommt aus dem richtigen Leben und ist für das richtige Leben gedacht, sie muss inspirieren, in dem Sinne, dass sie Menschen bewegt.

Strategie muss Menschen dazu anregen, die persönlichen Entscheidungen und Handlungen im Heute mit dem gemeinsamen Bild von der Zukunft zu verbinden, nach Weiterentwicklung zu streben, nach neuen Möglichkeiten zu suchen, eine gemeinsame Spur in der Welt zu hinterlassen. In diesem Sinne müssen die Antworten auf die vier Kernfragen durch eine Geschichte, die einen Sinn ergibt und inspiriert, verbunden werden. Wenn die Menschen in einem Unternehmen die Möglichkeit

143

haben, mit ihren Beiträgen, Ideen und Entscheidungen ein lebendiger Bestandteil dieser Geschichte zu werden, wird diese Geschichte eine Quelle der Erneuerung von Sinn, Nutzen, und Selbstvertrauen darstellen. Eine Geschichte in diesem Sinne ist nichts, was einmal „geschrieben" wird, sie muss ständig fortgeschrieben werden und die Menschen müssen durch ihr Tun Teil dieses Fortschreibens werden können.

Ein schönes Beispiel für eine substanzielle Antwort auf die Fragen nach der Essenz des eigenen Wirkens liefert die bereits vorgestellte amerikanische Outdoor-Bekleidungsfirma patagonia.

patagonia schreibt seine Geschichte rund um die eigene Verpflichtung zu vier Kernwerten fort: soul of the sport (Seele des Sports) – environmental activism (aktiver Umweltschutz) – innovative design (funktionales Design) – uncommon culture (Trampkultur).

patagonia entwickelte sich aus einem kleinen Unternehmen, das damit begann Haken für Kletterer herzustellen. Der Alpinismus stellt auch heute noch das Herz des mittlerweile weltweit tätigen Unternehmens dar. patagonia produziert heute funktionelle Bekleidung für Kletterer, Bergsteiger, Touren-Skifahrer, Surfer, Fliegenfischer und andere Natur-Sportarten. Keine davon erfordert den Einsatz von Motoren oder den Applaus eines Publikums. Jede dieser Sportarten lebt von einzigartigen Momenten in der Natur.

Diese Liebe zur Natur mündet in einer Verpflichtung patagonias zum aktiven Umweltschutz, der sich unter anderem in recyclingfähigen Outdoor-Jacken, Bekleidung aus biologisch angebauter Baumwolle und der Unterstützung regionaler Umweltinitiativen zeigt. patagonia spendet seit 1985 jährlich 10 % des Profits oder 1 % des Umsatzes – je nachdem, was mehr ist – für den Umweltschutz.

Das Produktdesign ist durch Einfachheit und Funktionalität geprägt. Darin spiegelt sich die minimalistische Philosophie der Kletterer und Surfer wider, die das Unternehmen aufgebaut haben und deren Lebensstil auch heute die Firmenkultur prägt.

Trampkultur bedeutet für patagonia, dass der selbstständige Abenteurer wichtiger ist als der Massentourist, dass das Verrückte und Lebendige dem Abgeschliffenen und Angepassten vorgezogen wird und dass deshalb auch im Unternehmen die Besonderheit des einzelnen Mitarbeiters Vorrang vor kollektiver Gleichschaltung hat.

Der Gründer und Alleininhaber Yvon Chouinard erzählt Folgendes: „Die tägliche Arbeit bei patagonia musste Spaß machen. Wir brauchten flexible Arbeitszeiten, um surfen zu können, wenn die Wellen gut waren, um Ski zu fahren, wenn es gerade geschneit hatte, oder um zu Hause zu bleiben, wenn ein Kind krank war."

Zwischen Mitte 1980 und 1990 wuchs der Umsatz von patagonia von 20 Millionen Dollar auf 100 Millionen Dollar. Dann kam 1991 die Rezession in den USA, die auch patagonia traf und dem kontinuierlichen Wachstum ein Ende bereitete. patagonia war von einem geschäftlichen Wachstum abhängig, das in dieser Form nicht weiter aufrechterhalten werden konnte.

Chouinard nahm eine Handvoll führender Manager auf eine Wanderung ins wirkliche Patagonien in Argentinien mit. Während sie durch die wilde Einsamkeit streiften, fragten sie sich, warum sie in diesem Geschäft tätig waren und welche Art von Unternehmen patagonia künftig sein sollte. Sie sprachen über die gemeinsamen Grundwerte und Ideale, die sie unter dem Dach von patagonia zusammengeführt hatten.

Chouinard erzählt: „Wir wussten, dass unkontrolliertes Wachstum genau die Werte gefährdet, die patagonia bislang erfolgreich gemacht hatten. Diese Werte lassen sich nicht in einem Firmenhandbuch mit einfachen Patentlösungen ausdrücken. Was wir brauchten, war philosophische Anleitung und Klarsicht, um stets die richtigen Fragen zu stellen und die richtigen Antworten zu finden. Während unsere Manager die Schritte debattierten, um unsere Absatz- und Finanzprobleme zu lösen, begann ich damit, für unsere Angestellten einwöchige Seminare in Firmenphilosophie zu leiten. Wir fuhren jeweils mit einem Bus voll von ihnen hinaus in den Yosemite-Park oder zu den Marin Headlands oberhalb von San Francisco, zelteten draußen und versammelten uns im Schatten der Bäume, um zu reden. Das Ziel war, jedem Mitarbeiter unsere Umweltphilosophie und unsere ethischen Werte zu vermitteln." (Chouinard, 2005)

Chouinard versuchte in dieser schwierigen Phase seinen Mitarbeitern die Kernwerte von patagonia in Form einer Geschichte persönlich zu vermitteln, er ging hinaus und redete. Er delegierte die Verantwortung dafür weder an seine Manager noch gab er Handbücher heraus oder ließ Power-Point-Folien im Unternehmen verteilen.

Ich weiß als ehemaliger Einzelhändler und aus mehr als zehnjähriger Zusammenarbeit mit diesem Unternehmen, dass patagonia sei-

145

ne Geschichte lebt und dass sich diese auch auf die Kunden überträgt. In der Praxis zeigt sich oft, dass versucht wird, die Strategie in Form einer einmaligen Ansprache zu vermitteln, das Beispiel von patagonia zeigt, dass das jedoch nicht reicht. Wenn jeder im Unternehmen eigenverantwortliche und sinnvolle Beiträge liefern soll, braucht es einen kontinuierlichen Prozess der gemeinsamen Auseinandersetzung mit der Strategie in Form strukturierter strategischer Dialoge und ständiger Thematisierung im täglichen Handeln. Der wichtigste Punkt ist dabei aber wahrscheinlich der, dass es nicht beim Reden bleiben darf – es muss gehandelt werden. Eine Strategie wird über die Zeit nicht durch *Kommunikationshandlungen*, sondern durch *Handlungskommunikationen* vermittelt, was bedeutet, dass über längere Zeit erkennbare – oder eben nicht erkennbare – Muster in den Handlungen und Entscheidungen die Strategie viel stärker kommunizieren, als Worte es vermögen. (Schmidt, 2004)

Impulse zum Handeln
Wie Wittgenstein sagte, zeigt sich der Wille letztlich nur im Handeln. Ich habe anhand meiner Geschichte vom Normalweg hin zum Nordwand-Bergführer bereits aufgezeigt, dass es nur dann möglich ist, im eigenen Spielfeld einen sinnvollen Unterschied zu machen, wenn man sich fokussiert, den Fokus ständig im Auge behält und, wenn notwendig, erneuert. Auch für Sie und Ihr Unternehmen genügt es nicht, klare Antworten auf die essenziellen Strategiefragen gefunden zu haben, die Klarheit der Antworten muss sich im Handeln zeigen.
Folgende Impulse möchte ich Ihnen für das Handeln anbieten:

- Wählen Sie den Fokus Ihrer unternehmerischen Aktivitäten so, dass er ausschließlich innerhalb der Schnittmenge der vier Kreise liegt. Beginnen Sie nur mehr Dinge, die innerhalb dieser Schnittmenge liegen.
- Beenden Sie mehr und mehr bestehende Aktivitäten, die außerhalb dieses Bereichs liegen, und widerstehen Sie Versuchungen, die Sie zu neuen Aktivitäten außerhalb der Schnittmenge verlocken.
- Fragen Sie immer wieder nach der Essenz Ihres Wirkens: Was können wir besser als andere? Was unterscheidet uns? Was ist es eigentlich, was uns die Kraft für unser Tun verleiht – wozu sind wir hier?

Wozu sind wir hier?
Was ist unsere Aufgabe?

Wer sind wir?
Was ist unser größtes
Potenzial?

Welche Beiträge werden
– jetzt und künftig –
gebraucht?

Wie unterscheiden
wir uns?

Abb. 8

Es versteht sich von selbst, dass je nach Größe und Art des Unternehmens auch in den unterschiedlichen Bereichen und Funktionen die Teil-Strategien und Orientierungsgrößen gebildet werden müssen, die in ihrem Zusammenwirken das erfolgreiche Überleben des Ganzen sichern. Welche inhaltlichen Festlegungen dazu notwendig sind, welche konkreten Aussagen zum Produkt-/Markt-Umfang, zu strategischen Richtungen und Aktivitätenbündeln sowie zu ökonomischen Messgrößen getroffen werden, hängt vom jeweiligen Einzelfall ab. Wesentlich ist, dass sich die Bereiche, Teams und auch die Einzelnen in den größeren Zusammenhang einordnen können und ein gemeinsames Bild und Verständnis davon haben, auf welchen zukünftigen Zustand sich das Unternehmen hinbewegt. Nur so können sie bestehende Erfolgspotenziale bewahren sowie nach neuen suchen und dazu beitragen, diese zu schaffen. Dieses gemeinsame Verständnis kann in der Regel nicht alleine mit Folien-Vorträgen erreicht werden. Es braucht dazu einen Prozess der gezielten Auseinandersetzung und Involvierung in geeigneten Dialogveranstaltungen sowie das Engagement der Führungsmannschaft, diese Auseinandersetzung zum unverzichtbaren Bestandteil ihrer Führungsaufgabe zu machen.

147

Literaturempfehlungen:

Marcus Buckingham: *The One Thing – Worauf es ankommt.*
   Linde International 2006
Jim Collins: *Der Weg zu den Besten.* DVA 2001
Peter F. Drucker: *Was ist Management? Das Beste aus 50 Jahren.*
   Econ 2002
Hermann Simon: *Die heimlichen Gewinner.* Campus Verlag 1996

Drei Wege zum Erfolg: Beispiele aus der Praxis

„Was immer Du tun kannst oder zu tun träumst,
beginne damit.
In der Kühnheit liegen Stärke, Zauber und Genie."

Johann Wolfgang von Goethe

Bisher habe ich gezeigt, wie Einzelne und Unternehmen Strategien für die Zukunft finden können: Erfolgreiche Strategien sind meist kein reines Produkt absichtsvoller und deterministischer Planung, sondern bilden sich im Lauf der Zeit heraus und bleiben offen für günstige Zufälle. Wichtig im Prozess der Strategiebildung ist es, das optimale Wirkungsfeld für das Unternehmen zu finden und sich dieses Feld Schritt für Schritt bis in die feinsten Verästelungen zu erschließen (*Finden Sie Ihr Spielfeld, Teil 1*). In diesem Erkundungsprozess kommt es darauf an, unterschiedliche Blickwinkel einzunehmen, einerseits tief in die Materie einzutauchen, andererseits den großen Überblick zu gewinnen (*Neu Hinschauen*). Im weiteren Verlauf dieses Prozesses kann es notwendig sein, sich von Altem zu trennen, um fokussiert und konzentriert auf das Neue zugehen zu können. Beim Alten kann es sich sowohl um mentale Modelle oder um alte Vorstellungen handeln, als auch um alte Strukturen, überholte Geschäftsaktivitäten im Großen oder Produktmerkmale im Kleinen (*Loslassen und Verzichten*). Mehr und mehr werden sich die Herausforderungen der Zukunft nur gemeinsam mit Partnern bewältigen lassen. In diesem Prozess sind je nach Situation Führungsteams, bereichsübergreifende Zusammenarbeit oder Partnerschaften im Netzwerk gefordert (*Handeln nach dem Gesetz der Seilschaft*). Die Dynamik unserer Zeit bringt es mit sich, dass Planungsgrundlagen niemals vollständig sein können und gleichzeitig die notwendige Umweltstabilität für eine plangetreue Umsetzung der Vorhaben fehlt. Sowohl für Einzelne als auch für Unternehmen wird daher die Fähigkeit immer wichtiger, flexibel vorzugehen sowie günstige Gelegenheiten zu erkennen und zu nutzen. Es wird in Zukunft stark darum gehen, absichtsvolles und offenes Vorgehen miteinander zu kombinieren und die schwachen Signale zu erkennen, die auf günstige Gelegenheiten hinweisen (*Ziele kommen lassen*). Mehr und mehr wird der Erfolg in der Zukunft auch davon abhängen, ob sich Einzelne oder Unternehmen mit ihren Leistungsangeboten positiv von ihren Mitbewerbern abheben und einen neuen, überlegenen Nutzen stiften können (*Finden Sie Ihr Spielfeld und machen Sie einen sinnvollen Unterschied*).

Nachdem ich nun schon zentrale Gedanken des Nordwand-Prinzips® dargelegt habe, scheint es mir angebracht zu sein, einen Praxis-Check zu vollziehen. Die folgenden drei Unternehmensbeispiele habe ich ausgewählt, weil sie unabhängig von meinen Erfahrungen aufzeigen, wie Manager und Unternehmer sich mit ihren Organisationen auf ihre *Expedition ins Ungewisse* (siehe Kapitel „Gegenverkehr beim Seiltanzen") begeben haben und wie die strategischen Prinzipien in der Praxis funktionieren.

Im ersten Beispiel erzählt ein Einzelunternehmer, wie es dazu kam, dass er mit seinen außergewöhnlichen handgeschöpften Schokoladen heute die ganze Welt verwöhnt: Sepp Zotter. Das zweite Beispiel ist die Geschichte eines Managers, der es mit einem Werk, das er ursprünglich schließen sollte, zur Weltmarktführerschaft brachte: Ernst Müllner, Generaldirektor von Philips Sound Solutions. Im dritten Beispiel zeigt einer der ganz wenigen Manager und Vollblutbergsteiger in Personalunion in einem Interview Parallelen zwischen Bergsteigen und Management auf: Prof. Friedrich Macher, Vorstandsvorsitzender der Kühne & Nagel AG.

149

Die süßen Seiten des Lebens: Schokoladen-Manufaktur Zotter

Der Erstkontakt mit Zotter findet lange vor dem persönlichen Kontakt statt. Im Feinkostladen um die Ecke entdecke ich außergewöhnliche Schokoladen-Variationen. Die erste Versuchung, der ich erliege, ist die Chili-Schokolade, es folgen Fenchel-Orange, Bergkäse-Walnuss-Trauben, Sellerie-Trüffel-Portwein. Hanf und Mokka macht mich dann endgültig süchtig.

Ich treffe Sepp Zotter in seiner Schokoladen-Manufaktur in den Hügeln des oststeirischen Hügellandes. Sein Büro liegt wie eine kleine Kapitänsbrücke über der Produktion und ist vollgeräumt mit Unterlagen und einem Sammelsurium an Flaschen, Behältern, Pulvern und Gewürzen. Sepp Zotter beginnt zu erzählen:

„Ich bin seit zwanzig Jahren Unternehmer und begann mit einer Kaffee-Konditorei. Ich habe sehr unkonventionelle Mehlspeisen, die es vor mir nicht gegeben hat, gemacht und dann vier Filialen innerhalb von drei Jahren in atemberaubender Geschwindigkeit eröffnet. Durch den schnellen Erfolg sah ich keine Gefahr mehr. Doch dann passierten ein paar unvorhergesehene Dinge, eins ergab das andere, und ich kam in Schwierigkeiten. Genau in der schwierigsten Zeit habe ich die Schokolade erfunden, soll heißen, die Art, wie wir sie produzieren und was Zotter heute ausmacht. Ich war so begeistert von meiner Vision, was ich da in Zukunft tun werde. Genau in dieser schwierigen Phase, wo von Bankenseite aus niemand mehr an irgendetwas Positives geglaubt hat. Auf der einen Seite hatte ich die Vision mit der Schokolade, auf der anderen Seite die vier Filialen am Hals, die ich nicht mehr wollte.

Ich habe dann eine Filiale nach der anderen innerhalb von einem Jahr zurückgekürzt. Das war natürlich eine schwierige Zeit, weil ich vorher immer der Sieger, der Tolle und der Superwuzzi war. Ich bin dazu gestanden: Ich habe den Fehler gemacht, bin zu schnell expandiert und jetzt müssen wir das korrigieren.

Ich begann damals mit der Schokolade stärker zu experimentieren. Natürlich standen dann wieder Investitionen an und da war ich nun natürlich vorsichtiger. Ich hatte daneben noch meine Stamm-Konditorei, die wirklich gut florierte. 1999 war dann eine ganz schwierige Entscheidung zu treffen, nämlich aus der Konditorei auszusteigen, das volle Risiko auf mich zu nehmen und auf die Schokolade zu setzen, die damals noch nicht wirklich existierte. Wir haben das gemacht, verkauften die Konditorei und fingen mit zwei Mitarbeitern am neuen Standort an.

Die Entscheidungsgrundlage dafür war meine Vision: Ich hatte mit der Schokolade ein Produkt in der Hand, von dem ich wusste, dass es weltweit funktionieren könnte. Aus dem Lernprozess heraus weiß

Sepp Zotter und seine Trinkschokoladen-Variationen

ich, dass man nicht viele Dinge gleichzeitig machen kann und soll. Du kannst auch nicht beim Bergsteigen am Seil in der Wand hängen und Fußball spielen beginnen. Du musst dich auf das Wesentliche konzentrieren. Ich habe mir gedacht, es wäre gut, wenn ich mich auf die Schokolade konzentriere, auf die Herstellung und das Marketing, dann könnte das funktionieren.

Das war der goldene Schritt in meiner Karriere. Ich begann mit zwei Mitarbeitern, mittlerweile ist das Unternehmen auch schon wieder auf mehr als fünfzig Mitarbeiter angewachsen und unserem Unternehmen geht es sehr, sehr gut.

Es war die Zeit, wo das Internet aufkam und so viele Dinge im Aufbruch waren, als ich draufkam, dass man das alles nicht mehr aufnehmen kann. Ich hab damals Fachzeitschriften gelesen, das Internet gehabt, Fernsehen geschaut, mein Unternehmen geführt, meine Kunden betreut, und irgendwann dachte ich: Ich werd wahnsinnig, ich schaff das alles nicht. Ich habe mich dann einmal in Ruhe hingesetzt und mich gefragt: Was brauche ich eigentlich alles *nicht*? Meine Kunden brauche ich und mein Unternehmen brauche ich, weil ich sonst nicht überleben kann. Brauche ich einen Fernseher? Was bringt mir das, wenn ich keinen Fernseher habe – es bringt mir pro Tag zwei Stunden (!) für die Familie, es ist ja auch wichtig, dass man hier einen starken Rückhalt hat. Zuerst habe ich einmal alle Zeitschriften-Abos abbestellt. Wir lesen ja nur mehr die Überschriften und wissen eigentlich nichts mehr. Es gibt seit damals nur mehr eine Zeitung, das Radio, einen In-

ternetanschluss, aber keinen Fernseher. Und siehe da: Plötzlich war
wieder Zeit da. Wir haben wieder über Dinge geredet, und damit bin
ich wieder aufs Wesentliche gekommen. Vorher dachte ich, dass ich
Fachzeitschriften lesen muss, weil ich ja sonst was versäumen könnte.
Ich bin draufgekommen, dass ich das nicht muss, dass ich mich damit
beschäftigen muss, was mir wichtig ist und was ich tun kann, und mehr
nach meiner Intuition arbeiten muss.

Jetzt bleibt mir wirklich Zeit. Ich komme um acht und gehe um
sechs, nur selten dauert's länger. Und siehe da, uns gelingen neue Produkte, schräge Kreationen, unkonventionelle Überlegungen. Es gibt
manchmal Zeiten, da musst du über eine Sache drei Stunden konzentriert nachdenken. Manche sagen: Das gibt's ja nicht, wer braucht denn
drei Stunden? Es ist aber so. Man muss Dinge manchmal hinterfragen,
und oft ist es wichtiger, drei Stunden in die Luft zu schauen und nachzudenken, als hundert Stunden zu arbeiten wie ein Irrer.

Wie komme ich zu Ideen? Ich habe Ideen, weil ich Zeit habe. Ich experimentiere – schauen Sie, um mich herum, das sind nur Rohmaterialien, mit denen ich experimentiere. Weine, Schnäpse, Öle, Essige,
irgendwelche Pulver – diese Dinge schaue ich immer an und plötzlich
kommen Blitzideen. Und diese Blitzideen kommen bei mir ins Ideenbuch. Alles was mir einfällt, schreib ich da rein. Einfach nur so. Pro
Jahr kommen so an die 300 bis 400 Ideen zusammen. Die geben noch
nicht viel her, die sagen noch nichts über die Umsetzbarkeit aus. Und
dann, wenn ich mein neues Sortiment machen muss, dann gehe ich her
und bediene mich der Ideen in diesem Buch. Hier zum Beispiel steht:
„Weihrauch-Schokolade" – mein Gott, was war das? Was habe ich mir
damals gedacht? Weihrauch? Manchmal mache ich mir auch eine No-
tiz dazu – oder hier: Parmesan, Ginseng und Erdnuss. Und dann wird
die Idee breiter und bekommt Substanz. Ich gehe dann her und mache
ein Rezept, und dann wird eine neue Schokoladensorte draus.

Jede Schokoladensorte hat ihr eigenes Leben, ihre eigene Struktur,
ihre eigene Konsistenz und schmeckt anders, und das ist mir wichtig.
Ich werde auch kritisiert und bekomme böse Mails: Einer schrieb mir,
dass ich einen Psychiater brauche, weil das so was von irr ist, was er
gegessen hat: Es war eine Schweinsgrammel-Schokolade. Und er war
Vegetarier und hat das mit den Grammeln vorher nicht gewusst! Wenn
so etwas passiert, dann weiß ich, man reizt irgendetwas. Ich werde lie-

ber geliebt oder gehasst, ich mag nicht ein bisschen geliebt werden, das taugt mir nicht.

Ich möchte, dass in den Produkten Zotter drinnen ist, wenn Zotter draufsteht, das ist die Seele des Produkts. Ich kann mich nur dadurch abheben, dass ich mich so viel als möglich auf meine Idee fokussiere. Ich lasse mich sonst von nichts beeinflussen. Das ist das Geheimnis von Zotter. Fokus, nicht links, nicht rechts schauen und sich nicht davon beeinflussen lassen, was die Konkurrenz macht. Wenn man sich mit der Konkurrenz beschäftigt, ist das verlorenes Hirnschmalz. Es ist doch viel sinnvoller, sich um das Produkt zu kümmern und sich zu fragen: Wie kann ich mich abheben und wie kann ich anders sein – als seine Zeit mit der Konkurrenz zu verschleudern.

Denn der Mitbewerb geht meistens her und sagt: Was macht dieser und jener und das mache ich jetzt auch. Ich schaue mir irrsinnig viele Produkte an und habe auch alle Schokoladen hier, die es vom Mitbewerb gibt, aber ich habe sie nur deswegen da, um nicht noch einmal dasselbe zu machen, sondern um zu sagen: Okay, das gibt es schon, das brauche ich jetzt nicht mehr zu machen. Die meisten machen das verkehrt, die schauen sich nur andere Betriebe an und sagen, Wahnsinn, hast du den Ablauf schon gesehen, und machen das dann nach.

Wir haben jeden Tag 500 bis 600 Leute hier, insgesamt 80.000 Besucher im Jahr, und bei unseren Führungen lassen wir die Leute alles miterleben. Bei uns kann jeder alles kopieren, wenn er will. Jeder kann unsere Abläufe abschauen. Aber der Geist, der lässt sich nicht kopieren. Das Know-how kann man nicht sehen, das ist woanders.

Verkostungskultur, so wie wir das praktizieren, gibt es in der Form nicht. Es gibt schon so Manufakturen, die das auch machen, aber das sind immer nur Schaubetriebe. Da geistern dann zwei blütenweiße Menschen herum und machen alles richtig. Ich habe gesagt: Nein, das wollen wir nicht. Wir zeigen unseren Betrieb so, wie er ist. Und wenn dahinten ein Schokoladetopf umfällt, dann fällt er eben um. Von meinem Büro aus höre ich die Besucher oft schreien, wenn was passiert. Ich denk mir dann: Super, die Leute nehmen was mit, da passiert irgendetwas. Und im neuen Betrieb gehen wir noch einen Schritt weiter: Da kann man direkt in die Herstellung hineinwandern.

Ich plane nicht, wir haben keinen Business-Plan, obwohl wir große Investitionen machen. Ich musste jetzt einmal einen Business-Plan ma-

153

chen, weil ich ihn für was anderes gebraucht habe. Es war ein Horror für mich, weil ich mir sagte: Das sind ja alles Fiktionen, das kann alles sein, muss aber nicht. Es gibt halt nichts Fixes.

Ich bereite mich auf die Zukunft vor, indem ich jeden Tag daran arbeite, das Produkt zu verbessern, jeden Tag. Es gelingt mir aber nicht jeden Tag. Manchmal gibt es klarerweise auch Rückschritte. Aber wir bemühen uns zumindest, und ich glaube, wir sollten nicht in Jahren denken, sondern an morgen. Wenn Sie mich jetzt fragen, wo wird die Zotter-Schokolade in drei Jahren sein? Ich weiß es nicht! Ich kann das überhaupt nicht sagen, weil ich mich jeden Tag inspirieren lasse, und wenn ich heute eine Idee habe und mir denke, ab morgen gehe ich in eine andere Richtung, dann mache ich das einfach.

Man kann die Zukunft nicht vorhersagen, aber Trends gibt es schon, die spürt man. Als ich vor fünfzehn Jahren sagte, ich möchte Schokolade produzieren, weil ich sah, dass es nur mehr Massenprodukte gab, war das auch ein Trendforschen. Wenn heute einer sagt, wo gibt es denn noch Marktlücken, dann sage ich: Die Welt ist voll von Marktlücken, das ist wie eine Bienenwabe, so viele Löcher gibt es. Man kann natürlich auch Pech haben, das ist schon klar, aber die Chancen und Möglichkeiten überwiegen. Viele verwechseln Marktlücke mit Geld verdienen. Das sehe ich problematisch, wenn man das Geld Verdienen im Fokus hat, dann geht es in eine falsche Richtung. Ich habe noch nie an Geld Verdienen gedacht. Ich habe immer gesagt, ich möchte gute Produkte machen, ich möchte, dass die Menschen was von meinen Produkten haben, und diese Überzeugung ist letztendlich auch aufgegangen."

Auch wenn in dieser Geschichte Sepp Zotter im Mittelpunkt steht, so ist der Erfolg der Zotter-Schokoladen, wie er betont, auf seine Seilschaft mit seiner Frau Ulrike sowie dem Künstler Andreas Gratze, der die einzigartigen Verpackungen gestaltet, zurückzuführen. Dass er Verantwortung für das Ganze übernimmt zeigt die konsequente Produktion auf Basis fair gehandelter Rohstoffe, wie Kakao und Rohrzucker. Zotter-Schokoladen werden heute weltweit exportiert (www.zotter.at). Neben den unübersehbaren Fähigkeiten Sepp Zotters, *neu hinzuschauen, loszulassen und zu verzichten* sowie *Ziele kommen zu lassen*, ist er ein Paradebeispiel eines Unternehmers, der sein Spielfeld gefunden hat und einen sinnvollen Unterschied macht. Das merken Sie spätestens dann, wenn Sie die erste Schokolade von ihm probiert haben.

Philips Sound Solutions:
Von der Werksschließung zur
Weltmarktführung

Kurz nach dem Gespräch mit Sepp Zotter treffe ich in Wien Ernst Müllner. Er ist Generaldirektor der *Philips Sound Solutions* und hat es mit seiner Mannschaft geschafft, die meisten Handys, die heute am Markt sind, mit winzigkleinen Philips-Lautsprechern auszustatten. Die Chance ist hoch, dass sich auch in Ihrem Handy ein Philips-Lautsprecher befindet.

Es war Ende der 80er-Jahre, als Ernst Müllner als Manager des Geschäftsbereiches *Philips Magnetic Media* wiederholt Geschäftsreisen nach Hongkong machte. Während in Asien gerade die ersten Handys auf den Markt kamen, die man auch einstecken konnte, waren zu dieser Zeit bei uns die ersten Mobiltelefone schwere, unhandliche Koffertelefone. In Hongkong machte er bei Geschäftsessen wiederholt die Erfahrung, dass seine asiatischen Geschäftspartner nach dem Platznehmen gleich einem Ritual ihr Handy aus der Tasche zogen und es in Zeitlupe auf den Tisch legten, um dabei genau die Reaktion des Gegenübers zu beobachten. Sichtlich beeindruckt waren die meisten Europäer darauf erpicht, die Wunderdinge

Ernst Müllner und das Handy-lautsprecher-Modell „Pico"

155

einmal berühren zu dürfen. So auch Ernst Müllner. „Mir war sofort klar, dass da in Europa noch ein gewaltiger Handy-Boom einsetzen wird."

Etwa eineinhalb Jahre später wurde Ernst Müllner mit einer unangenehmen Aufgabe betraut. Man trat an ihn heran, die in Wien ansässige Lautsprechergruppe zu schließen. Das Werk machte vorher fast sieben Jahre hintereinander Verluste und die Konzernführung hatte sich entschlossen, den Standort dichtzumachen. Das Sortiment umfasste damals alle möglichen Lautsprecher für Radios, Stereoanlagen, Fernseher. Ernst Müllner verstand zwar die rationalen Argumente für die Werksschließung, hatte aber ein moralisches Problem mit der Exekutor-Rolle. Also bat er die Konzernführung um drei Monate Zeit, um den Bereich kennen lernen zu können. „Ich dachte mir, vielleicht gibt es ja eine Alternative zur Schließung, denn eine Schließung bedeutet ja immer auch eine Vernichtung von Kompetenz, und wenn eine Kompetenz einmal vernichtet ist, dann kommt sie nie mehr wieder. Zumindest in der Industrie ist das so sicher wie das Amen im Gebet", so Müllner.

Er bekam drei Monate Aufschub, um dann entweder mit der Schließung zu beginnen oder aber eine sinnvolle Alternative zu präsentieren und diese dann auch umzusetzen.

„Der Bereich Lautsprecher hatte seine Existenzberechtigung verloren und war auf der Suche nach einer neuen Strategie. Mir war zu dem Zeitpunkt aufgrund meiner Erlebnisse in Hongkong schon klar, dass da in der Telekommunikation etwas Gewaltiges auf uns zukommt. Unklar war, ob es in zwei, drei oder vielleicht in vier Jahren kommen würde. Aber dass es kommen würde, war klar.

Meine Strategie war, auch aus einer gewissen Not heraus und mangels anderer Alternativen, das Unternehmen auf diese kommende Technologie zu fokussieren. Unsere Entscheidung war, uns von den damaligen Produktsegmenten innerhalb von drei Jahren zu trennen und innerhalb dieser drei Jahre den Change in Kompetenz, Technologie und Produkt für eine neue Art von Applikationen, für Lautsprecher von Mobiltelefonen, zu schaffen. Wir brauchten damals ein optimistisches Szenario, um das Management von der eigentlich bereits getroffenen Entscheidung zur Schließung wieder umzustimmen. Im Nachhinein muss ich sagen, dass unsere Markteinschätzung, die wir damals für optimistisch hielten, deutlich zu konservativ war."

Mit dem Konzept für die Produktion von Lautsprechern für Mobiltelefone gelang es Ernst Müllner, weitere sechs Monate zu gewinnen. Obwohl noch nicht genau klar war, wie es gehen könnte, sagte ihm die eigene Überzeugung, „Der Markt wird kommen!", und die Vision lautete zuerst einfach vage, aber kraftvoll: „Da kommt etwas, und wir wollen dabei sein, wir wollen ganz zu Beginn dabei sein und auf die Kompetenzen, die wir haben, aufbauen und sie zeitgerecht weiterentwickeln, damit wir dann, wenn der Markt zu entstehen beginnt, schon mit tollen Produkten in diesen Markt reingehen können! Diese Vision hat uns unendlich viel Kraft gegeben!"

Die Ausgangsposition für die Innovation war damals alles andere als Zuversicht spendend: Die Lautsprechersparte von Philips hatte gerade einmal 0,5 % Weltmarktanteil in der Telekommunikation und bestand aus einer verunsicherten Organisation ohne Selbstvertrauen.

„Einmal sagte ein Mitarbeiter zu mir: ‚Wir wissen gar nicht, ob wir dir danken sollen, dass du dich so um den Weiterbestand des Unternehmens bemühst. Wir haben schon so einen langen Leidensweg hinter uns gebracht, und vielleicht wäre es gescheiter, jetzt endlich stopp! zu sagen und die Geschichte zu beenden.‘ Mir war klar, dass wir mit dieser Stimmung die Vision nicht realisieren konnten."

Dem Manager gelang es in unendlich vielen Einzelgesprächen mit Schlüsselleuten und in Gruppengesprächen dieses Vertrauen in die Zukunft wieder aufzubauen. „Ich habe versucht, die anderen mit meiner Überzeugung und Begeisterung anzustecken. Es ist mir gelungen, war aber sehr zeitintensiv."

Erklärter Anspruch Müllners war es, in den folgenden Jahren unter die Top 3 der Anbieter für Telekommunikationslösungen zu kommen. „Es war dabei nicht nur die Vision wichtig, es war entscheidend, auch den Weg dorthin aufzuzeigen. Wir haben definiert: Was ist unsere Competitive Edge, unsere Value Proposition? Wie muss unser Produktportfolio aussehen? Auch die Namensänderung war wichtig: von Philips Lautsprecher zu *Philips Sound Solutions*, weil es ja nicht mehr nur um Produkte und Komponenten, sondern um Lösungen ging, und das hat dann doch eine ziemliche Änderung im Mindset der Leute hervorgerufen."

Klar war für den neuen Geschäftsführer auch, dass die Produkte besser sein müssen als die der Mitbewerber, worin auch immer. Auf der Suche nach den kaufentscheidenden Kriterien stießen Müllner und seine Mitarbeiter auf die Kompetenz der Automatisierung, über die Philips im Unterschied zu sämtlichen Mitbewerbern verfügte. Auf dieser Kern-Kompetenz konnten sie aufbauen.

Müllner und sein Team entschieden sich, mit den Lautsprecher-Systemen für Handys ausschließlich auf Märkte mit hohem Volumenpotenzial zu setzen, sie hoben sich damit von den Mitbewerbern ab, welche mit einer hohen Diversifikation von Produkten auch kleine Märkte bedienten. Bereits vor fünfzehn Jahren begann *Philips Sound Solutions*

157

damit, Produktionseinheiten derart zu automatisieren, dass an keiner Stelle im Herstellungsprozess noch etwas per Hand gefertigt wird. Dieser hohe Automatisierungsgrad wird bis heute von keinem Mitbewerber erreicht.

Um weiter auf heute vorzugreifen: *Philips Sound Solutions* sind heute mit einem Drittel des Weltmarktanteils unangefochtener Weltmarktführer und der einzige noch verbliebene westliche Anbieter auf diesem Markt! Pro Jahr verlassen etwa 400 Millionen Produkte die Werke, die Hälfte davon wird in Peking hergestellt, die andere Hälfte in Wien. Um die vollautomatisierten Produktionsanlagen in Wien zu managen, die 200 Millionen Hightech-Handy-Lausprecher herstellen, sind 200 von insgesamt 370 Mitarbeitern notwendig. Die restlichen 170 Mitarbeiter arbeiten in den Bereichen Forschung und Entwicklung, Vertrieb und in der Administration. Wenn man die 200 Millionen Produkte pro Jahr auf die Arbeitsmethodik der asiatischen Mitarbeiter umlegt, so werden dort statt 200 unvorstellbare 14.000 bis 18.000 Personen für dieselbe Menge hergestellter Produkte gebraucht. Da menschliche Arbeit auch Fehler verursacht, ist die Vollautomatisierung Voraussetzung für höchste Qualität und wird dadurch zum zentralen Unterscheidungsmerkmal von *Philips Sound Solutions*.

Wie sehen nun die Zukunftsvorstellungen und Erfolgsvoraussetzungen von *Philips Sound Solutions* aus? Die erste Voraussetzung für den weiteren Erfolg in der Zukunft bestehe, so Müllner, in der Fähigkeit, das vermutliche Marktbedürfnis so einzuschätzen, dass genau diejenigen Produkte definiert werden, die dann vom Markt auch in großen Mengen benötigt werden. Eine enge Kooperation mit Lead-Kunden und gemeinsamen Technologie-Roadmaps ermöglicht diese Einschätzung. „Nur über diesen Weg verstehen wir, in welche Richtung die Entwicklung der Kunden geht. Wir zeigen unseren Lead-Kunden auf, was wir ihnen von der technischen Seite her ermöglichen können. Wir haben dabei die Faustregel, dass von einem neu entwickelten Produkt pro Jahr mindestens 80 bis 120 Millionen Stück produziert werden sollen."

Die zweite Voraussetzung für den nachhaltigen Erfolg sei, so Müllner, die Erhaltung und der Ausbau höchster Kompetenz in der Entwicklung der benötigten Fertigungstechnologie und der Fertigungsprozesse. Denn die jeweils benötigten Anlagen sind als solche nicht am Markt verfügbar. Das Automatisierungs-Know-how ist eine zentrale Kompetenz von *Phillips Sound Solutions*, gebaut werden die Anlagen von Partnern.

Den Weg in die Zukunft weisen neue Anwendungen auf der Basis der vorhandenen Kernkompetenzen. Headphones für Handys sind für *Philips Sound Solutions* ein Produktfeld der Zukunft, da ein Drittel der 2006 voraussichtlich verkauften Handys, das sind 850 bis 900 Millionen Handys, heute schon mit Headphones verkauft werden, die Tendenz ist steigend.

Müllner und sein Team planen auch, Ende 2006 Portable Sound Devices auf den Markt zu bringen. Portable Sound Devices sind aufklappbare Mini-Sound-Boxen, die mit 12 bis 16 eingebauten Lautsprechern für ein neues Klangerlebnis bei allen möglichen Geräten, vom MP3-Player bis zum Laptop, sorgen werden. Dort können jene Lautsprecher-Modelle weiterhin eingesetzt werden, die für heutige Handys mittlerweile zu groß sind.

Headphones und Portable Sound Devices sind zwei schöne Beispiele, dass sich bei der Fokussierung auf ein bestimmtes Kundenproblem die Innovations-Möglichkeiten in einem sich rasch verändernden Umfeld erweitern statt verengen können. (www.pssvie.com)

Bergsteigen und Managen auf hohem Niveau: Prof. Friedrich Macher

Prof. Friedrich Macher ist einer der wenigen Spitzenmanager und Lebensbergsteiger, der sowohl schwere alpine Touren im Vorstieg klettern als auch große Unternehmen zu Erfolgen führen konnte. Darüber hinaus etablierte an der Donau-Universität Krems einen MBA-Lehrgang, in dem er sein Wissen weitergibt. Seine beeindruckende Tourenliste weist über 1.400 schwere und zum Teil schwerste Klettertouren auf, darunter den Südgrat der Aiguille du Noire im Mont Blanc-Gebiet, im oberen 5. Grad, der Cengalopfeiler, im unteren 6. Grad, sowie die Fuori-Kante, im oberen 6. Grad, beide im Bergell. Sein beruflicher Aufstieg führte ihn von der Donau-Dampfschiff-Fahrts-Gesellschaft über die Geschäftsleitung der Digital Equipment Company (DEC) Österreich zur Kühne + Nagel AG, wo er nun als Vorstandsvorsitzender tätig ist.

Ich treffe Prof. Macher in seinem Büro in Wien, wo weder Bergpla-
kate noch persönliche Kletterfotos auf seine Bergleidenschaft hinweisen. Dafür hängen an den Wänden Auszeichnungen und Urkunden, die
Kühne + Nagel unter seiner Führung für außergewöhnliche Unterneh-
mensleistungen bekommen hat. Er sprüht vor Energie und wir starten
einen angeregten Dialog.

*Rainer Petek: Das Nordwand-Prinzip® soll Menschen und Unternehmen da-
bei unterstützen, mit dem Thema Ungewissheit umzugehen. Es geht auch
um die Frage, wie man auf unbekanntem Terrain neue Wege in die Zukunft
finden kann. Ich habe die Hypothese, dass die Werkzeuge, so auch der Plan,
die Kontrolle über das Handeln gewinnen, wenn man zu sehr an sie glaubt.
Ich glaube auch, dass, wenn man zu sehr auf ein Ziel fixiert ist, die Gefahr
sehr groß ist, unklug zu scheitern. Ich habe das auch im Prinzip Ziele kommen lassen thematisiert. Wie kann man aus Ihrer Sicht das Thema Planung
vom Bergsteigen auf das Management und vice versa übertragen?*

Friedrich Macher: In den dreißig Jahren, in denen ich mit der Führung
großer Unternehmen betraut war, erlebte ich oft, dass Planung fatal
enden kann, wenn man ein strategisches Ziel setzt und fanatisch den
Weg zum Ziel im Detail plant. Dieses zu deterministische Planen ist die
klassische Art wie Unternehmen ihre Budgets, ihre Pläne, ihre strategische Ausrichtungen machen, und es entspricht nicht dem Vorgehen
eines erfahrenen Bergsteigers. Ein erfahrener Bergsteiger weiß, dass
bei einer schwierigen Tour die Verhältnisse oft anders sind, als man es
zu Hause geplant hat. Ist die Situation vor Ort anders als gedacht, gibt
man als Bergsteiger sein Ziel – den Gipfel oder die Route zu durchsteigen – zunächst nicht auf, aber man klettert eine Variante der ursprünglichen Tour.

In unserer komplexen, dynamischen Welt ist eine deterministische
Vorausplanung ebenso unmöglich wie beim Bergsteigen. Daher sollte
ein Manager kreativ, flexibel und gleichermaßen pragmatisch nach geeigneten Wegen zum Ziel suchen.

Zum Thema Planung und Planungsannahmen fällt mir folgende
Geschichte ein: Ich plante mit Alfred Imitzer den Cengalo-Pfeiler zu
klettern. Wir lasen im Eisführer von Erich Vanis, dass der Abstieg über
die 60 Grad steile Cengalo-Eisrinne führt. Wir wussten, dass wir den
Schwierigkeiten gewachsen waren und beschlossen, durch die Eisrinne

Prof. Friedrich Macher beim Business-Vortrag und am Berg

abzusteigen. Als wir nach dem gelungenen Durchstieg der Tour dann in der Eisrinne ankamen, fanden wir allerdings kein Eis vor, sondern Matsch. Wir brachen ein, sind im Eismatsch halb ersoffen. Die Situation vor Ort war wirklich lebensbedrohend, wir mussten uns mühseligst hinunter kämpfen.

Rückblickend betrachtet gerieten wir nur deshalb in diese bedrohliche Situation, weil wir nicht bedacht hatten, dass der Vanis-Eisführer schon über zehn Jahre alt war und sich die Eisrinne in dieser Zeit massiv verändert hatte. Das war ein Schlüsselerlebnis für mich, wo ich dann sage: Nie wieder.

Stichwort Neuland: Viele Unternehmen sind heute gezwungen, neue Wege zu beschreiten. Entweder weil die alten Rezepte nicht mehr funktionieren oder einfach um sich von den Mitbewerbern abzuheben. Nun beobachte ich, dass viele dabei versuchen die Ungewissheit auf dem unbekannten Terrain durch lineare Planung in den Griff zu bekommen. Wie Ihre Geschichte von der Cengalo-Eisrinne zeigt, ist dies jedoch niemals möglich. Die Planung führt oft dazu, dass diese Unternehmen sich von der Umwelt abkoppeln, von den Risiken und Chancen und irgendwann Probleme bekommen. Ich nenne das die Planungs-Falle. Wie sehen Sie das?

Eine Planung unter bestimmten Annahmen 1:1 umsetzen zu wollen, ist im Komplexitätsmanagement nicht möglich, weil ein komplexes System sich an manchen Bifurkationen, das sind chaotische Verzweigungen, wirklich unberechenbar verändert.

Wenn ich ein großes Veränderungs- oder Innovationsprojekt deterministisch plane und dem Team nicht die Möglichkeiten lasse, sich selbst an geänderte Bedingungen anzupassen, dann kommen wir nie zu dem Ziel, das wir eigentlich erreichen wollten.

Ich unterrichte an der Donau-Uni Krems und gebe meinen MBA-Teilnehmern immer mit, dass jeder bestimmte Zustand eines Systems das Ergebnis menschlichen Handelns, aber nicht menschlicher Absicht ist. Was meine ich damit? Wenn ich beispielsweise am 31.12. eine Bilanzpressekonferenz abhalte und ein insgesamt sehr gutes Ergebnis präsentieren kann, dann weiß ich genau, dass es beispielsweise drei Bereiche oder Projekte gibt, die schlechter liefen als geplant, und zum Glück von beispielsweise sieben anderen überkompensiert wurden, die besser liefen als geplant. Das heißt, die Situation am Stichtag 31.12. ist das Ergebnis menschlichen Handelns und nicht menschlicher Absicht. Das Unternehmen, das sich am 31.12. präsentiert, ist niemals so, wie man es sich ein Jahr vorher vorgestellt hat.

Beim Bergsteigen ist das genauso: Wir planten den Durchstieg des Noire-Südgrats, einer großen Tour, und wussten, dass diese nur wenig begangen wird. Wir nahmen daher an, wir würden allein in der Route sein und könnten seilfrei gehen. Womit wir nicht gerechnet hatten war, dass wir von einer Seilschaft überholt wurden, die ein Ausrüstungs-Depot am Gipfel angelegt hatte und aufgrund des minimalen Gepäcks viel schneller war als wir. Diese Seilschaft warf viele Steine herunter, weshalb wir uns anseilen mussten und nicht so schnell klettern konnten wie geplant. Die Folge davon war ein Biwak in der Wand, in einer sehr kalten Nacht und mit wenig Wasser. Es ist zum Glück nichts passiert, aber wir hatten nicht damit gerechnet und es war ziemlich unangenehm.

Wenn Sie also auch der Meinung sind, dass Pläne und Rezepte nicht mehr funktionieren, wie bereiten Sie sich dann mit Ihrem Management-Team auf die Zukunft vor?

In den 80er-Jahren glaubte man, Planen sei *Probehandeln*. Das heißt, ich verwende eine Szenario- oder Portfoliotechnik, denke einmal im Jahr intensiv über meinen Plan nach, lehne mich dann zurück und realisiere meinen Plan. Doch diese Zeiten sind vorbei. Was wir heute brauchen, ist *Probedenken*: Wir setzen uns jedes Jahr eine Woche lang mit der Führungsmannschaft zusammen und schauen, wo es Möglichkeiten gibt, wo die Chancen liegen, was wir für unsere Aktionäre tun müssen. Dann überlegen wir gemeinsam: Wie würden wir dieses oder jenes machen, falls sich die Möglichkeiten ergeben.

Wenn sich dann während des Jahres eine Chance ergibt, ist es nicht mehr notwendig, dass mich ein Bereichsdirektor oder Landeschef fragt, was zu tun ist, weil jeder weiß, das passt zu unseren Zielen, das mache ich und dann berichte ich. Mit dieser Vorgangsweise sind wir um Monate schneller als der Wettbewerb und wir können Chancen auch in einem sehr kleinen *Window of Opportunity* nutzen.

Kann man es so sagen: Am Ende so einer Woche steht keine To-do-Liste, sondern eher eine Could-do-Liste?

Ja, so kann man das sagen. Man muss den Mitarbeitern Spielräume geben, man muss sie ausprobieren lassen, aber man muss auch kontrollieren, sich Ideen und Projekte gemeinsam ansehen und schauen, ob es im schlimmsten Fall noch einen Fluchtweg gibt. Man darf nicht alles auf eine Karte setzen und Hurra schreien.

Mir stellt sich die Frage nach der Rückkopplung, der Außen-Wahrnehmung, die Systeme und Menschen brauchen. Meiner Ansicht nach führt lineare Planung zu starker Innenorientierung, und die halte ich für gefährlich. Ich zeige zu starke Ziel- und Innenorientierung am Beispiel meines Absturzes in der Les Courtes-Nordwand auf. Das führt mich zur Frage nach angemessenem Risikomanagement.

Ich beobachte, dass bei Unternehmen vielfach eine Selbstüberschätzung oder die Unfähigkeit, die reale Situation einzuschätzen, zu Krisen oder Konkursen führt. Beim Bergsteigen ist das ähnlich: Schätzt ein Bergsteiger die Situation nicht mehr richtig ein, oder ist er nicht mehr in der Lage rückzukoppeln und zu erkennen, dass die objektiven Verhältnisse anders als geplant sind, kann dieses Verhalten auch mit einem Absturz enden.

Einige meiner Bergkameraden leben nicht mehr, die meisten davon waren hochtrainiert. Sie gingen mit folgender Einstellung an schwere Touren heran: „Ich bin gut trainiert, ich bin sicher, dass ich die Tour schaffe – egal, was kommt, ich ziehe das durch." Ein erfahrener Berg-

163

steiger hingegen sagt sich Folgendes: „Ich bin gut vorbereitet, ich bin sicher, dass ich die Tour schaffe – aber wenn etwas Außerordentliches passiert, dann kehre ich um, vielleicht sind die Bedingungen nächste Woche oder im nächsten Jahr besser, dann mache ich die Tour."

Ein gutes Risikomanagement zeichnet sich außerdem dadurch aus, dass immer Reserven für Notfälle vorhanden sind. Das trifft auf das Risikomanagement im Unternehmen ebenso zu wie auf das Risikomanagement bei einer Bergtour: Als Bergsteiger weiß man, dass man immer eine Reserve haben muss. Es ist selbstverständlich, dass man den letzten Rest Wasser in der Flasche nicht austrinkt, wenn das Risiko besteht, dass man in die Nacht kommt und biwakieren muss. Ebenso ist es für Unternehmen wichtig, eine bestimmte Reserve für Notfälle zu haben.

Management und Bergsteigen sind zwei unterschiedliche Kontexte und die Erfahrungen sind nicht 1:1 übertragbar. Aber trotzdem möchte ich Sie fragen: Was sehen Sie als Grundlagen des Erfolgs, einerseits beim Managen und andererseits beim Bergsteigen?

Wie beim Bergsteigen ist es in Unternehmen wichtig, gezielt Erfolgsvoraussetzungen zu schaffen. Eines der Konzepte, mit denen ich seit ungefähr zwanzig Jahren sehr, sehr erfolgreich bin, ist das Total Quality Management. An dem Grundsatzmodell gefällt mir so gut, dass es nicht nur die Ergebnisse misst, sondern auch die Erfolgsvoraussetzungen. Das bedeutet, dass ich zuerst die Voraussetzungen, also die Capabilities, für den Erfolg schaffen muss. Das bedeutet, dass ich, bevor der Erfolg kommt, zuerst mit meiner Mannschaft trainieren muss.

Dies erfuhr ich bereits in der Computerindustrie, wo ich recht erfolgreich war. DEC war sehr ausbildungsorientiert, als Generaldirektor führte ich diese Philosophie dann weiter, ebenso wie bei meiner ersten Aufgabe hier, der Sanierung von Kühne + Nagel Österreich.

Ich beschäftige mich im Nordwand-Prinzip® auch mit der Frage, wie außergewöhnliche Leistungen entstehen können. Meiner Meinung nach sind außergewöhnliche Leistungen eine Frage souveräner Meisterschaft, die aber nicht nur aus purer Anstrengung entsteht, sondern die auch das spielerische Element und das Relaxen braucht.

Ich glaube auch, dass Manager und Bergsteiger regelmäßig Auszeiten brauchen, um ihr Tun zu reflektieren, wenn sie nachhaltig „im Geschäft bleiben wollen". Beim Zustandekommen außergewöhnlicher Leistungen orientiere ich mich an dem Schumpeter-Prinzip. Dieses besagt, dass nicht der erfolgreich ist, der den Gewinn am intensivsten anstrebt, sondern der, der die Ressourcen am kreativsten kombiniert.

Ich konnte sehr große und schwere Touren aufgrund der Summe meiner Leistungsfähigkeit erfolgreich durchsteigen, auch wenn ich nicht der beste Kletterer bin. Bei der einen oder anderen Erstbegehung im Dachstein oder bei frühen Zweitbegehungen von schlecht abgesicherten Touren kletterte ich oft mit klettertechnisch wesentlich besseren Partnern. Schlecht abgesicherte Stellen oder schwere Seillängen stieg dann trotzdem ich vor, obwohl der jeweilige Partner besser kletterte. Eine wesentliche Erfahrung für mich beim Bergsteigen war daher, dass nur die Kombination aller Fähigkeiten – Kraft, mentale Stärke, technische Fähigkeiten – die Gesamtleistung ausmacht. Man muss eine Gesamtleistung erbringen, um erfolgreich zu sein, und nicht eine Spitzenleistung in einem Bereich.

Im Nordwand-Prinzip® zeige ich unter anderem auf, dass wir uns bei schwer durchschaubaren Problemen durch intelligentes Experimentieren einer Lösung besser nähern, als durch das traditionelle zuerst Denken, dann Handeln. Manchmal bekommt man die entscheidenden Erkenntnisse erst dadurch, dass man sich bewusst entschließt, einen kleinen Fehler zu riskieren, um so den Erfolg im Großen zu ermöglichen. Ich nenne das Kluges Scheitern.

Dazu fällt mir folgende Geschichte ein: Beim Klettern im Elbsandstein kamen mein Partner und ich zu einem Überhang, aus dem ungewöhnliche Pilze

Friedrich Macher, oben im Vorstieg in Reif für die Insel (VI) in der Hochschwab-Südwand, unten in Luna Nascente (VII) im Val di Mello

herausragten. Bei solch außergewöhnlichen Gesteinsformen weiß man nicht, wie sich das Ding verhalten wird, das löst Unsicherheit aus. Obwohl mein Partner der bessere Kletterer war und obwohl er zum Führen dran gewesen wäre, hat er gezögert, als er die Pilze sah. Ich bin diese Stelle dann experimentell angegangen, habe ausprobiert, wie sich so ein Ding verhält, wenn man dran reißt oder draufschlägt. Durch das experimentelle Vorgehen gewann ich Sicherheit und sah: Die Pilze sind fest, sie halten der Belastung stand, es ist auch möglich, eine Sicherungsschlinge knapp am Felsen zu platzieren. So kletterte ich, mich langsam vortastend, weiter und konnte diese Stelle bewältigen.

Was heißt das für Sie „Übertragen auf das Management"?

Man muss probieren und Räume zulassen, in denen man sich bewegen kann. Wenn ich diese Überlegung auf das Chancen-Management übertrage, heißt das, dass ich mich auf die Chancen konzentrieren muss. Wenn Sie sich das SWOT-Diagramm anschauen, dann konzentrieren sich „schlechte" Manager nur darauf, Schwachstellen abzubauen und nur ja keine Risiken einzugehen. Sie vernachlässigen den wichtigsten Quadranten: die Chancen. Dieser Fokus spiegelt sich auch in der Literatur. Zum Thema Risikomanagement und Krisenmanagement finden Sie laufmeterweise Literatur, zum Thema Chancenmanagement gibt es hingegen nur sehr wenig.

Ich stimme da voll mit Ihnen überein, dass auf die Chancen zumeist zu wenig Augenmerk gelegt wird. Teilweise stoße ich auf volle Absicherungs- und Vollkaskomentalität. Wir brauchen aber einen stärkeren Fokus auf die Möglichkeiten. Es ist wichtig, die Augen offen zu halten, Situationspotenziale zu erkennen und zu nutzen, wenn man neue Wege gehen will.

Ja natürlich, ich möchte hier ein Beispiel für das Denken in Chancen geben: Wir hatten die Idee, mit einem eigenen Shuttlezug Enns und den Rotterdamer Hafen zu verbinden – den Rotterdamer Hafen hatte in Österreich vorher nie jemand nennenswert benutzt –, und aus der Badner Bahn ein Eisenbahnunternehmen zu machen, das diesen Shuttlezug unterstützt. Zu Beginn wurde das Projekt von außen äußerst kritisch betrachtet, aber am Ende konnten wir dadurch unsere marktführende Position ausbauen. Die Badner Bahn fährt zwischenzeitlich zwei- bis viermal die Woche für unseren Shuttlezug von Enns nach Rotterdam. Das ist Chancenmanagement.

Aber da muss man zuerst ausprobieren: Kann die Badner Bahn das überhaupt? Hat sie die Fähigkeit, sich die Voraussetzungen zu schaffen? Sich so zu entwickeln? Wie viel Zeit braucht sie dazu? Geht der Markt überhaupt auf? Funktioniert der Shuttle-Train? Da muss man experimentieren, mit ungewissem Ausgang.

Im Zusammenhang mit Chancenorientierung haben Sie in einem Vortrag den Begriff der „Effizienz-Divergenz" verwendet. Was meinen Sie damit?

Wenn ich als Mensch oder als Organisation eine große Vision verfolge und sich die Rahmenbedingungen wesentlich verändern, muss ich flexibel darauf reagieren können und mir zwei oder drei Alternativen zum ursprünglichen Plan überlegen, ohne meine Vision fallen zu lassen. Um mich unter geänderten Rahmenbedingungen weiterbewegen zu können, brauche ich Dispositionsspielraum zum Handeln, wie freies Budget und wenig Fixkosten. Ich muss sehr schnell und reaktionsstark sein, denn das Window of Opportunity ist ja zumeist sehr klein. Nur so bin ich in der Lage, neue Chancen, die ich zu Beginn der Planung gar nicht sehen konnte, die aber grundsätzlich zu meiner Vision passen, schnell zu ergreifen.

Das heißt aber auch, dass ich meinen Mitarbeitern Freiräume zur Selbstorganisation lassen muss. In Bezug auf Selbstorganisation konnte ich einiges vom Bergführer Rosifka Toni lernen. Der Toni zeigte mir, wie man die Grundkurs-Teilnehmer von Hochalpin-Kursen „geländegängig" macht. Wir gingen mit den Teilnehmern ins Kar, und er erklärte mir, dass man die Teilnehmer nur ausprobieren, herumgehen und in Absprunghöhe klettern lassen müsse. Ich sah, wie die Leute mit einer Freude herumstiegen, und dass auch die, die das erste Mal kletterten, sich nach einigen Stunden schon sehr geschickt im Fels bewegen konnten.

Heute weiß ich bei jedem Kursteilnehmer, der das erste Mal kommt, ob er vorher schon gehen lernte oder nicht, nämlich gehen mit Freiraum. Auch im Unternehmen heißt Selbstorganisation: Freiräume geben, Bandbreiten für Entwicklungen zeigen und dann einfach ausprobieren lassen.

Wie erklären Sie sich, dass trotz der augenscheinlichen Überlegenheit dynamischer und zirkulärer Vorgehensweisen die starren und linearen Ansätze noch immer so verbreitet sind?

Für mich ist das eine Mindset-Frage. Ich bräuchte auch kein Budget, weder für die Führung von Kühne + Nagel Österreich noch für die Führung der ganzen Region Südosteuropa, weil ich mit flexiblen Werkzeugen wie rolling forecast, feed-back-feed-forward, kybernetischen Regelschleifen genauso zum Erfolg steuern kann. Aber das Budget ist die Sprache der Aktionäre, die Sprache des Konzerns und die Sprache der Banken. Es ist eine Sprache, die da ist und darin sind viele Denkmuster enthalten. Diese Denkmuster kommen aus einer Zeit vor dem Wissen über das Verhalten komplexer Systeme.

In diesen Denkmustern geht es immer um Stabilität; wie in der Volkswirtschaft, wo immer noch die Stabilität zwischen Wachstum, Inflation und Beschäftigung gesucht wird. Aber in der Natur gibt es keine stabilen Systeme, stabile Systeme sind die Ausnahme, oder wenn etwas stabil ist, dann ist es tot. (lacht) Wenn ich dieses Bewegliche der Organisation so aufstellen will, dass ich neue Chancen schnell und wirksam adressieren kann, dann darf ich nicht alle Ressourcen woanders eingesetzt haben. Das heißt, ich darf mich nicht auf ein konkretes Ziel und auf einen bestimmten Weg dorthin fixiert haben.

Sie haben einen sehr interessanten Karriereweg hinter sich: Vom Schiffsoffizier zum Firmenlenker. Sie strahlen Freude, Begeisterung, Energie aus, wenn Sie über Ihre Tätigkeit sprechen. Ich beschäftige mich im Prinzip Finden Sie Ihr Spielfeld mit der Frage, wie Menschen ihr optimales Wirkungsfeld finden. Sie haben es augenscheinlich gefunden. Wie ist Ihr Weg dorthin verlaufen?

Ich hatte immer Freiräume, die ich natürlich sofort mit Freude und Interesse ausfüllte. Bis ich selbst zu lehren begann, bildete ich mich ständig weiter, besuchte Lehrgänge und Seminare und las sehr viel. Ich hatte immer Mentoren, wusste, da ist die Pflicht und dort habe ich meinen Raum für die Kür. Diese Freiräume hatte ich auch in der Computerindustrie, wo ich gegen die vermeintliche Best Practice handelte und damit reüssierte.

Ich kann meinen Karrierepfad, jetzt bei Kühne + Nagel und vorher bei DEC, mit einem ausgesetzten Grat im 5. Schwierigkeitsgrad vergleichen: Jetzt stehe ich hier heroben und es ist super. Aber wenn ich hinunter schaue, dann weiß ich genau, dass ich unterwegs Bauchweh bekam, weil es oft auch sehr luftig war. Ich hatte kein Seil mit, wusste nicht, wie ich an einer Stelle weiterkommen sollte und überlegte: Gehe ich jetzt noch weiter oder nicht? Dann nahm ich den Karabiner, hängte ihn in einen Haken und hielt mich daran an.

Was ich damit sagen will ist, dass eine Karriere nicht mit einem Normalweg vergleichbar ist, wo ich einfach darüber renne, mit kurzer Hose und ohne Ausrüstung. Sie ist wie eine ausgesetzte Tour. Und wenn man ehrlich zu sich ist, dann muss man sagen: Dort hätte es bei der Karriere auch schief gehen können, aber da hatte ich halt Glück. Manchmal musste ich in einem Experimentierfeld viel riskieren. Hätte da einer aus der Konzern-Leitung noch vor dem Eintreten des Erfolgs die Notbremse gezogen, hätte es leicht passieren können, dass ich wie der Trottel des Jahrhunderts dagestanden wäre.

Von außen sieht man nur Folgendes: super Karriere, Kühne + Nagel Österreich, das vorher fünfzehn Jahre in den roten Zahlen war, saniert, Best Practice daraus gemacht, Zentral- und Südeuropa übernommen, alles ist super verlaufen, es ist immer nur aufwärts gegangen. Doch wenn ich ehrlich bin, sage ich: Es ist nicht immer nur aufwärts gegangen. Sonst bin ich wie ein hybrider Bergsteiger, der meint: Ich komme schon überall hinauf.

Und wenn man sich anschaut, wie viele Manager des Jahres ein Jahr danach „abgestürzt" sind – ich verwende hier bewusst die Bergsteigerformulierung –, dann weiß man, dass nicht nur der Aufstieg, sondern auch der sichere Abstieg wichtig ist.

Ich bin vor Jahren über den Mittellegi-Grat, einer anspruchsvollen Tour, auf den Eiger gestiegen. Am meisten Respekt hatte ich vor dem Abstieg und habe mich gefreut, als ich eine Abseilpiste fand. Als Bergsteiger weiß man: Nicht am Gipfel jubeln, sondern sagen, okay, jetzt muss ich was essen und was trinken, und ich juble erst, wenn ich zurück in der sicheren Basis bin.

Herr Professor Macher, ich danke Ihnen für das Gespräch!

6. Prinzip: Kluges Scheitern

„Ever try. Ever fail. No matter.
Try again. Fail again. Fail better.“

Samuel Beckett

Beim Prinzip des „Klugen Scheiterns" geht es darum zu erkennen, dass sich oft mit klugen, risikoarmen Experimenten im Kleinen jene Erkenntnisse gewinnen lassen, die für den Erfolg im Großen notwendig sind. Das obige Zitat des Schriftstellers Samuel Beckett ist eine Aufforderung zum Versuchen und Experimentieren und ein Aufruf dazu, sich vom Risiko des etwaigen Scheiterns nicht abhalten zu lassen.

Anhand meiner Erfahrungen beim Sportklettern zeige ich auf, was Durchbruchprojekte für die gesamte Leistungsfähigkeit bewirken können. So wie ich beim Sportklettern ein Feld zum gefahrlosen und risikoarmen Experimentieren gefunden hatte, um an der Grenze meines Könnens die Leistungsfähigkeit rasch zu verbessern, so stellt für Unternehmen das rasche Prototyping einen ähnlichen Rahmen dar. Statt detailliertem Planen und statt alles auf eine Karte zu setzen, empfehle ich rasches Handeln und Experimentieren, das Kluges Scheitern erstens mit einkalkuliert und zweitens für Erkenntnisse nützt. Sowohl der Einzelne als auch Unternehmen können durch Prototyping in der Entwicklung neuer Angebote, Produkte und Dienstleistungen echte Durchbrüche erzielen.

Der Autor beim Sportklettern im 9. Schwierigkeitsgrad

Durchbruchprojekt 9. Grad

Ich habe mich also entschieden, meinen beruflichen Schwerpunkt im Sommer auf das Führen von extremen Kletterrouten zu verlagern. Das heißt jetzt zweierlei für mich: Einerseits in das Klettertraining zu investieren, andererseits auf das Führen von Normalwegen zu verzichten.

Schritt eins ist mein bewusstes Nein zu Normalwegen. Alleine die Anzahl der jährlichen Großglockner-Normalweg-Führungen reduziere ich dadurch von durchschnittlich zehn bis zwölf auf ein bis zwei pro Jahr. Ebenso verhalte ich mich zu den Anfragen für Hochtouren-Führungen in den Westalpen: Hin und wieder auf den Mont Blanc, gut, alle anderen Anfragen vermittle ich konsequent weiter. Dieses Verzichten bedeutet in der ersten Phase natürlich auch den Verzicht auf Einkommen, aber ich spüre, dass für das Umsetzen meiner Vision einige kurzfristige Opfer notwendig sind. Der Verzicht bringt mir vor allem Zeit, meine künftig benötigten Kompetenzen aufzubauen.

Die erste Frage, die ich mir stelle, ist: Welche Fähigkeiten brauche ich, um die großen, extremen Alpin-Kletterrouten im 5., 6. und möglicherweise unteren 7. Schwierigkeitsgrad verantwortungsvoll führen zu können? Meine Antwort darauf ist: Um so schwierige Routen mit Kunden klettern zu können, muss ich den Anforderungen dieser schweren Routen nicht nur gewachsen sein, sondern auch über Sicherheitsreserven verfügen, sonst ist es nicht zu verantworten, Kunden in diese extreme Welt mitzunehmen. Ein solches Sicherheitspolster kann beim Klettern in alpinen Wänden nicht durch ein Mehr an Haken und Seilen erzielt werden, sondern nur durch überlegenes Können. Meine Vision verlangt von mir, mein Kletterlimit nach oben zu verschieben.

Zur selben Zeit beginnt sich neben dem alpinen Klettern eine zweite Disziplin des Kletterns zu etablieren: Die Welle des Sportkletterns schwappt Anfang der 80er-Jahre aus den USA nach Europa und beginnt hier langsam Fuß zu fassen. Sportklettern bedeutet nichts anderes, als unter besten Bedingungen höchste Schwierigkeiten im Fels zu klettern und dabei nach strengen Regeln die Haken ausnahmslos zur Sicherung und niemals zur Fortbewegung zu nutzen.

Sportklettern findet damit üblicherweise in talnahen, eher kürzeren Felswänden statt, die Klettergärten genannt werden. Ein wesentlicher Aspekt des Sportkletterns ist eine relative Gefahrlosigkeit, die durch optimale Absicherung der Routen mit Bohrhaken erreicht wird. Unter sicheren Rahmenbedingungen kann so jeder sein persönliches Limit im Klettern risikolos nach oben verschieben. Damit verschiebt sich natürlich auch das Kletterlimit im Allgemeinen.

Während die relative Gefahrlosigkeit und das spielerische Element das Sportklettern charakterisieren, stellen Ernsthaftigkeit und Gefahr zentrale Faktoren des alpinen Kletterns dar. Spannenderweise spaltet die Entwicklung in der ersten Zeit die Kletterer in zwei Lager: in die „Alpinen" und die „Klettergärtler" oder eben Sportkletterer. Nachdem mein Zugang zum Klettern sehr stark durch das Bergsteigen und das Milieu der Alpinkletterer geprägt ist, erkenne ich die Möglichkeiten, die im Sportklettern liegen, zuerst nicht. Ich habe typische blinde Flecken ausgebildet, aber die geschäftliche Notwendigkeit, mein Kletterkönnen rapide zu verbessern, zwingt mich, *neu hinzuschauen.*

Ich nehme mir zwei Schritte für den Leistungsaufbau vor: Im ersten Schritt will ich über das Sportklettern ohne Gefahr einen neuen persönlichen Leistungslevel erreichen, im zweiten Schritt will ich den Leistungszuwachs verantwortungsvoll in das ernstere, alpine Umfeld übertragen.

Um die extremen Alpin-Kletterrouten mit Kunden verantwortungsvoll durchsteigen zu können, wird es notwendig sein, zwei Schwierigkeitsgrade schwerer als benötigt klettern zu können. Dafür ist nicht nur das entsprechende, objektive Kletterkönnen nötig, sondern auch die mentale Stärke: Ich will im Bewusstsein führen, bereits zwei Schwierigkeitsgrade schwerer, als es eine extreme Führungstour erfordert, erfolgreich geklettert zu sein. Für Führungen im 6. und 7. Schwierigkeitsgrad in einer Alpenwand würden mir die Fähigkeiten, die ein 9. Grad im Sportklettern verlangt, beruhigende Reserven geben. Die Rechnung ist im Grunde einfach, die Umsetzung ist etwas härter.

Wenn Sportkletterer sich eine besonders schwierige Route vornehmen, mit der sie in einen neuen Schwierigkeitsbereich vordringen wollen, nennen sie das im Kletterjargon ein „Projekt". Man sucht sich dazu in einem Klettergarten eine Sportkletterroute, deren Schwierigkeit momentan noch weit über der persönlichen Leistungsgrenze liegt. Dann versucht man diese, in einem Stück durchzuklettern, ohne zu rasten oder zu stürzen. Dazu sind meist viele Versuche notwendig. Durch das systematische Experimentieren und Scheitern an der Leistungsgrenze wird diese nach oben verschoben und so das vorher Unmögliche machbar.

Wenn man Unbedarften dann erzählt, dass man für das erfolgreiche Durchklettern von zwölf oder zwanzig Metern Fels eineinhalb Jahre gebraucht hat, erntet man zunächst Unverständnis. Für Sportkletterer ist so etwas aber völlig normal, denn beim Sportklettern geht es genau darum: das Kletterkönnen von Projekt zu Projekt zu steigern.

Ich suche mir also auch ein Projekt, das zwölf Meter hoch ist und aus wunderschöner überhängender Kletterei an kleinsten Leisten und Löchern besteht. Bei den ersten zaghaften Versuchen im Herbst habe ich keine Chance und komme nur bis zur Wandmitte.

Im Winter beginne ich mit systematischem Training. Es geht um die gezielte Stärkung der Finger- und Unterarmmuskulatur. Die harte und gezielte Arbeit über den Winter sorgt im Frühjahr für den nötigen Kraftzuwachs. Als ich im nächsten Frühjahr die ersten Begehungsversuche starte, komme ich mit mehrmaligem Rasten in den Haken zwar bis zum Ausstieg, aber von einer durchgehenden und sturzfreien Begehung bin ich noch meilenweit entfernt. Unzählige Male gehe ich an den Fels, um die Route immer und immer wieder zu versuchen. Nach den ersten Forschritten pendle ich mich dabei ein, es mit zweimal Rasten zu schaffen, werde aber nicht mehr besser.

Aus meiner Einschätzung gibt es dafür zwei Gründe: Zum einen habe ich nun zwar die nötige Kraft für die einzelnen Kletterstellen, aber ich bin für eine zusammenhängende Begehung zu schwer. Ich muss also systematisch Gewicht reduzieren und meinen Körper einem radikalen Downsizing-Programm unterziehen.

Der zweite Grund ist mentaler Natur: Als alpiner Felskletterer habe ich ein Überlebensmuster ausgebildet, das lautet: „Niemals stürzen, klettere immer mit Reserven!" Dieses mentale Muster ist in alpinen Wänden durchaus sinnvoll, behindert mich jetzt jedoch. Beim Sportklettern im Klettergarten unter optimalen Rahmenbedingungen ist es im Gegensatz zum Alpinen Klettern nicht nur erlaubt zu stürzen, sondern für das tatsächliche Verschieben der persönlichen Leistungsgrenzen sogar unbedingt notwendig. Genau dieses Muster muss ich jetzt überwinden.

Stürzen ist beim Sportklettern Routine, der Weg zum Erfolg führt über das Scheitern. Wichtig ist es, unverkrampft mit unterschiedlichen

Bewegungskombinationen zu experimentieren und so die ökonomischste Klettervariante herauszufinden.

Es dauert lange, bis ich mein altes Muster „Niemals stürzen, klettere immer mit Reserven!" durchbrechen und durch das neue Muster „Gib alles und noch mehr, und wenn du stürzt, versuchst du es halt wieder!" ersetzten kann. Ich beginne damit, dass ich mich in leichteren Touren einem Sturztraining unterziehe: Das heißt, dass ich bewusst aus der Wand ins Seil springe. Bei den ersten Absprüngen zieht sich mein Magen zusammen und es stellt mir die Haare auf. Nach und nach gewöhne ich mich ein bisschen daran, doch ein Stück Restspannung bleibt immer.

Ich mache so die Erfahrung, dass ein Sturz im Klettergarten keine große Gefahr darstellt. Rein rational und logisch war mir das ohnehin schon vorher klar, denn aufgrund der kurzen Hakenabstände von durchschnittlich zwei bis drei Metern stürze ich maximal vier bis sechs Meter. Und weil die extremen Sportkletterrouten zumeist senkrecht oder überhängend sind, fliege ich ausnahmslos ins Leere, schlage nicht am Fels an und bleibe unverletzt.

Was mir zuerst nur rational bewusst war, begreife ich nun auch emotional und körperlich, nämlich dass das Stürzen keine fatalen Konsequenzen nach sich zieht. So gelingt es mir, mein hinderliches mentales Muster zu durchbrechen.

Indem ich diese Blockade überwinde, eröffnet sich mir ein völlig neuer Erfahrungsraum. Ich merke plötzlich, welch unglaubliche Fortschritte möglich sind, nachdem sich durch das Lockern meiner mentalen Handbremse mein Aktionsradius erweitert hat. Jenseits der Angst liegt mitten im Scheitern die Lust am Lernen und besser Werden. Ich begreife die Notwendigkeit des Scheiterns im Kleinen, um im Großen den Erfolg folgen zu lassen. Ich verstehe, dass ich mir das Scheitern beim Sportklettern nicht nur gestatten, sondern es zum Fixbestandteil meines Weges zum Erfolg machen muss.

Nicht um des Scheiterns willen, sondern um so die Grenzen zu verschieben und vom Fels ein unmittelbares Feedback zu bekommen, was geht und was nicht. Es geht darum, auch die verrücktesten Bewegungsexperimente auf ihre Effektivität hin zu überprüfen. Und zwar nicht mit einer halbherzigen Haltung, sondern mit der gesammelten Energie und mit der vollen Bereitschaft alles zu geben und notfalls dabei eben zu stürzen – na und? Wer niemals stürzt, bleibt unter seinen Möglichkeiten.

Ich merke, dass zwischen dem Aufgeben und dem tatsächlichen Scheitern ein großer Unterschied besteht. Ich erkenne, dass es so etwas wie ein erfolgreiches Scheitern gibt und ein Scheitern, das eher dem Aufgeben gleicht. Aufgeben bedeutet, sich innerlich zu sagen: „Nein, es geht nicht …", obwohl man noch immer an den Fingerspitzen hängt und noch lange nicht gestürzt ist.

Erfolgreich Scheitern heißt dagegen, solange zu klettern, bis man stürzt. Jedes Mal, wenn es mir gelingt, der Versuchung zu widerstehen, etwas früher aufzugeben und stattdessen mein volles Potenzial auszuschöpfen, werte ich es als großartigen Erfolg. Mit dieser Einstellung erziele ich plötzlich sprunghafte Leistungszuwächse, die auch mit einem noch so ausgeklügelten Trainingsplan undenkbar gewesen wären.

Um so klettern zu können, braucht man ein geeignetes Umfeld. Ich meine damit nicht nur den perfekten, trockenen Fels, die optimale Absicherung mit Bohrhaken, die warmen Temperaturen und das Klettern ohne Rucksack. Ich meine auch das notwendige soziale Umfeld. Ich merke an mir selbst, dass es einen enormen Unterschied für mich macht, in der Anwesenheit von Menschen zu klettern, die mich anspornen und mir zurufen: „Gib alles!" und „Super!". Ich merke, dass dies nicht selbstverständlich ist und auch anders sein kann. Wenn jemand meinen Versuchen am Fels argwöhnisch zusieht, senkt das meine Motivation und auch mein Leistungsvermögen. Ich merke, dass es im Grunde gar keine individuelle Leistung gibt, sondern nur eine Leistung innerhalb eines wie auch immer gearteten Miteinanders. Ganz gezielt klettere ich nur mehr in Gesellschaft und Anwesenheit von Menschen, die eine positive Leistungsatmosphäre entstehen lassen. Es ist unglaublich, wie das die eigenen Fortschritte beflügelt.

■ Erste Transferschritte

Im späten Frühjahr muss ich die Versuche in meinem Sportkletterprojekt im 9. Grad eine Weile aufschieben, da ich noch andere Verpflichtungen habe. Der Sommer naht in Riesenschritten und die Führungen beginnen wieder. Das Klettern im Projekt und in anderen Sportkletterrouten war ja auch kein reiner Selbstzweck, sondern sollte mir helfen, meine Leistungsfähigkeit im Alpinklettern auf ein höheres Niveau zu heben.

Jetzt geht es mir um einen gezielten Transfer meiner Fortschritte von meinem Sportkletterprojekt in das ernste Umfeld der Alpenwände. Wie vereinbart fahre ich mit meinem Kunden Ludwig im Frühjahr zweimal an den Gardasee. Ludwig klettert sich ein, er ist bestens vorbereitet für die großen Wände und unseren Dolomitenaufenthalten steht nichts im Wege. Im Sommer klettern Ludwig und ich die Gelbe Kante an der Kleinen Zinne und die Micheluzzi-Führe mit ihrem berühmten 90-Meter-Quergang am Piz de Ciavazes in der Sella. Für Ludwig sind es großartige Erfolge, und ihm ist anzumerken, dass er Feuer gefangen hat und mehr will. Für mich bedeuten die zwei Touren ein professionelles Anknüpfen an die ersten „zarten" Extremerfolge meiner jugendlichen Sturm- und Drangzeit. Was aber noch wichtiger ist: Ich merke, dass der Transfer des Leistungszuwachses aus dem Sportklettern in die alpinen Wände schrittweise gelingt. Ich klettere die Routen mit einem erheblich größeren Sicherheitspolster als damals.

Ein unbekümmertes Ausprobieren und Stürzen ist im ernsten alpinen Umfeld nun natürlich nicht mehr möglich. Im Gegenteil: Damit ein Kunde sich überhaupt in solch extreme Wände wagt, muss ein Bergführer bei jeder Bewegung und jedem Handgriff Professionalität, Ruhe, Sicherheit und Vertrauen ausstrahlen. Das überträgt sich und hilft dem Kunden dabei, Touren und Wände zu schaffen, die er vorher vielleicht für unmachbar hielt. Am Berg gilt für mich beim Klettern mit Kunden also nach wie vor der Imperativ: „Niemals stürzen! Klettere immer mit Reserven!"

Diese Reserven sind durch das Sportklettern erheblich größer geworden. Durch den in weiterer Folge immer wieder stattfindenden Wechsel zwischen alpinen Routen und Sportkletterei lerne ich, mit den Unterschieden gut umzugehen, und es gelingt mir immer leichter, den Modus zu wechseln. Ich erkenne, dass Kluges Scheitern heißt, unter experimentierfreudigen Bedingungen von erlaubten Fehlern zu lernen und Fehler dort nicht zu machen, wo sie gefährlich sind.

Ludwig ist begeistert von den Touren und davon, was für ihn möglich wird. Für das nächste Jahr stehen insgesamt drei gemeinsame Wochen auf dem Programm. Diese ersten Erfolge mit einem Kunden geben mir das Gefühl, dass meine Entscheidung, mich auf das extreme Klettern mit Kunden zu fokussieren, richtig war. Ich bleibe der Entscheidung treu, und auf wundersame Weise beginnen sich auch andere Kunden dafür zu interessieren.

Der Sommer geht vorbei, im Herbst führt mich eine Trekkingreise neuerlich nach Nepal in den Himalaja. Als ich zurückkomme, hat bereits das November-Wetter eingesetzt. Bei einer Inspektion vor Ort sehe ich: Mein Projekt ist nass, es wird heuer auch nicht mehr auftrocknen. Eine erfolgreiche Begehung wird erst im nächsten Jahr möglich sein.

Im Winter widme ich mich wieder dem gezielten Kraft-Training an der künstlichen Kletterwand. Meine Skitourenführungen und Tiefschneetrainings bilden ein willkommenes Wechselspiel zu diesen Trainingseinheiten.

Als ich mich im nächsten Frühjahr an einem warmen Märztag mit Waltraud zur Route begebe, will ich wissen, was das Training gebracht hat. Nach einem kurzen Aufwärmprogramm steige ich ein. Schon die ersten Züge sind extrem hart, die Route hängt über, die Griffe bestehen aus kleinen Löchern, in die teilweise nur ein Fingerglied hineinpasst. In einer äußerst labilen Gleichgewichtslage muss ich hier an der Sturzgrenze das Seil in die Zwischensicherung legen, anschließend drei Fingerspitzen äußerst präzise in einen kleinen schmalen Schlitz sortieren und dann zum nächsten Zug ansetzen. Es ist anstrengend, aber es funktioniert. Nach nur sechs Metern Kletterei sind die Unterarme bereits dick angeschwollen, und das Herz pumpt und pumpt. Dort wo ich vor einem Jahr nicht einmal richtig Halt fand, kann ich nun ein wenig rasten, abwechselnd die Arme ausschütteln, damit wieder Blut hineinkommt und vor allem die Nerven beruhigen. Nun geht´s darum, die letzten Züge zu machen und bis zum Ausstieg durchzuhalten. Ich atme tief durch und rufe die Bilder ab, die ich mir vorgestellt habe. Noch einmal tief Luft holen. Ein fast tranceartiger Zustand leitet mich nach oben, ich habe auf alle meine Ressourcen Zugriff und durchsteige die Route und stemme mich auf das Ausstiegsband. Ich erreiche den Ausstiegshaken, geschafft! Ich hänge das Seil ein und Waltraud lässt mich ab. Wir umarmen uns.

Lektionen aus dem Durchbruchprojekt 9. Grad:

Diese Sportkletterroute im 9. Grad war für mich ein echtes Durchbruchprojekt, mit dem sich mir eine neue Kletterwelt erschloss: Meine Leistungsfähigkeit und mein Kletterkönnen machten einen Quantensprung. Ich konnte in weiterer Folge andere Routen im selben Schwierigkeitsgrad mit viel weniger Aufwand in viel kürzerer Zeit klettern und hatte gleichzeitig viel mehr Spaß und Lockerheit in Routen, in denen ich zuvor noch maximal angespannt gewesen war.

Aus dieser Erfahrung leite ich drei zentrale Impulse ab:
- Heben Sie sich oder Ihr Unternehmen mit Durchbruchprojekten auf ein neues Leistungsniveau.
- Schaffen Sie strukturell und sozial experimentierfreudige Rahmenbedingungen, und reduzieren Sie so bei großen Vorhaben durch kleine Experimente das große Risiko.
- Lernen Sie durch schnelle, kluge, kleine Fehler, durch Feldversuche und durch rasches Feedback.

Dem Einzelnen kann ein erfolgreiches Durchbruchprojekt in neue berufliche, geschäftliche oder professionelle Sphären helfen. In Unternehmen besteht die Möglichkeit, durch solche Durchbruchprojekte die Leistungsfähigkeit der Organisation sprunghaft zu steigern und die kollektive Wahrnehmung dessen, was für möglich gehalten wird, zu erweitern.

Als Kennzeichen für Durchbruchprojekte können folgende Kriterien gelten:
Durchbruchprojekte
- setzen ein visionäres Vorhaben um,
- ändern die Sichtweise dessen, was möglich ist,
- ändern oder brechen übliche Konventionen und Regeln,
- haben Symbolkraft und Vorbildfunktion,
- erregen Aufmerksamkeit,
- lösen weitere Energieschübe aus,
- stiften besonderen Nutzen.

■ Impulse für den Einzelnen

Welches Projekt würde Sie weiterbringen, auf eine nächste Stufe heben, Ihnen einen Quantensprung nach vorne ermöglichen? Was wäre ein echtes Durchbruchprojekt für Sie?

Machen Sie einen ersten Schritt und wählen Sie ein Vorhaben aus, das all die persönlichen Investitionen, die im weiteren Verlauf notwendig werden, rechtfertigt. Echte Innovation ist meist irgendwo unwillkommen – so könnte es auch in Ihrem persönlichen Umfeld sein. Es kann sein, dass es Menschen gibt, die Ihr Durchbruchprojekt ablehnen, es lächerlich finden oder es Ihnen nicht zutrauen.

Es ist wichtig, dass Sie, falls Sie auf Ablehnung stoßen, sich dieser nicht permanent aussetzen. Das raubt Ihnen nur die Kraft und den Glauben an Ihr Vorhaben. Fragen Sie also niemanden um Erlaubnis und setzen Sie das zarte Pflänzlein Ihres im Anfangsstadium befindlichen Projektes keinen theoretischen Debatten mit irgendwelchen Leuten aus. Beginnen Sie damit und lassen Sie es in aller Stille reifen und wachsen. „In aller Stille" heißt: geschützt vor theoretischer Ablehnung im Sinne von „das wird nicht funktionieren". Denn ob es funktionieren wird oder nicht, wissen Sie erst, wenn Sie es versucht haben.

Beginnen Sie mit kleinen, reversiblen Schritten und risikoarmen Experimenten. Beginnen Sie im übertragenen Sinne im Klettergarten, bevor Sie in die Nordwand einsteigen.

Holen Sie sich rasch und gezielt Feedback von jemandem, der Ihre Idee anwenden oder nutzen soll: beispielsweise von einem Kunden oder von einem Nutzer, der Ihr Produkt kaufen oder Ihre Dienstleistung in Anspruch nehmen soll. Holen Sie sich aber kein theoretisches Feedback im Sinne von „Was erwarten Sie sich von …" oder „Was würden Sie davon halten, wenn …". Zeigen Sie Ihrem Kunden einen Prototyp, lassen Sie ihn probieren und erleben. Machen Sie Feldversuche unter realen Bedingungen, und zwar möglichst schnell und nicht nur einen, sondern mehrere. Sammeln Sie so schnell wie möglich Erfahrungen und bauen Sie dieses Feedback in die weitere Verbesserung Ihrer Idee ein. Haben Sie keine Angst vor Fehlern im Anfangsstadium, sondern lernen Sie so rasch wie möglich daraus. Das schützt Sie vor teuren Fehlern oder vor dem Totalabsturz. Gehen Sie nach den Regeln des Rapid Prototyping vor: „Fail early to learn quickly!"; mehr zum Thema Prototyping lesen Sie im nächsten Abschnitt.

Natürlich kann in weiterer Folge die Unterstützung Ihrer Idee durch andere Personen wichtig sein. Früher oder später werden Sie andere Menschen überzeugen müssen. Sie werden es aber wesentlich leichter schaffen, wenn Sie schon erste Erfahrungen vorweisen können, wenn Sie schon erste Erfolge eingefahren haben, wenn Sie den anderen schon erste Zahlen, Daten und Fakten liefern können. Sie überzeugen die anderen nicht nur durch diese Tatsachen und Fakten, sondern auch dadurch, dass Sie selbst überzeugender und gefestigter wirken.

Pflanzen Sie Ihr Ideen-Pflänzchen und setzen Sie es erst dann der harten Witterung aus, wenn es schon überlebensfähig ist. Glauben Sie nicht, dass Sie zuerst Ihre Umwelt überzeugen müssen, um dann von dieser die Absolution für Ihr Durchbruchprojekt zu bekommen. Machen Sie zuerst kleine Schritte und bauen Sie in sich den Glauben an Ihr Projekt auf.

Die Philosophie des Prototyping in der Praxis
Folgendes Beispiel soll illustrieren, wie man rasch Feedback generieren kann. Es soll dazu dienen, die dem Prototyping zugrunde liegende Philosophie zu verstehen, die man nicht nur auf den Verkauf von Produkten, sondern auch auf die Entwicklung von Dienstleistungen übertragen kann. Sowohl als Einzelner als auch als Unternehmen.

Idealab ist ein amerikanisches Unternehmen, das neue Firmen gründet und betreibt, die die Möglichkeiten des Internets innovativ nutzen. Sie wollen mit ihren Firmen auch die Nutzung des Internets insgesamt weiterentwickeln. Bill Gross, Gründer und CEO, beschreibt die Vorgangsweise so: „Angenommen wir haben eine neue Idee für irgendetwas – beispielsweise für den Verkauf von CDs über das Internet. Klar, das gibt es bereits, aber lassen Sie es mich als Beispiel nennen: Wir würden eine Prototyp-Website entwickeln. Die könnten wir innerhalb von zehn Tagen betreiben. Wir würden ein Feld für den Einkauf mit Kreditkarten einrichten, selbst wenn wir Kreditkarten noch gar nicht bearbeiten könnten und auch noch keinen Bestand an CDs hätten. Aber wir würden online gehen und zehn verschiedene Verkaufsangebote testen – beispielsweise CDs zu Tiefstpreisen oder die zehn stets vorrätigen Top-CDs oder CD-Auslieferung innerhalb eines Tages und so weiter.

Die Kunden würden dann die Seite besuchen und ihre Kreditkartennummer eintippen, um die CD zu bekommen. Wir würden diese

Information wieder löschen und natürlich nichts über die Kreditkarte abbuchen, weil wir das noch nicht könnten. Stattdessen würden wir uns mit der Bestellung an Tower Records wenden. Wir würden die entsprechenden CDs kaufen und sie unseren Kunden umsonst zusenden. Dadurch verlieren wir Geld für die CDs. Aber wir können umfassend testen, wie Kunden auf ein spezielles Angebot reagieren. Es ist unglaublich, welche Art von Feedback Sie von den Kunden bekommen, wenn es sich um einen wirklichen Test handelt und nicht nur um ein paar lahme Fragen über ihre Ansichten." (Hamel, 2001)

■ Impulse für Unternehmen

Vielleicht sind an dieser Stelle auch ein paar Gedanken angebracht, warum im Nordwand-Prinzip®, mit dessen Hilfe der künftige Erfolg angestrebt werden soll, Ausführungen über das Scheitern einen zentralen Platz bekommen. Warum nehme ich mit dem Begriff des Scheiterns darüber hinaus die Gefahr ablehnender Reaktionen in Kauf, wo ich doch für die zentralen Gedanken dieses Prinzips mit etwas weichgespülten Formulierungen wie *Testen, Ausprobieren, Erfahrungen sammeln* möglicherweise mehr Akzeptanz erwarten könnte?

Es gibt zwei Gründe für mich, den Begriff des Scheiterns zu wählen:

Erstens will ich damit herausstreichen, dass das Experimentieren in Durchbruchprojekten vollen, wirklich vollen Einsatz verlangt. Formulierungen wie *Testen, Ausprobieren, Erfahrungen sammeln* sind dafür zu schwach. Es reicht kein „Schauen wir doch mal …, versuchen wir mal …", denn Ziel der risikoarmen Experimente ist letztlich der Erfolg im Großen.

Zweitens möchte ich damit zum Ausdruck bringen, dass Scheitern ein wesentlicher Bestandteil auf dem Weg zum Erfolg ist. Ich habe den Eindruck, dass die Diskussion über so etwas wie Fehlerkultur in den meisten Unternehmen eine sehr oberflächliche ist. Zumeist handelt es sich dabei um eher theoretische Diskussionen, weil die meisten Unternehmen eine Fehlervermeidungskultur leben. Realität in vielen Organisationen ist, dass Fehler nicht passieren dürfen und Scheitern verpönt ist. Die Folgen davon sind die fehlende Übernahme von Eigenverantwortung, eine Absicherungskommunikation in der cc-Zeile, Entscheidungsdelegation nach oben, und wenn dann doch was schief geht: Fehlervertuschungen, Schuldzuweisungen und Sündenbocksuche. Wenn Misserfolge geächtet und Fehler sanktioniert werden – und sei es nur in Form einer abfälligen Bemerkung –, führt das dazu, dass Mitarbeiter versuchen, Fehler zu verschweigen oder anderen zuzuschieben. Irgendwann übernimmt dann niemand mehr Aufgaben, die das Risiko des Scheiterns in sich bergen. Das ist der Moment, in dem der Ruf nach Unternehmertum und Risikobereitschaft erschallt.

Nun geht es aber nicht darum, dass die Mitglieder einer Organisation insgesamt risikobereiter werden. Es geht vielmehr darum, dass Führungskräfte und Mitarbeiter lernen, gezielt und bewusst mit Risiken umzugehen. Dass sie lernen, Risiken soweit in Kauf zu nehmen, dass Erfolge oder Innovationen möglich werden, ohne dabei einen Super-GAU zu riskieren. Es geht darum, dass Unternehmen lernen, mit Risiko so umzugehen wie ein Bergsteiger, der zwischen der gefahrlosen Kletterei im Klettergarten und dem hohen Risiko im alpinen Gelände unterscheiden kann. Unternehmen könnten meiner Ansicht nach viel gewinnen, würden sie die Unterscheidung zwischen erlaubten und nicht erlaubten Fehlern einführen.

Die Firma W. L. Gore & Associates, die durch das wasserdichte und atmungsaktive Material Gore Tex mittlerweile nicht mehr nur Bergsteigern bekannt ist, benutzt für diese Unterscheidung das Bild der „Wasserlinie": „Wir wollen, dass Menschen Risiken für das Unternehmen eingehen. Nur daraus entstehen neue Geschäftsideen und Patente. Aber bitte, tut alles erdenkliche, damit nicht das gesamte Schiff gefährdet ist, bohrt keine Löcher unterhalb der Wasserlinie." (Loth, zit. nach Osmetz 2006)

Immer wenn Mitarbeiter bei Gore eine Innovation versuchen, stellen sie sich zwei Fragen:

1. Wenn ich etwas versuche und Erfolg habe – war es den Aufwand wert? 2. Wenn mein Versuch fehlschlägt, kann das Unternehmen dies verkraften? Mit diesen Vorgaben schafft Gore die strukturellen Rahmenbedingungen für „Kluges Scheitern" und den Humusboden für echte Innovationen.

Wo Erfolg möglich ist, ist immer auch ein Scheitern möglich. Noch drastischer könnte man sagen, dass Scheitern nur dort ausgeschlossen werden kann, wo Erfolg gar nicht möglich ist. Die Realität ist: Misserfolge, Scheitern und Fehler sind unausweichlich. Falsche Entscheidungen sind unumgänglich – und manchmal sogar wichtiger als richtige.

Innovative Unternehmen agieren anders

Nehmen wir das Beispiel eines Unternehmens, das wie eine Seilschaft agiert, die am Boden zeitraubende theoretische Debatten führt und durch exzessive Analysen und Planung im Detail schon Bewegungen festzulegen versucht, die vom Boden aus noch gar nicht beurteilt werden können, um schließlich auf Basis der Debatten und Analysen ihre Entscheidung zu treffen, ob sie einsteigt oder nicht.

Während dieses Unternehmen wertvolle Zeit verstreichen lässt, geht ein anderes Unternehmen, das nach dem Prinzip des *Klugen Scheiterns* handelt, wie eine Seilschaft vor, die sofort in Kontakt mit dem Fels tritt. Die Seilschaft steigt ein und macht in der Anfangsphase mit guten Zwischensicherungen jene Fehler, die wenig kosten, aber viel Wissen über die Wand bringen. Während die andere Seilschaft noch plant, hat diese schon den halben Weg nach oben gemeistert. Während das eine Unternehmen noch plant, ist das andere schon in den Kontakt mit der Realität getreten und führt risikoarme Experimente durch.

Hamel weist darauf hin, wie wichtig es ist, das Gesamtrisiko so zu zerlegen, dass ein Scheitern nicht existenzbedrohend wird oder unnötige Riesenverluste verursacht. „Zu häufig beschränken sich Unternehmen auf eine einzige, vorschnelle Aktion, wenn sie vor einer neuen, kaum definierten Gelegenheit stehen. Je größer die anfängliche Ungewissheit darüber ist, welche Kunden kaufen werden, welche Produktkonfiguration die beste ist, welche Preispolitik funktionieren wird und welche Vertriebskanäle die effektivsten sind, desto höher sollte die Zahl der Experimente sein." (Hamel, 2001)

184

Doch um eine experimentierfreudige Kultur zu schaffen, braucht es in vielen Unternehmen ein Umdenken. Ein Unternehmen kann beispielsweise sein Gesamtrisiko durch ein Portfolio von Projekten mit unterschiedlich hohem Risikopotenzial steuern. Wenn es sich dann entscheidet, im Rahmen dieses Portfolios auch Projekte mit hohem Risiko anzugehen, sollten die persönlichen Risiken des Projektverantwortlichen von den Projektrisiken getrennt werden. Dem Projektverantwortlichen dürfen im Falle eines „Klugen Scheiterns" keine negativen

Konsequenzen drohen. Ist dies nicht der Fall, werden sich wahrscheinlich künftig keine Mitarbeiter mehr für risikoreiche Aufgaben zur Verfügung stellen.

Durch ein Portfolio kostengünstiger und im Verhältnis risikoarmer Experimente können Unternehmen tiefer greifende Innovationen und mehr Durchbruchprojekte hervorbringen als durch theoretisches Debattieren. Je weniger ein Unternehmen seine Innovations-Experimente, etwa aufgrund seiner kleinen Größe oder mangelnder Ressourcen, in einem Portfolio streuen kann, desto wesentlicher wird die Fähigkeit zum *Rapid Prototyping*.

Fail early to learn quickly!

Rapid Prototyping wird als Überbegriff für Techniken verstanden, die sich zum Ziel gesetzt haben, in möglichst kurzer Zeit zu einem greifbaren Ergebnis zu kommen. Der Ansatz des Prototyping kommt ursprünglich aus der Konstruktion und Produktentwicklung. Das zugrunde liegende Prinzip kann aber auch bei der Entwicklung von Dienstleistungen jeglicher Art genutzt werden.

Beim Prototyping geht es eher um eine Geisteshaltung als um eine Produktionsmethode. Man muss sich zuerst von der Trennung zwischen theoretischer Entwicklung und darauf folgender praktischer Umsetzung lösen. Schon in der Frühphase jeglicher Entwicklungsarbeit sollte man sich um Feedback und Anregungen bemühen, indem man den Anwendern, Nutzern und Auftraggebern einen Prototyp präsentiert. Das kann bei einer Produktentwicklung ein Modell aus Schaumstoff genauso sein wie bei einer Software-Entwicklung die Testversion oder bei einer innovativen Dienstleistung eine Testreihe mit Kunden. Die Erkenntnisse sollten dann Schritt für Schritt in die vorläufige Endversion des Produktes einfließen.

Als Faustregel für das Vorgehen beim Prototyping können die drei Rs – Rapid, Right, Rough – dienen:

Right: Sich fragen: Haben wir das Kernproblem im Fokus? Worum geht es für den Kunden wirklich?

Rapid: So schnell wie möglich ein erstes Modell, Konzept, Erlebnis für die Anwender und/oder Auftraggeber schaffen.

Rough: Auf grobkörnige Lösungen setzen und die Experimente kostengünstig durchführen.

■ Unternehmensbeispiel: Prototyp Tiefschneetraining

Ich möchte hier auf eine Erfahrung mit dem Prototyping aus meinem ehemaligen Unternehmen zurückgreifen, weil sie aus meiner Sicht das Konzept sehr schön anhand einer Dienstleistung zeigt. Wie schon erwähnt, hatten mein Partner Gerald Sagmeister und ich gemeinsam eine Alpinschule aufgebaut.

Für diese Alpinschule war es wichtig, ein attraktives Winterprogramm zu gestalten. Wir hatten bereits erste Erfolge mit unseren Skitourenwochen erzielt. Bei diesen Skitourenwochen ging es darum, dass unsere Kunden von einem Hüttenstützpunkt aus, geführt durch uns, zu Tagestouren auf lohnende Skigipfel aufbrachen. Der Aufstieg erfolgt beim Skitourengehen mit Steigfellen und beweglichen Tourenbindungen. Das besondere Erlebnis liegt nicht nur im einsamen Aufstieg, sondern auch in der genussvollen Abfahrt im Tiefschnee. Im Zuge unserer Marktbeobachtung bekamen wir als Feedback potenzieller Kunden, dass unsere Skitourenwochen enorme Attraktivität ausstrahlten, viele Leute aber Angst davor hatten, den Abfahrten im Tiefschnee nicht ausreichend gewachsen zu sein und sich deshalb nicht anmeldeten. Wir konnten also unser geschäftliches Potenzial nicht ausschöpfen.

Was konnten wir tun, um den potenziellen Kunden die Angst zu nehmen? Die Teilnahme an Skikursen in einer Skischule wollten wir ihnen nicht anraten, da diese primär darauf ausgerichtet waren, wie man mit Pistenausrüstung neben der Piste Tiefschnee fährt. Unsere Kunden waren aber bei den Skitourenwochen wesentlich anderen Bedingungen ausgesetzt: Sie mussten in der Lage sein, nicht nur im leichten Pulverschnee, sondern auch in Schlechtschneearten wie Bruchharsch oder bei Abfahrten mit schlechter Sicht sicher ins Tal zu schwingen. Überdies sollten unsere Kunden das sichere, sturzfreie Abfahren bei Abfahrten von mehr als zwei Stunden und über 1.000 bis 1.500 Höhenmeter beherrschen lernen, auch dann, wenn sie durch einen vierstündigen Anstieg etwas ermüdet waren. Im Hochgebirge herrschen andere Gesetze als neben der Piste, und selbst eine kleine Verletzung irgendwo auf einem Gletscher im Nebel kann eine ganze Gruppe in ernste Bedrängnis bringen.

Wir fassten also ins Auge, ein eigenes Tiefschnee-Programm zu etablieren. Für uns stellten damals Tiefschnee-Trainings eine völlig neue

Kursform dar, und wir fragten uns, ob wir uns für die Entwicklung des Programms ein Jahr Zeit lassen sollten oder ob wir schon im kommenden Winter unser Alpinschulprogramm um dieses Angebot erweitern sollten.

Der Gewinn der ersten Variante wäre gewesen, mehr als genügend Zeit zu haben, um im darauf folgenden Winter die entsprechenden Gebiete zu erkunden, eine spezielle Didaktik zu entwickeln und geeignete Standort-Hotels zu testen.

Der Gewinn der zweiten Variante wäre gewesen, durch das Buchungsverhalten unserer Kunden ein unmittelbares Feedback auf die Zugkraft des neuen Angebots zu bekommen. Gleichzeitig könnten wir Erfahrungen mit den Kursteilnehmern sammeln, allerdings mit dem Risiko, die Teilnehmer durch die noch unausgereifte Programmgestaltung zu verärgern.

Wir entschieden uns kurzerhand dafür, das neue Programm schon im kommenden Winter anzubieten. Das Angebot „Tiefschnee-Training" stellte für uns Neuland dar und wir hatten keinerlei Erfahrungen, welche Angebotsform unsere Kunden bevorzugen würden. Daher entschieden wir uns, drei verschiedene Arten von Tiefschneetrainings anzubieten: eine Woche Tiefschneetraining am Arlberg, eine Woche Tiefschneetraining in Heiligenblut am Großglockner sowie ein Wochenende Tiefschneetraining ebenfalls dort.

Die stärkste Auslastung, so vermuteten wir, würde das Wochenende in Heiligenblut haben, da die Investition an Zeit und Geld für unsere Kunden aus der unmittelbaren Umgebung am geringsten wäre. Ebenfalls gebucht, wenn auch nicht ganz so stark, würde die Tiefschneewoche am Arlberg werden, da die Attraktivität des Arlbergs Teilnehmer aus ganz Österreich und Deutschland anziehen würde. Wenige Chancen gaben wir hingegen der Woche Tiefschneetraining in Heiligenblut. Dass unsere Kunden eine Woche Tiefschneetraining in einem relativ unbekannten Skigebiet buchen würden, erschien uns unwahrscheinlich. Wir nahmen dieses Angebot als Lückenfüller in unsere Kundenzeitschrift auf, da noch eine Seite gefüllt werden musste.

Das waren unsere Annahmen. Das Buchungsverhalten überraschte uns allerdings ziemlich: Das hoch favorisierte Tiefschnee-Wochenende in Heiligenblut interessierte niemanden. Für die Tiefschneewoche am Arlberg gab es zwei Interessenten, als sich einer davon jedoch im Vorfeld verletzte, sagten wir die Veranstaltung wegen zu geringer Beteiligung ab. Unser Lückenfüller, die Woche Tiefschneetraining in Heiligenblut, war zu unserer großen Überraschung jedoch völlig ausgebucht.

Wir starteten unser Tiefschnee-Programm am Sonntagabend und es endete am Samstag nach dem Frühstück. Die fünf Tourentage beinhalteten drei Tage liftgestütztes Tiefschneetraining abseits der Pisten und zwei Übungsskitouren. Als wir am letzten Abend die Teilnehmer zum Feedback einluden, hörten wir wichtige Anregungen für die weitere Programmgestaltung und erhielten auch überraschende Einsichten: Das Tiefschneewochenende war für die Teilnehmer nicht in Frage gekommen, weil niemand sich vorstellen konnte, dass Tiefschneefahren an einem Wochenende erlernbar sei. Die Tiefschneewoche am Arlberg wäre durchaus interessant gewesen, aber die Teilnehmer schrieben uns im Vergleich zu den ortsansässigen Führern mangelnde Gebietskenntnisse zu.

Das ausschlaggebende Argument für die Anmeldung zur Tiefschnee-Trainings-Woche in Heiligenblut sei der im Prospekt beschriebene Wechsel zwischen im Tiefschnee fahren lernen in Liftnähe und Anwenden auf Übungsskitouren gewesen, so die Teilnehmer. Die Woche hatte allen gut gefallen, vor allem vom oftmaligen Wechseln zwischen Lernen und Anwenden hatten die Teilnehmer enorm profitiert. Die zweite Skitour erschien den Teilnehmern unnotwendig und das Programm fast zu lange, da die meisten nach dem dritten Tag schon starke Ermüdungserscheinungen zeigten. Drei Trainingstage mit Lift und eine Skitour würden auf jeden Fall reichen. Was uns noch auffiel, war, dass die größte Herausforderung für die Teilnehmer das Entwickeln der richtigen Bewegungsvorstellung für das Tiefschneefahren gewesen war und dass nahezu jeder das Gefühl hatte, schlechter zu fahren, als es von außen aussah.

188

In das Angebot für das nächste Jahr ließen wir sämtliche Anregungen der Teilnehmer einfließen. Die neuen Tiefschneetrainings starteten am Mittwochabend, beinhalteten drei liftgestützte Tiefschneetage und am Sonntag eine kurze Übungsskitour. Darüber hinaus fügten wir Videoanalysen hinzu, die sich mit den damals gerade neu auf den Markt gekommenen kleinen Digicams sehr gut machen ließen. Wir zeigten den Kundennutzen in unserer Zeitschrift in Form von Kundenzitaten auf. Wir verzichteten auf die Bewerbung von Wochenenden und anderen Standorten. Im nächsten Winter konnten wir drei Veranstaltungen in Heiligenblut füllen, das Jahr darauf sieben. Nach drei Jahren hatten die Tiefschneetrainings mit über hundert Teilnehmern unsere Skitourenwochen als Hauptgeschäft im Winter überholt und wirkten sich positiv auf den Verkauf von Ausrüstung und Bekleidung aus.

Prototypen sind also keineswegs auf physische Modelle beschränkt, sondern können auch zur Gestaltung immaterieller Produkte, wie Dienstleistungen oder Veranstaltungen eingesetzt werden. Das Wesentliche daran ist die Echtheit des Feldversuchs und die Abkehr von theoretischen Debatten.

Literaturempfehlungen

Peter F. Drucker: *Innovation and Entrepreneurship.*
   Elsevier Butterworth-Heinemann 1994
Tom Kelley: *Das IDEO Innovationsbuch.* Econ Verlag 2002
Tom Kelley: *The Ten Faces of Innovation.* Currency Doubleday 2005

7. Prinzip: Lernen, Schaffen und Erneuern

„Wer nur arbeitet, hat keine Ideen.“
Anton Zeilinger

Beim Prinzip *Lernen, Schaffen und Erneuern* geht es einerseits um das aktive Er-Schaffen der Zukunft sowie um das Schaffen von Strukturen und Bedingungen, die herausragende Leistungen möglich machen, andererseits um ein gezieltes Zurücklehnen, das der strategischen Reflexion dient. Die Frage ist, wie Menschen und Unternehmen sich Bedingungen schaffen können, unter denen sie langfristig und nachhaltig leistungsfähig und innovationsstark bleiben. Meine Klettergeschichte erzählt, wie ich den Transfer vom Durchbruchprojekt im sicheren Sportklettergarten zu den Nordwand-Führungstouren mit Kunden schaffte. Nachdem ich meine Vision verwirklicht hatte, war ich bereit, neue Wege zu beschreiten. Ich erkannte, dass es wieder Zeit zum *Neu Hinschauen* geworden war. Hier schließt sich der Kreis des Nordwand-Prinzips®.

Mit Kunden in den Nordwänden

Nach dem Erfolg in meinem Durchbruchprojekt *9. Grad* geht es nun darum, meinen Leistungszuwachs aus dem kleinen und experimentierfreudigen Mikrokosmos des Sportkletterns in die ernste Wirklichkeit der Berge zu übertragen. Aus den kleinen Wänden in die großen Wände. Die großen Wände sind nicht nur größer, sondern auch an-

Die gewaltigen 800 m hohen Nordabstürze des Crozzon di Brenta –
Produktive Wissensarbeit und Innovation verlangen die Vernetzung von Menschen

ders als die kleinen. Eine 800-Meter-Wand besteht nicht nur aus acht 100-Meter-Wänden, sondern stellt in der Gesamtheit eine völlig neue Dimension der Herausforderung dar. Mir war schon nach den ersten Transferschritten im vorigen Sommer klar, dass es dabei nicht um einen unreflektierten 1:1-Transfer gehen konnte.

Ich habe schon im vorigen Kapitel dargelegt, dass es bei dem Leistungstransfer vom Sportklettern zum Alpinklettern überlebenswichtig ist, den Unterschied der beiden völlig andersartigen Kontexte zu beachten und entsprechend zu handeln: Das Verletzungsrisiko ist im Falle eines Sturzes im alpinen Gelände um ein Vielfaches höher und zudem kann auch bei kleinen Verletzungen der Rückzug auf den sicheren Boden aus eigener Kraft unmöglich sein.

An eine Bergung mit Hubschrauber aus den wirklich extremen Routen ist wegen der immensen Steilheit nicht zu denken und eine Seilbergung durch die Bergrettung funktioniert nicht von einer Stunde auf die nächste. Ein Unfall in einer alpinen Felswand stellt somit wegen stark verzögerter und eingeschränkter Rettungsmöglichkeiten meist eine existenzbedrohende Situation dar. Immer wieder ist es vorgekommen, dass Kletterer mit nicht lebensgefährlichen Verletzungen eine notwendige Biwaknacht aufgrund des Unfallsschocks nicht überlebten und am nächsten Tag von der Bergrettung nur noch tot geborgen werden konnten.

Wenn ich meinen Beruf in diesem Umfeld ausüben will, kann die oberste Prämisse nur lauten: Es darf nichts passieren! Die Anforderungen des Umfeldes sind aber nicht der einzige Unterschied, den ich beachten muss. Ein weiterer bedeutender Aspekt ist, dass ich hier nicht für mich alleine oder zum Spaß mit Freunden klettere, sondern eine professionelle Dienstleistung erbringe. Obwohl mir und meinen Kunden klar ist, dass eine Führung durch eine extreme Kletterroute immer auf Basis einer freiwilligen Gefahrengemeinschaft erfolgt, liegt die Gesamtverantwortung letztlich doch bei mir als dem Bergführer. Während ich mit einem gleichwertigen Partner eine extreme Route in Form der Wechselführung begehe, liegt bei einer geführten Tour die Herausforderung des Vorstiegs allein bei mir. Das bedeutet, jeden einzelnen Meter dieser Route als Vorsteiger bewältigen zu müssen. Zum ohnehin vorhandenen Druck, der durch die Schwierigkeit und Ernsthaftigkeit der Tour entsteht, kommt hier der Druck der Führungsverantwortung hinzu.

Für mich ist das Klettern mit Kunden in schwierigen Wänden so, als würde ich einen zusätzlichen Rucksack tragen. Ich muss mich in einen Modus bringen, in dem ich den Druck der auf mir lastenden Erwartungen souverän managen kann. Ich muss mit erheblich größeren Sicherheitspolstern und Leistungsreserven klettern. Ich muss eine Arbeitsmethodik finden, die mir genug Lockerheit verleiht, um mich neben dem Vorsteigen und der Bewältigung der Schwierigkeiten auch noch der intensiven Unterstützung meines Kunden, der Beobachtung des Umfeldes und möglicherweise sich ankündigender Wetterveränderungen widmen zu können. So etwas wie in der Nordwand der Les Courtes darf mir nie wieder passieren. Darüber hinaus ist die Ruhe und subjektive Sicherheit, die ich als Bergführer ausstrahle, eine wesentliche Voraussetzung für die objektive Sicherheit der ganzen Seilschaft. Meine Ruhe überträgt sich auf den Kunden und gibt ihm Sicherheit. Je ruhiger und sicherer ich bin, desto ruhiger klettert auch der Kunde, und je besser mein Kunde klettert, desto höher ist auch meine Sicherheit.

Bald nach meinem persönlichen Erfolg fahre ich mit Ludwig wieder zum Einklettern an den Gardasee. Ich selbst bin angesichts der Begehung von Routen im 9. Grad voll Auftrieb, und auch Ludwig fiebert der neuen Klettersaison entgegen. Wir klettern 60 Seillängen in nur vier Tagen und kommen voll in den Fluss des Kletterns. Auch unser Zusammenspiel gedeiht prächtig, wir beginnen langsam, uns wortlos zu verstehen.

Die nächste Station bildet ein einwöchiger Aufenthalt in der Verdonschlucht, dem Grand Canyon Europas. Wenn das Klettern im Verdon mit einem Wort beschrieben werden müsste, würde ich es „atemberaubend" nennen. Auf mehreren Kilometern stürzen die Felswände jäh in die Tiefe, als hätte jemand die Erde mit einem riesigen Schwert gespalten. Siebenhundert Meter darunter fließt, als winziges grünes Band erkennbar, der Verdon-Fluss im Schluchtgrund. An die obere Schluchtkante führt die Aussichtsstraße Route des Crêtes. Hier parkt man sein Auto am oberen Schluchtrand und seilt sich bis zu dreihundert Meter in die Schlucht ab. Runter bis zu einem Jardin, so nennen die Einheimischen die vereinzelten grünen Oasen in der Wand, von denen viele Routen wieder nach oben starten. Viel öfter seilt man allerdings in eine vertikale Plattenflucht ab und startet die Kletterei von einem exponierten Standplatz inmitten von grifflosen Platten aus nach oben. Wenn man beim Abseilen die saugende Tiefe von dreihundert Metern Luft und sonst nichts unter den Sohlen hat, ist das Abziehen des Seils eine besonders delikate Angelegenheit. Das Auge findet in den äußerst griffarmen Felswänden kaum Halt und die ganze Szenerie setzt die Kletterer unter Hochspannung. Wenn das Seil abgezogen ist, gibt es nur noch eins: Du musst raufklettern.

Klettern im Verdon stellt ein ideales Verbindungsglied zwischen dem Sportklettern im Klettergarten und den langen alpinen Felsrouten dar. Ludwig und ich klettern gemeinsam Routen im oberen 7. und unteren 8. Schwierigkeitsgrad. Die Kletterein im rauen Verdonkalk sind von unglaublicher Schönheit, der warme Mistral-Wind begleitet uns, wenn wir an den kleinen, griffigen Löchern und Leisten nach oben tanzen. Ich bin vollkommen begeistert. Einerseits bin ich dankbar, dass es mir vergönnt ist, einen derart inspirierenden und aufregenden Beruf ausüben zu dürfen. Andererseits bin ich vollkommen überrascht von Ludwigs Leistungsfähigkcit. Ich hätte ihm das vor drei Jahren nicht zugetraut. Er belehrt mich eines Besseren und ich denke mir, dass man sich generell vor allzu vorschnellen Urteilen hüten sollte. Auch Ludwig ist begeistert, und so wird diese einzigartige Schlucht in der Provence ein Fixbestandteil in unserem jährlichen Vorbereitungsprogramm auf die sommerlichen Extremrouten.

Ludwigs Leistungsfähigkeit rührt nicht nur von unseren gemeinsamen Kletterunternehmungen her. Er hat Feuer gefangen und trainiert zusätzlich selbstständig sehr viel. Anders wäre dieser enorme Leistungszuwachs nicht möglich. Er kam vor drei Jahren als Vierer-Kletterer und nun können wir gemeinsam den 7. Schwierigkeitsgrad klettern.

Wir bauen die darauf folgenden Jahre immer so auf: Sportklettern am Gardasee oder in Südfrankreich im Frühjahr, danach im Frühsommer eine Woche ins Verdon und im Sommer entweder in die Dolomiten oder in die Schweiz. Unsere Begehungen sprechen sich herum und es treten immer mehr Kunden mit dem Anliegen, außergewöhnliche Routen zu klettern, an mich heran. Hubert ist Richter und beginnt ebenso eifrig wie Ludwig mit dem Klettertraining. Mit ihm dehnt sich meine Klettersaison bis weit in den Herbst hinein aus. Wir klettern in den Buchten von Sardinien, in den prächtigen Felsen von Mallorca, ebenso im Verdon und in den Dolomiten. Mit Gerhard und Günter kann ich ebenfalls extreme Routen klettern. Drei Jahre nach dem Entschluss, mir als Profibergführer ein neues Profil zu geben, habe ich mein neues Spielfeld nicht nur gefunden, sondern mich darin auch etabliert, indem ich mit meinen Führungen und der Art, wie ich meinen Kunden den Weg in die Welt der Extremrouten eröffne, einen sinnvollen Unterschied mache. Ich biete ihnen unvergessliche Erlebnisse und wertvolle Erfahrungen in einer faszinierenden Welt und kann dabei meine Stärken und Anlagen voll zum Einsatz bringen.

Nach fünf Jahren gelingen mir mit meinen Kunden die größten Erfolge. Darunter viele meiner Traumrouten: die Don Quijote, eine elegante Linie im oberen 6. Schwierigkeitsgrad in der neunhundert Meter hohen Marmolada-Südwand – die Fuori-Kante im Bergell, eine extreme Granitkletterei im oberen 6. Schwierigkeitsgrad – der gesamte Salbit-Westgrat, eine nicht enden wollende Serie von Grattürmen mit insgesamt unvorstellbaren 1,6 Kilometer Kletterlänge, immer im 5. bis oberen 6. Schwierigkeitsgrad – die klassische Linie der Via delle Guide durch die achthundert Meter hohe Nordwand des Crozzon di Brenta – die Andrich-Fáe und die Tissi-Führe in der Civetta und viele mehr. Ich lebe vom Klettern, für das Klettern, ein Monat pro Jahr in Südfrankreich, drei bis vier Wochen am Gardasee, drei bis vier Wochen in den Dolomiten, dazu zwei bis drei Wochen auf Mittelmeerinseln und den Rest in den heimatlichen Wänden.

Meine Vision ist Realität geworden.

Ludwig klettert im oberen 7. Schwierigkeitsgrad in der Verdon-Schlucht

Die Verlagerung meines professionellen Wirkens weg von den alpinistischen Normalwegen hin in die Nordwände des extremen Kletterns ist geschafft.

Die neue Tätigkeit hat zwei Seiten. Zum einen ist da die große Faszination des Tanzes in der Vertikalen, die sinnliche Ästhetik der extremen Kletterei in atemberaubender Szenerie und das damit verbundene intensive Leben und Erleben.

Zum anderen heißt es, in den langen extremen Routen im Durchschnitt zwanzig- bis dreißigmal am scharfen Ende des Seils die jeweils kommende Seillänge nach vorne ins Ungewisse zu klettern, bis die Wand endlich durchstiegen ist. Noch dazu klettere ich viele der extremen Felstouren mit den Kunden zum ersten Mal, das heißt, ich kenne sie noch nicht. Ich weiß also niemals genau, was kommen wird, ich muss den Fels im Gehen entschlüsseln, muss den Routenverlauf finden und kann dabei nur auf das Vertrauen in mich selbst bauen, es zu schaffen.

Das kostet mich auf Dauer nicht nur körperliche, sondern auch mentale und nervliche Substanz. Es bedeutet nichts anderes, als dass ich meine Profession in ständiger Lebensgefahr ausübe. Manchmal dauert so ein Klettertag bis zu vierzehn Stunden, in Ausnahmefällen auch länger. Da es nun mein beruflicher Schwerpunkt ist, muss ich diese extreme Leistung nicht nur an einem Tag, sondern an vielen Tagen in der Saison erbringen. Ich begreife im Tun, dass es hierbei nicht nur um die singuläre Problemstellung „Große Wand" geht, sondern dass darüber hinaus im Laufe eines Sommers eine neue Herausforderung für mich entsteht: die Aneinanderreihung vieler „Großer Wände".

196

Murphy's Law besagt, dass alles, was schief gehen kann, früher oder später auch schief geht. Die Original-Formulierung lautet: „Wenn es zwei Arten gibt, etwas zu erledigen und eine davon kann in einer Katastrophe enden, so wird jemand diese Art wählen." Auch bei höchster Professionalität und konsequentem Einhalten der Sicherheitsstandards steigt daher notwendigerweise mit häufiger Ausübung einer derart extremen Tätigkeit das Risiko, dass doch einmal etwas passiert.

Ich möchte mich nicht auf mein Glück verlassen, da ich meinen Schutzengel bereits als junger Kletterer genug gefordert habe. Eine meiner zentralen Bemühungen besteht darin, alles aus meinem Tun zu eliminieren, das die Wahrscheinlichkeit für einen tödlichen Fehler steigen lässt.

Das mündet in ein paar Prinzipien, mit denen ich – und damit auch die Menschen, die sich mir anvertrauen – diesem Risiko begegne:

- Niemals mit mir unbekannten Kunden in mir unbekannte Touren einsteigen. Das heißt, nur mit mir bekannten Kunden in mir unbekannte Routen zu gehen und mit mir unbekannten Kunden nur mir bekannte Routen zu klettern.
- Vollkommener Verzicht auf brüchige und schlecht absicherbare Routen.
- Wenn die Zeit knapp wird und der Druck steigt: Tempo rausnehmen.
- Sicherheit heißt: mit Reserven klettern und die Wachsamkeit erhalten.
- Monotonie vermeiden, für Abwechslung sorgen: lange und kurze Wände, zwischendurch leichte Routen und spielerisches Sportklettern.

Beim bewussten Risikomanagement habe ich das Gefühl, dass die größte Gefahr im Nachlassen der Wachsamkeit liegt. Nicht nur, dass die Wachsamkeit im Laufe eines langen Tourentages abnimmt, sie nimmt auch im Laufe der Klettersaisonen mit Zunahme der „Kletterkilometer" ab.

Wenn man sich vor Augen hält, dass in den schweren Routen die vielen kleinen und die paar großen Entscheidungen ständig mit unzureichendem Informationsstand getroffen werden müssen, dann ist klar, dass der Aufmerksamkeit und Wachsamkeit eine Schlüsselrolle zukommt. Denn die größte Gefahr für die Wachsamkeit liegt in der Wiederholung, die auch zu Monotonie und Abstumpfung führen kann.

Um diese gefährliche Abstumpfung zu vermeiden, beschließe ich, nicht immer nur extrem zu klettern, sondern zwischendurch auch leichte Routen einzustreuen. Ich klettere nicht nur in Nordwänden, sondern auch in Südwänden, nicht nur lange schwierige Routen, sondern zwischendurch auch spielerisch über dem Meer. Ich merke, wie wichtig es ist, auf die mentale Regeneration zu achten. Auch die nervliche Substanz muss sich erholen. Die Erholung macht stärker und ist Teil jedes intelligenten Trainings- und Entwicklungsplanes. Deshalb mache ich zwischendurch einfach gar nichts.

Eine der zentralen Lektionen aus meinem Erlebnis an der Les Courtes ist, nichts mehr mit der Brechstange anzugehen. Das spielerische Kommen Lassen der günstigen Gelegenheit wird für mich zur Leitlinie.

Dazu brauche ich jedoch diese feine Wachsamkeit, die nur da ist, wenn ich locker bin und dadurch erkennen kann, wann sich die Chance für eine große Route auftut. Gleichzeitig kann ich ebenso locker verzichten, wenn mein Gefühl sagt, dass wir heute aus irgendeinem Grund nicht einsteigen sollten.

Meinen größten Erfolg im Risikomanagement stellt der Umstand dar, dass ich auf über eintausend geführten Touren in zwölf Jahren keinen Unfall hatte. Oft verzichte ich wetterbedingt auf Touren, doch wichtiger für mich sind jene Entscheidungen, bei scheinbar optimalen Bedingungen auf Durchstiege zu verzichten, weil meine innere Stimme mir signalisiert, dass irgendwas nicht stimmt. Ich vertraue dabei meinem Gespür mehr als den rein rational günstig scheinenden Umständen.

Der Erfolg im Großen ist immer eine Folge von vielen kleinen, unspektakulären Schritten. Ziemlich genau fünfzehn Jahre nachdem ich mit dem Klettern begonnen habe, sagte mir ein geschätzter Mensch sechshundert Meter über dem Boden in einer der großen Ostalpen-Nordwände, der Via delle Guide am Crozzon di Brenta, nachdem sich die Anstrengungen der Tour langsam bemerkbar machen: „Rainer, es fasziniert mich, wie du jetzt, nach so vielen Stunden, noch immer deine Zehenspitzen so exakt auf diese kleinen Tritte setzt."

Gewiss, zu Beginn meiner Kletterlaufbahn waren sehr schnell tolle Touren möglich, aber es brauchte viel Zeit, bis ich diese Form der Souveränität erlangen konnte. Die Energie dafür kann ich über einen so langen Zeitraum nur aufbringen, weil ich hier wirklich mein Spielfeld gefunden habe. Ich erkenne in diesem Moment auch, dass Meisterschaft kein Punkt ist, den man erreicht, sondern vielmehr ein Zustand, den man ständig erneuern muss. Ich erkenne, dass es wichtig ist, immer wie ein Meister zu agieren, der noch übt.

Was mir auch klar wird, ist, wie sehr Führung eine Aufgabe des Miteinanders ist. Es gibt Kunden, in deren Gemeinschaft ich besser und lockerer unterwegs bin als in der Gemeinschaft anderer. Meine eigene Leistungsfähigkeit hängt nicht nur von mir selbst ab, sondern auch von meinem Gegenüber. Je mehr Vertrauen ich in die Kletterleistungsfähigkeit, die Eigenverantwortung und das Sicherungskönnen der von mir Geführten habe, desto besser und leistungsfähiger bin ich selbst. Umgekehrt merke ich, wie viel Energie und Sicherheit meine Kunden aus

Gezielter Wechsel zwischen ernsten Nordwänden und spielerischem Klettern über dem Meer: im Schatten der Drei Zinnen (oben), und der Autor im 7. Schwierigkeitsgrad auf der griechischen Insel Kalymnos (unten rechts)

dem Umstand beziehen, dass ich ihnen eine Route zutraue. Führung ist nicht eine Funktion, die von einem Menschen in Richtung eines anderen ausgeübt wird, sondern vielmehr ein wechselseitiger Prozess.

1997, am Ende eines großen Tourensommers, lasse ich gemeinsam mit Waltraud, die inzwischen meine Frau geworden ist, bei einer herbstlichen Wanderung den Sommer nachklingen. Nach über eintausend geführten Touren, verwirklichten Träumen und erreichten Zielen stelle ich mir die Frage: Wie wird es weitergehen? Wie lange soll ich das in dieser Form noch betreiben? Ist es möglicherweise wieder an der Zeit zum *Neu Hinschauen*? Ich beginne damit, über neue Wege und berufliche Herausforderungen nachzudenken.

Der Zufall bringt mich im selben Herbst mit neuen Menschen zusammen: Ich lerne Georg Bachler, Franz Fröschl, Herbert Schreib und Werner Bein kennen. Georg war in den 80er-Jahren einer der leistungsfähigsten Höhenbergsteiger weltweit, seine Kollegen sind ehemalige Wildwasser-Profis, die es schon in ihrer Studienzeit zu einem Vizeweltmeistertitel im Schlauchboot-Rafting gebracht hatten. Gemeinsam begleiten sie nun Unternehmen dabei, die Teamarbeit zu verbessern und Veränderungsprozesse erfolgreich zu gestalten. Sie laden mich ein, bei ihnen mitzuarbeiten und all die gemachten Erfahrungen in einem neuen Spielfeld einzubringen.

Die Arbeit mit Menschen in Unternehmen begeistert mich von Beginn an. Ich erkenne, dass es in Unternehmen um ähnliche Fragen wie in den Nordwänden geht, sozusagen nur auf anderem Untergrund. Es geht darum, wie sich Gemeinschaften auf kommende Herausforderungen einstellen, es geht darum, wie Unternehmen Ungewissheit Schritt für Schritt in Erfolge verwandeln können und immer wieder neue, lohnende Wege finden. Neben der Arbeit in den Veränderungsprojekten absolviere ich ein postgraduales Studium für Organisationsentwicklung und steige langsam auf das neue Terrain um. Nach drei Jahren ist es wieder an der Zeit, Altes loszulassen: Ich ziehe mich aus sämtlichen geschäftlichen Aktivitäten rund um das Bergsteigen, sowohl aus dem Verkauf von Ausrüstung als auch von der Organisation und Durchführung von Touren, zurück. Ab diesem Moment fokussiere ich mich ausschließlich auf die Beratung und Begleitung von Unternehmen in Veränderungsprozessen.

Lektionen aus den Nordwänden:

Im 7. Prinzip *Lernen, Schaffen und Erneuern* geht es um zwei zentrale Aspekte des Schaffens. Erstens geht es mir um die schöpferische Komponente: Schaffen im Sinne von Erschaffen bedeutet, Ideen in die Tat umzusetzen und Neues in die Welt zu bringen. Zweitens bemerke ich mehr und mehr, dass für den Erfolg das Schaffen von optimalen Bedingungen Voraussetzung ist.

Eine der zentralen Erfahrungen, die ich von meinen Führungstouren für mich und meine Kunden mitgenommen habe, ist, dass die Anforderungen, denen man sich aussetzt, in hohem Maß den Leistungsle-

Zeiten des Rückzugs und der Stille

vel bestimmen, den man erreichen kann. Wenn man sich oder andere Menschen den richtigen Strukturen aussetzt und passende, herausfordernde Aufgaben findet, macht dies das Eintreten von Leistungszuwachs nahezu unausweichlich. Deshalb helfen die richtigen Lernbedingungen weit mehr als Anweisungen, wenn andere Menschen in der Entwicklung ihrer Leistungsfähigkeit unterstützt werden sollen.

Damit ändern sich auch die Rolle und das Selbstverständnis von Führung. Auf den Normalwegen zu führen bedeutete, den Kunden immer in unmittelbarer Nähe am kurzen Seil zu haben und ihm auch Anweisungen geben zu können. In den großen Nordwänden kletterten die Geführten hingegen oft außer Sichtweite. Hier konnte ich ihnen keine Anweisungen mehr geben und war darauf angewiesen, dass sie von selber alles richtig machten. Ich konnte ihnen nur durch die Seilsicherung die Strukturen für den Aufstieg und durch die Vorbereitung und Auswahl der Routen die optimalen Rahmenbedingungen schaffen. Ich konnte sie nur vor den Touren durch bestmögliche Vorbereitung unterstützen.

Die Routen so auszuwählen, dass sie meine Kunden nahezu zwangen, ihre Stärken voll zum Einsatz zu bringen und ihr gesamtes Potenzial auszuschöpfen, war die viel wesentlichere Führungsaufgabe als das Unterstützen beim Klettern. Entwicklung auf hohem Level wird viel mehr durch die Struktur der konkreten Aufgabenstellung oder einer Herausforderung möglich als durch ein Vormachen oder Sagen, wie's geht.

Aus diesen Führungserfahrungen in extremen Nordwänden habe ich folgende Lektionen mitgenommen:

- Streben Sie in ihrem Spielfeld Meisterschaft an und seien Sie sich bewusst, dass Sie sich ständig um deren Erneuerung bemühen müssen.
- Schaffen Sie Strukturen und Bedingungen für sich selbst und für andere, die das Eintreten von Entwicklung und Erfolg nahezu unausweichlich machen.
- Wechseln Sie zwischen Belastung und Erholung sowie zwischen operativem Tun und strategischer Reflexion.

■ Impulse für den Einzelnen

Der Aufbau von herausragender Leistungsfähigkeit und hoher Professionalität in einem Spielfeld braucht Zeit und ist eine Langstreckendisziplin. Es geht hier um Lebensabschnitte, also um Zeiträume von zehn bis fünfzehn Jahren, das zeigt sich nicht nur im Sport, sondern auch in anderen Feldern, wie etwa in der Musik oder in den unterschiedlichen Berufen. Wenn man geschickt ist, kann man in seinem Gebiet in drei bis fünf Jahren schon durchaus gute Leistungen erzielen. Für herausragende Leistungsfähigkeit braucht es dagegen länger. Diese dann zu erhalten und zu erneuern ist ein Prozess, der nie endgültig abgeschlossen werden kann. Ich habe mit vielen Menschen in unterschiedlichen Branchen gearbeitet, die es in Management-, Dienstleistungs- oder Service-Bereichen zu wahrer Meisterschaft gebracht hatten. Der dadurch gewonnene Leistungsunterschied zu Mitbewerbern sichert nachhaltig Nachfrage und eine gute Auftragslage.

Nun werden Sie sich vielleicht fragen, wie in einer schnelllebigen und turbulenten Zeit, die durch das Absterben ganzer Branchen und dem Aufkommen neuer Berufsfelder gekennzeichnet ist, noch Meisterschaft möglich ist? Habe ich in einem sich ständig verändernden Umfeld noch die Zeit, herausragende Leistungsfähigkeit zu entwickeln? Kann sich nicht mein Spielfeld dermaßen verändern oder auflösen, dass so etwas wie Meisterschaft gar nicht möglich wird?

Die große Herausforderung für jeden Einzelnen in einem sich rasch verändernden Umfeld ist es sicher, einerseits Kontinuität in der Entwicklung von Meisterschaft zu wahren und andererseits das aus diesem Streben resultierende Erfahrungs-Wissen in neuen Spielfeldern gewinnbringend einzusetzen. Wenn die Tätigkeit in einem neuen Spielfeld auf dem bisher Erreichten aufbaut und dieses konsequent verwertet, kann bei all dem Wandel die Kontinuität sichergestellt werden. So konnte ich die beim Klettern und Führen aufgebaute Fähigkeit im Umgang mit Menschen in herausfordernden Situationen in das neue Spielfeld der Beratungstätigkeit übertragen und dort darauf aufbauen.

Da der Aufbau von Meisterschaft lange dauert, ist es umso wichtiger, immer im richtigen Spielfeld zu wirken. Souveräne Leistungsfähigkeit in einem Bereich anzustreben, der weder dem inneren Antrieb noch den persönlichen Stärken entspricht, wird eher zu einem Burn-Out führen, als eine Quelle der Energie darstellen. Ich möchte hier nochmals betonen, wie wichtig es ist, sich mit den Fragen des 1. Prinzips *Finden Sie Ihr Spielfeld* auseinander zu setzen: Was ist mein größtes Potenzial? Wozu bin ich da? Wofür brenne ich? Welcher Beitrag wird gebraucht? Denn Meisterschaft zu erringen heißt auch Opfer zu bringen.

Wenn der Einzelne den Weg zu hoher Leistungsfähigkeit beschreiten will, muss er sich meiner Erfahrung nach Voraussetzungen schaffen, die ihm den Erfolg ermöglichen. Das könnte bedeuten, in einer Organisation Konflikte in Kauf zu nehmen, um für jene Strukturen zu kämpfen, die man für die eigene optimale Wirkung braucht. Die zentralen Fragen für den Einzelnen lauten: Wie kann ich meine Bestleistungen erzielen? In welchem Umfeld werden diese möglich? Was muss ich tun, um mir ein solches Umfeld zu schaffen?

Diese Strukturen sollten dem Einzelnen abwechselnd sowohl kontinuierliches Arbeiten als auch Neuerfindung ermöglichen. Dies gilt für längere sowie für kürzere Zeiträume. Die Mehrheit der Tätigkeiten basiert heute auf dem Faktor Wissen, ob es nun um die Aneignung, den Austausch oder das Produktivmachen von Wissen geht. Wenn es bei wissensintensiven Tätigkeiten in die Tiefe gehen soll, braucht man in der Regel größere Zeiteinheiten störungsfreier Arbeit, um sich in die jeweilige Thematik einzuarbeiten, ein Problem gründlich durchdenken oder ein komplexes Konzept zu Papier bringen zu können. Auf der anderen Seite braucht man gerade bei wissensbasierten Arbeiten immer wieder Verstörungen von außen, egal ob es sich dabei um geplante oder ungeplante Irritationen handelt. Entwicklung wird nur durch ein gesundes Verhältnis von störungsfreiem und zielgerichtetem Arbeiten und produktiven Verstörungen möglich.

Überdies ist es für die kontinuierliche persönliche Entwicklung wichtig, sich auch des eigenen bevorzugten Lern- und Arbeitsstils bewusst zu sein. Menschen lernen unterschiedlich, und was bei dem einen funktioniert, muss beim anderen noch lange nicht zum Erfolg führen.

Stellen Sie sich folgende Fragen: Merke ich mir Dinge besser, wenn ich zuhöre oder wenn ich sie lese? Werden mir Dinge klarer, wenn ich sie niederschreibe? Lerne ich durch Tun und Anwenden? Erziele ich bessere Ergebnisse, wenn ich alleine arbeite oder arbeite ich besser im Team? Unter welchen Bedingungen arbeite ich alleine besser und unter welchen Bedingungen arbeite ich im Team besser? Gehöre ich zu den Menschen, die jedes einzelne Detail verstehen wollen, bevor sie etwas anfangen, oder fange ich lieber an und lerne, während ich die Leistung erbringe? Brauche ich ein Bild vom Gesamtablauf, bevor ich etwas Neues beginne?

Last but not least: „Wer nur arbeitet, hat keine Ideen", sagt der Quantenphysiker Anton Zeilinger. Herausragende Leistungen werden nur dann nachhaltig möglich, wenn man Erholungsphasen nicht als notwendige Unterbrechung, sondern als unverzichtbaren und integralen Bestandteil des Besserwerdens begreift. Der Einzelne braucht daher ein dosiertes Wechselspiel zwischen Zeiten höchsten Arbeitseinsatzes und Zeiten der Stille, des Rückzugs und Reflexion.

■ Impulse für Unternehmen

Beim Prinzip des *Klugen Scheiterns* habe ich beschrieben, wie man mit Durchbruchprojekten und gezieltem Prototyping einen neuen Leistungslevel erreichen kann. Wenn erste Erfolge erzielt werden, kommt es für Unternehmen darauf an, dass diese auf die ganze Organisation ausgedehnt werden und das Unternehmen dadurch nachhaltig herausragend leistungsfähig wird. Ich möchte Ihnen dazu folgende Impulse anbieten:

- Machen Sie Gelerntes aus Projekten und Initiativen für den Rest des Unternehmens nutzbar.
- Schaffen Sie geeignete Strukturen und Bedingungen für intelligente Entscheidungen und produktive Wissensarbeit.

• Nehmen Sie zum aktiven Erschaffen der Zukunft strategische Time-outs.

Lerntransfer von Projekten in die Organisation

Über die notwendige Fähigkeit von Unternehmen, rasch und effektiv risikoarme Experimente und Projekte durchzuführen, haben wir im letzten Kapitel rund um das Prototyping schon ausführlich gesprochen. Nun geht es aber in Unternehmen darum, gewonnene Erkenntnisse, neu erlernte und überlegene Methoden, Praktiken und Verfahren für den Rest der Organisation nutzbar zu machen. Der Transfer aus einzelnen Initiativen und Projekten in den Rest der Organisation geschieht nicht von alleine, sondern muss gezielt organisiert und manchmal sehr behutsam gemanagt werden.

Damit der gezielte Transfer des neu gewonnenen Wissens wirklich passiert, muss Raum und Zeit zum Austausch geschaffen werden. Austausch in diesem Zusammenhang bedeutet nicht, dass explizites Wissen auf elektronischen Speichermedien oder Internet-Plattformen abgelegt und verwaltet wird und Zugriffsmöglichkeiten darauf geschaffen werden, sondern dass Menschen zusammengebracht und vernetzt werden und dabei implizites Wissen ausgetauscht wird. Das Wissen, auf das es ankommt, steckt oft in Geschichten von großen und kleinen Erfolgen, manchmal auch in Geschichten über das Scheitern.

Wenn ein solcher Austausch sorgfältig organisiert und durchgeführt wird, führt dieser bei den Menschen, die man zusammenbringt, nicht nur zu wertvollen Wissenszuwächsen, sondern auch zum besseren Kennenlernen und manchmal sogar zur Erkenntnis, dass „die anderen"

Gezielten Lerntransfer organisieren

so schlimm gar nicht sind. Ich höre bei solchen Workshops Menschen oft sagen: „Jetzt kenne ich endlich das Gesicht am anderen Ende der Leitung", „Ich wusste vorher nicht, was die alles draufhaben und machen können" oder „Ich tue mir jetzt leichter, fachliche Probleme gemeinsam zu lösen".

Diese realen Begegnungsmöglichkeiten sind vor allem dann wichtig, wenn Menschen in hohem Ausmaß virtuell zusammenarbeiten sollen. Auch Peter F. Drucker weist darauf hin: „Elektronischer Informationsaustausch ist kein Ersatz für persönliche Begegnung. Im Gegenteil, er macht sie wichtiger. Er macht es notwendig, dass Menschen einander vertrauen." (Drucker, 1999)

Im positiven Fall funktioniert der Austausch und führt dazu, dass die Menschen nach diesen Begegnungen besser und leichter zusammenarbeiten. Manchmal trifft der Versuch, die Menschen zusammenzubringen, jedoch auf die Historie des Systems, auf festgefahrene Überzeugungen und Einstellungen: Alles, was von den anderen kommt, wird dann automatisch abgelehnt. Man bezeichnet dies als „Not-invented-here-Syndrom".

Der Manager oder Unternehmer, der den Wissensaustausch zwischen unterschiedlichen Bereichen forcieren will, sollte daher von vornherein Ablehnungswahrscheinlichkeiten für neues Wissen ins Kalkül ziehen, statt einzelne Menschen oder ganze Abteilungen als Blockierer abzuqualifizieren. „Die Ablehnungswahrscheinlichkeit jeden Wissens erklärt sich daraus, dass damit sowohl die Realitätssicht des sozialen Systems, in dem dieses Wissen kommuniziert wird, als auch das System selbst, das sich diese und nicht eine andere Realität konstruiert, auf dem Spiel steht", so der Systemtheoretiker und Soziologe Dirk Baecker. (Baecker, 1998)

Vereinfacht gesagt, rüttelt jedes neue Wissen an den Grundfesten alter Überzeugungen und *bewährter* Vorgangsweisen und bedroht damit immer auch berufliche Sicherheiten, Identitäten, Rollenbilder und den Status von Experten. Wenn wir uns vor Augen führen, dass Lernen immer eine vorübergehende Inkompetenz des Lernenden mit einschließt, wird automatisch klar, dass wir beim Transfer von neuem Wissen in andere Teile des Unternehmens immer behutsam und respektvoll vorzugehen haben. Ich habe darauf bereits beim Prinzip *Loslassen und Verzichten im Spannungsfeld von Alt und Neu* hingewiesen.

Strukturen für intelligente Entscheidungen und produktive Wissensarbeit schaffen

Für Unternehmen wird es in Zukunft mehr und mehr darauf ankommen, einen Humusboden aus Strukturen und Bedingungen zu schaffen, die auch in einem turbulenten Umfeld die Entwicklung von herausragenden Leistungen ermöglichen. Der Weg geht hin zu netzwerkartigen Strukturen, in denen die Prozess- und Projektorientierung das leitende Gestaltungsprinzip darstellt. Die These von Alfred Chandler aus den 60er-Jahren, wonach die Organisationsform immer der Strategie zu folgen habe – „structure follows strategy" –, scheint heute überholt zu sein. Nicht nur, dass die Wahl der Strategie auch vom jeweiligen Unternehmensumfeld abhängt. Es scheint im Gegenteil so zu sein, dass in turbulenten Umfeldern effektive Strategien aus einer Vielzahl von Entscheidungen und Initiativen, die an unterschiedlichsten Stellen im Unternehmen getroffen oder verfolgt werden, entstehen. Vor allem in großen Organisationen wird es mehr und mehr darauf ankommen, die Organisationsstrukturen und Kommunikationsflüsse so zu gestalten, dass die Wahrscheinlichkeit für strategisch intelligente Entscheidungen und Initiativen steigt: „strategy follows structure". (Roberts, 2004)

In meiner Praxis beobachte ich dagegen gerade in großen Unternehmen, dass die Chance, durch optimale Strukturen effektivere Strategien zu ermöglichen und dadurch bessere Leistungen zu erzielen, häufig nicht genutzt wird. Stattdessen sucht man manchmal lieber eine typische Normalweg-Lösung: Das Management delegiert die Verantwortung für das Organisationsdesign an externe Berater mit klingendem Namen und erhält im Gegenzug eine von außen verordnete Lösung, die nach innen Widerstand hervorruft und nach außen Ähnlichkeit mit den Mitbewerbern produziert.

Es gibt auch Ausnahmen von dieser Vorgangsweise: Unternehmen, die begriffen haben, dass intern produzierte Lösungen das Organisationslernen fördern und nur eine Veränderung von innen der Organisation eine einzigartige und passende Struktur geben kann. Unternehmen, die begriffen haben, dass allen, die im Unternehmen mitdenken und auf dieser Basis eigenverantwortliche Entscheidungen treffen sollen, relevante Informationen nicht nur zugänglich gemacht, sondern auch als relevant kommuniziert werden müssen. Unternehmen, die begriffen haben, dass Wissen nicht dazu dient, Einzelnen einen Machtvorsprung zu sichern, sondern dass sie Wissen optimal produktiv machen müssen, um dadurch einen Wettbewerbsvorsprung zu erzielen.

Als ein Musterbeispiel dafür kann die Firma W. L. Gore & Associates gelten. Gore orientiert sich bei der Gestaltung der Organisation und der Unternehmenskultur mehr an lebenden Systemen als an Management-Theorien. Gore glaubt an die Wichtigkeit der direkten, unmittelbaren und unkomplizierten Kommunikation und orientiert sich am Prinzip der Zellteilung. Deshalb ist die Größe der einzelnen Werke auf 150 bis 200 Mitarbeiter begrenzt. Braucht man mehr Mitarbeiter, wird entweder ein neues Werk gebaut oder ein Teil der Arbeiten in ein anderes Werk verlagert. „Bill Gore wollte, dass möglichst viele wissen, was macht denn der andere, wie heißt er mit Vornamen, was ist sein Beitrag zum Erfolg des Werkes und des Business, das wir hier betreiben? Das geht nur, wenn Sie schnell und unkompliziert miteinander reden können und das geht wiederum nur bis zu einer bestimmten Zahl von Mitarbeitern." (Loth zit. nach Wagner, 2003)

Denn mehr und mehr hängt die Produktivität von Unternehmen von der Produktivität ihrer Wissensarbeiter ab. Wie kann es nun einer Organisation gelingen, das vorhandene und das durch kreativen, oft zufälligen Austausch entstehende Wissen für sich produktiv zu nutzen? Wissen ist nichts, was man besitzt oder was man in Datenbanken abspeichern könnte, sondern etwas, das durch Menschen und deren Zusammenwirken entsteht und vermehrt wird. Echtes Wissen ist nicht zweckorientiert, worauf der Philosoph Konrad Paul Liessmann hinweist: „Wissen ist mehr als Information. Wissen erlaubt es nicht nur, aus einer Fülle von Daten jene herauszufiltern, die Informationswert haben, Wissen ist überhaupt eine Form der Durchdringung der Welt: Erkennen, Verstehen, Begreifen. Im Gegensatz zur Information, deren Bedeutung in einer handlungsrelevanten Perspektive liegt, ist Wissen allerdings nicht eindeutig zweckorientiert. Wissen lässt sich viel, und ob dieses Wissen unnütz ist, entscheidet sich nie im Moment der Herstellung oder Aufnahme dieses Wissens.

Seit der Antike wird so die Frage nach dem Wissen von der Frage nach der Nützlichkeit von Informationen aus systematischen Gründen zu Recht getrennt. Ob Wissen nützen kann, ist nie eine Frage des Wissens, sondern der Situation, in die man gerät." (Liessmann, 2006)

Wichtiges Wissen wird nicht nur am Schreibtisch ausgetauscht – Workshop-Pause in einem Klostergarten

Daher ist es kontraproduktiv, Wissen auf der Basis einer Produktionslogik oder Materialwirtschaft verwalten zu wollen, es beispielsweise in ein enges Zeitkorsett zu zwängen, strikte Prozessvorgaben zu machen und formelle Kontrolle auszuüben. Hier wirken noch vielfach unbewusst die Steuerungs- und Führungsparadigmen der Industriearbeit nach.

Um Wissen in ein neues Produkt oder in eine erfolgreiche Innovation zu verwandeln, braucht es neben Disziplin und Konsequenz auch Kreativität. Kreative Prozesse sind nicht vergleichbar mit Produktionsprozessen und können mitunter auch gegen kulturelle Regeln in der Organisation verstoßen oder Tabubrüche darstellen: Ein Wissensarbeiter, dessen Beine auf dem Bürotisch liegen, kann gerade in diesem Moment entscheidende Arbeit für das Unternehmen leisten. Zwei Wissensarbeiter, die beim Kaffeeautomaten stehen und reden, können gerade einen für das Unternehmen relevanten Austausch betreiben. Allein die Vorstellung zu akzeptieren, dass hier nicht nur oberflächlich geplaudert wird, sondern wichtige Arbeit passiert, kann für den einen oder anderen Vorgesetzten eine große Herausforderung darstellen.

Viele Unternehmen brauchen meiner Erfahrung nach etwas mehr professionelle Lockerheit im Umgang mit Wissen. Damit meine ich keineswegs, dass Unternehmensgeheimnisse oder vertrauliche Informationen leichtfertig ausgeplaudert werden. Ich meine damit vielmehr, dass die Prozesse, in denen Wissen ausgetauscht und generiert wird, zumeist auf einer informellen Ebene ablaufen. Wird dieser Austausch formalisiert oder der Versuch unternommen, ihn unter Kontrolle zu bringen, wird ihm die Kraft und das eigentliche Potenzial genommen. Henry Mintzberg empfiehlt in diesem Zusammenhang strategische Initiativen und Innovationen nicht gezielt vorausplanen zu wollen, sondern deren Auftauchen aufmerksam zu beobachten und im weiteren Verlauf geeignet zu intervenieren. (Mintzberg, 2005)

Ein Unternehmen, das professionelle Lockerheit im Umgang mit Wissen und Initiativen nicht tolerieren kann, verspielt wichtige Zukunftschancen vermutlich ebenso, wie wenn es nicht in der Lage ist, in entscheidenden Projektphasen 120 % Einsatz von seinen Mitarbeitern zu bekommen. Die Herausforderung besteht im Schaffen eines Kontexts, der sowohl den kreativen als auch den disziplinierten Phasen gerecht wird.

Wiederum kann uns die Firma Gore als Beispiel dienen. Neben dem bereits angeführten Prinzip der Zellteilung und dem Prinzip der Wasserlinie werden die Associates – alle Mitarbeiter sind Teilhaber – mit dem Prinzip „Freedom" dazu ermuntert, in Bezug auf Wissen, Fähigkeiten, Verantwortungsbereich und Aktionsrahmen zu wachsen. Wenn beispielsweise ein Buchhaltungsexperte begeisterter Radsportler ist und deshalb an der Entwicklung von neuen Radsporttextilien mitarbeiten will, dann kann er das tun. Es ist erwünscht, dass die Associates eigene Ideen weiterverfolgen, Mitstreiter suchen und so neue Projekte starten.

Nur zwei Regeln gilt es einzuhalten: Erstens das Prinzip der Wasserlinie, die Sie im Kapitel über das *Kluge Scheitern* kennen gelernt haben und wonach jeder vor einem neuen Projekt zu prüfen hat, ob ein möglicher Erfolg den nötigen Aufwand wert ist und ob ein mögliches Scheitern den Ruf oder gar das Überleben der Firma gefährden könnte. Zweitens darf die bisherige Arbeit nicht vernachlässigt werden, und man hat dafür zu sorgen, dass das Tagesgeschäft weiterhin funktioniert. Es bedeutet, gegebenenfalls Unterstützung zu organisieren oder bei besonders wichtigen Projekten auch jemand Neuen einzustellen.

Ein Vorgehen wie das von Gore verlangt eine Führungskultur, in der Freiheit und Autonomie einen zentralen Stellenwert haben. Nicht in Broschüren oder im Unternehmensleitbild, sondern im Alltag – in der gelebten Unternehmenskultur. Die Autonomie von Mitarbeitern zu akzeptieren, ist für Manager und Unternehmer mit einem ausgeprägten Kontrollbedürfnis mitunter schwierig. Aber mit einem Command-and-Control-Ansatz ist es wie mit dem Führen am kurzen Seil: Es taugt nur für einfachere Unternehmungen, die großen Herausforderungen können damit nicht realisiert werden. Nur mit dem langen Seil kann eine Seilschaft eine große Wand bewältigen. Klettern mit langem Seil verlangt aber im Gegenzug das strikte Befolgen von einigen wenigen Regeln der Zusammenarbeit sowie das gegenseitige Vertrauen, dass jeder Partner zwar eigenverantwortlich, aber im Sinne des Ganzen agiert.

Eine wirkungsvolle Kontextsteuerung, die Disziplin und Freiraum in Einklang bringt, kann über die Unternehmenskultur erfolgen. Dies gilt nicht nur für ausgesprochen kreative Organisationen, sondern auch für solche, bei denen aus Sicherheitsgründen das Einhalten von höchsten Standards unbedingt notwendig ist. Karl Weick hat High Reliability Organizations (HRO's) untersucht. Zu diesen Hoch-Verlässlichkeits-Unternehmen zählten Großfeuerwehren im Waldbrandeinsatz, Atomkraftwerke, Flugzeugträger und viele andere mehr. „In HRO´s hält man Zentralisierung und Dezentralisierung im Gleichgewicht. Häufig mit Hilfe einer engen sozialen Kopplung über einen Handvoll kultureller Kernwerte und mit Hilfe einer losen Kopplung über die Instrumente, mit denen man diese Werte umsetzt.

Üben Sie Kontrolle über die Unternehmenskultur aus. Verinnerlichte Wertvorstellungen liefern alles, was Sie an Zentralisierung brauchen. Eine starke Unternehmenskultur, die durch feste Wertvorstellungen zusammengehalten und durch sozialen Druck durchgesetzt wird, ist alles, was Sie an Kontrolle brauchen." (Weick, 2003)

Über die Unternehmenskultur kann die notwendige Steuerung erfolgen und sie kann gleichzeitig die Voraussetzungen für kreatives Arbeiten schaffen. Richard Florida (2002) rückt die Bedeutung der Kreativität für die Wirtschaft in den Fokus und rät Folgendes:
• Das Unternehmen soll den Mitarbeitern durch kreative Heraus-

forderungen wirkliches intellektuell-kreatives Engagement er-
möglichen.
- Das Management soll für die Mitarbeiter Störungen minimieren,
Ablenkungen vermeiden und Hindernisse ausräumen.
- Manager und Vorgesetzte müssen für Kreativität verantwortlich
gemacht werden.
- Unternehmen dürfen keine Zwei-Klassen-Gesellschaft und Un-
terteilung in Kreative und Nicht-Kreative zulassen. Jeder im Unternehmen ist kreativ!
- Das Management soll das Bewusstsein schaffen, dass Kreativität
das Produkt einer Interaktion ist.
- Kunden und Anwender sollen in den kreativen Prozess miteinbe-
zogen werden.

Beim Prinzip *Lernen, Schaffen und Erneuern* geht es nicht nur um das
Schaffen geeigneter Strukturen und Voraussetzungen für hohe Leistungsfähigkeit, sondern auch um das aktive Erschaffen der Zukunft
des Unternehmens. Mit den Worten von Martin Buber: „Schaffen ist
Schöpfen, Erfinden ist Finden. Gestaltung ist Entdeckung." (Buber,
1995)

Strategische Time-outs zum Erschaffen der Zukunft
Unternehmen, deren Führungskräfte nach wie vor davon ausgehen,
dass die Zukunft berechenbar und planbar sei und die ein maschinen-
ähnliches Verständnis von Organisationen haben, werden Strategieentwicklung vermutlich weiterhin als einen Sonderprozess betrachten, der
an eine Stabsstelle und an externe Experten delegiert wird und in größeren Zeitabständen durchzuführen ist. Das entlastet nicht nur gegenüber eventuell Vorgesetzten und Eigentümervertretern, sondern auch
vom damit verbundenen Zeitaufwand. Das bedeutet oft, dass die Führung die Wahrnehmung und Beurteilung der Gefahren und Chancen
anderen überlässt, um dann in Meetings, die stark unter dem Druck des
operativen Geschäftes stehen, Entscheidungen über Zukunftsfragen zu
treffen, die andere sich gestellt haben.

Ein anderer, den Zeitumständen angemessenerer Weg kann sein,
Strategiearbeit zu einem kontinuierlichen Bestandteil des Führungsge-
schehens zu machen. Statt die Verantwortung nach außen zu delegieren, kann man strategische Dialoge organisieren und neue Stimmen

Strategische Time-outs zum Erschaffen der Zukunft

in die Strategiearbeit hereinholen, seien es die Stimmen von Kunden, Lieferanten, Anwendern oder neue Stimmen aus dem Unternehmen.

Starten kann eine solche Herangehensweise nur damit, dass sich die Führung von Vorstellungen der linearen und deterministischen Planbarkeit verabschiedet und sich im Führungsteam der Herausforderung der Ungewissheit stellt. Die Umstellung auf kontinuierliche Strategiearbeit bedeutet, sich im Führungsteam regelmäßig strategische Time-outs zu nehmen. Es geht bildlich gesprochen darum, aus dem Fluss des operativen Geschehens auszusteigen, um am Ufer der strategischen Reflexion in relativer Ruhe die relevanten Zukunftsfragen zu erörtern. Alle sechs bis zwölf Monate sollte man sich Zeit nehmen, um in diesen Time-outs Veränderungen zu identifizieren, die sich für das Unternehmen als Chance herausstellen könnten. Mögliche Fragestellungen dazu habe ich bereits beim 2. Prinzip *Neu Hinschauen* vorgestellt.

Hierbei geht es im ersten Schritt weniger darum, schnelle Antworten zu finden, sondern vielmehr um das Finden der für das Unternehmen strategisch relevanten Fragestellungen. Bis dato unhinterfragte Annahmen sollten in Frage gestellt werden, Zweifel an scheinbaren Selbstverständlichkeiten sollten aufkommen dürfen, Möglichkeiten der Zukunft sollten erörtert werden und Neues sollte entstehen dürfen. Dies betont auch Ernst Müllner, Generaldirektor von Philips Sound Solutions: „Die meisten Unternehmen verschlafen wichtige Chancen, weil sie sich keine Zeit nehmen, sich zurückzulehnen. Wir machen mehrmals im

Jahr Strategieklausuren und Business-Chance-Calculations. Die besten Ideen kommen aus einem gruppendynamischen Prozess. Bei unseren dreitätigen Strategieklausuren sind auch immer verrückte Ideen dabei, die wir wieder verwerfen. Die Zusammensetzung des Teams ist wichtig: einige progressive Spinner, einige pragmatische Umsetzer und Konservative mit viel Erfahrung müssen dabei sein. Ich habe schon das Führungsteam nach diesen Kriterien zusammengesetzt."

Ich möchte hier nochmals daran erinnern, dass auch Prof. Friedrich Macher, Generaldirektor von Kühne + Nagel, die Wichtigkeit strategischer Time-outs betont: „Was wir heute brauchen, ist Probedenken: Das heißt, man sitzt mit der Führungsmannschaft zusammen, was wir jedes Jahr eine Woche lang tun, und schauen, wo gibt es Möglichkeiten, was sind die Chancen. Dann gehen wir gemeinsam durch: Wie würden wir dieses oder jenes machen. Das ist Probedenken. Und wenn sich dann während des Jahres eine Chance ergibt, braucht mich von meinen Bereichsdirektoren oder Landeschefs keiner zu fragen, was zu tun ist, weil der weiß, das passt dazu, das mache ich und berichte dann. So sind wir um Monate schneller als der Wettbewerb, und wir können Chancen auch in einem sehr kleinen *Window of Opportunity* nutzen."

Um sich mit strategischen Fragestellungen wirklich substanziell auseinander setzen zu können, braucht es Distanz zum Alltagsgeschehen, ausreichend Zeit für gemeinsamen Dialog und eine bewusste Entschleunigung des Denkens. Ich habe im Laufe der Jahre eine Vielzahl von Strategieklausuren moderiert und Strategieprojekte begleitet. Immer dann, wenn es dem jeweiligen Führungsteam gelang, die Auseinandersetzung mit den wichtigen Fragen bewusst zu verlangsamen und in einen effektiven Dialogmodus zu kommen, der gemeinsames Denken ermöglichte, konnten substanzielle und nachhaltige Ergebnisse zustande gebracht werden.

Wer daher sagt: „Wir haben für die Entschleunigung keine Zeit, wir können uns das nicht leisten", will entweder keine effektive Strategiearbeit durchführen, oder er hat schon aufgegeben, weil er die Selbststeuerung abgegeben hat. Andere, die meinen, sie bräuchten diese strategischen Time-outs nicht, haben sogar irgendwie Recht: Wenn man auf einem unternehmerischen Normalweg unterwegs ist, braucht man das tatsächlich nicht, weil es reicht, den Wegweisern und den anderen zu folgen. Ob dies allerdings auf Dauer zum Überleben reicht, sei dahingestellt.

Wenn wir uns jedoch auf eine *Expedition ins Ungewisse* begeben und eine unternehmerische Nordwand begehen wollen, werden wir um diese Zwischenstopps nicht herumkommen. Wir werden sie brauchen, um uns über den weiteren Weg klar zu werden, zumindest über den Teil des Weges, den man vom aktuellen Standplatz aus einschätzen kann. Wir werden die Time-outs brauchen, um das Umfeld beobachten zu können und um keine entscheidende Entwicklung zu übersehen.

Den eigenen Weg in die Zukunft zu gehen, kann niemals heißen, den anderen zu folgen. Dazu braucht es auch eine gezielte Entwicklung der Führungsmannschaft als Team. Mit dieser Weiterentwicklung steigt die strategische Kompetenz des Teams. Die notwendigen Investitionen an Zeit und die möglichen Unsicherheiten und Schwierigkeiten in der Anfangsphase können Führungsteams davon abhalten, diesen Weg zu beschreiten. Auf Dauer rechnet sich dieser Weg jedoch, wenn es darum geht, komplexe Organisationen zu steuern. Denn vermutlich werden künftig nur reife Führungsteams die komplexen Aufgaben erfolgreich bewältigen können, die zur Steuerung von Organisationen und Unternehmen in einem undurchschaubaren und unberechenbaren Umfeld notwendig sind.

Literaturempfehlungen

Richard Florida: *The Rise of the Creative Class*. Basic Books 2002
Richard Florida: *Managing for Creativity*. Harvard Business Review, July–August 2005
George Leonard: *Der längere Atem*. Scherz-Integral Verlag 1998
John Roberts: *The Modern Firm*. Oxford University Press 2004
Karl Weick, Kathleen M. Sutcliffe: *Das Unerwartete managen*. Klett-Cotta Verlag 2003

AUSSTIEG UND UMSTIEG

Neue Wege in die Zukunft finden

„Die Paradoxie des Erfolgs ist ein harter Brocken:
das, was dich zum Erfolg gebracht hat,
wird dich nicht erfolgreich bleiben lassen."

Charles Handy

In diesem Abschlusskapitel möchte ich Sie einladen, mit mir aus der Nordwand wieder auszusteigen. Auch Kletterer steigen aus der Wand aus, in der Regel haben sie am Ausstieg den Überblick und sehen dann weiter als vorher. Nachdem wir bisher gemeinsam durch die Nordwände geklettert sind, möchte ich Ihnen nun vom höchsten Punkt aus nochmals einen Gesamtüberblick über das Nordwand-Prinzip® geben.

Das Spektrum praktischer Anwendungen für das Nordwand-Prinzip® ist breit, und möglicherweise haben Sie während der Lektüre den einen oder anderen Gedanken gefasst, wie Sie die einzelnen Prinzipien für sich adaptieren und nutzen können.

Meine Erfahrung in der Beratung und Begleitung von Unternehmen und Menschen in fundamentalen strategischen Veränderungsprozessen hat mir gezeigt, dass die Anwendung des Nordwand-Prinzips® in einigen prototypischen Situationen besonders sinnvoll und hilfreich ist. Diese beschreibe ich in diesem Kapitel näher. Zuvor möchte ich Ihnen aber ein Grundmuster von Veränderung und Entwicklung vorstellen.

■ Nicht-lineare Trainingsprinzipien

Ich lade Sie nun zu einem letzten, kurzen Ausflug in meine Zeit als Extremkletterer ein:

Auftakt zum Strategieprojekt

Im Zuge der Auseinandersetzung, wie man denn trainieren müsse, um die eigene Leistungsfähigkeit im Klettern zu steigern, stieß ich vor etwa zwanzig Jahren beim Durchforsten der damals noch kargen sportwissenschaftlichen Literatur bei Jürgen Weineck auf das Prinzip der Superkompensation. Vereinfacht gesagt funktioniert das so: Zu Beginn eines Trainings startet man mit dem Leistungsniveau X_0, um sich im Verlauf eines Trainings durch fortlaufende körperliche Belastung so zu ermüden, dass man am Ende des Trainings schwächer ist als zu Beginn der Trainingseinheit. Es kommt also während des Trainings zu einem Leistungsabfall.

Nach dem Training versucht der Körper sich durch eine überschießende Reaktion – dem Superkompensationseffekt – für ähnliche zukünftige Belastungen besser zu wappnen und bringt sich auf das höhere Leistungsniveau X_1. Je nach Art der Belastung, ob Ausdauer- oder Kraftbelastung, dauert diese Phase in etwa 24 bis 72 Stunden. Danach nimmt die Leistungsfähigkeit wieder ab und pendelt sich bald wieder auf dem Ausgangsniveau X_0 ein. Für die Praxis bedeutet das Folgendes:

Zu seltenes Training, wie beispielsweise nur einmal pro Woche, bewirkt keine Leistungssteigerung. Zu kurze Pausen oder zu häufiges Training bewirken ein Übertraining, der Sportler kann vom Superkompensationseffekt nicht profitieren und wird irgendwann aufgrund fehlender Erholung immer schlechter.

Es geht beim Prinzip der Superkompensation also darum, jeweils zum richtigen Zeitpunkt einen neuen Trainingsreiz zu setzen. Spannenderweise jedoch nicht erst am jeweiligen Höhepunkt der Superkompensationsphase, sondern schon vor dem Höhepunkt, dann, wenn das Verhältnis von Erholungszeit und überschießender Reaktion optimal ist. Die Sportwissenschaft spricht hier vom Prinzip der „lohnenden Pause" – nach 24 bis 72 Stunden hat man im Durchschnitt 80 % bis 90 % des Superkompensationseffekts ausgeschöpft und eine 100 %-Ausschöpfung würde eine unverhältnismäßig längere Erholungszeit verlangen. Abbildung 9 stellt den eben beschriebenen Leistungsverlauf, der die Form einer S-Kurve hat, grafisch dar. Die sportwissenschaftlich versierten Leser mögen mir die übertrieben optimistisch gezeichneten Leistungszuwächse nach den einzelnen Trainingseinheiten verzeihen, zur Veranschaulichung des Prinzips betone ich in dieser Abbildung die Leistungssteigerungen überproportional.

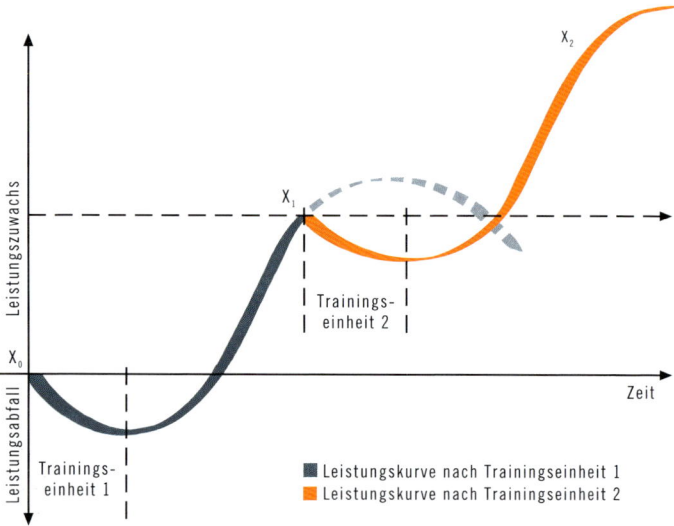

Abb. 9

Nun ist es aber bei fortlaufendem Training so, dass die Erhöhung der Trainingsreize in Intensität und Umfang alleine nur begrenzten Leistungszuwachs bringt und die Leistungskurve irgendwann wieder abzuflachen beginnt. Für eine erneute Leistungssteigerung ist es dann notwendig, auch im größeren Zusammenhang eine neue S-Kurve anzusetzen.

So hatten wir in den Urzeiten des Klettertrainings, als es noch keine Kletterhallen gab, im Winter in vielen Trainingseinheiten, die aus kleinen S-Kurven bestanden, gezielt am Klimmzugbalken trainiert, um dann spätestens Ende Februar, noch bevor das Balkentraining keine Fortschritte mehr zeigte, eine neue große S-Kurve anzusetzen und am wirklichen Felsen im Klettergarten mit vielen kleinen anderen S-Kurven weiterzutrainieren. Abbildung 10 zeigt das Ineinandergreifen der beiden S-Kurven der Trainingsformen *Klimmzugbalken* und *Klettergarten*.

Innerhalb der großen S-Kurven *Klimmzugbalken* und *Klettergarten* gab es eine Unmenge kleiner S-Kurven, die in der vorherigen Abbildung bereits dargestellt wurden.

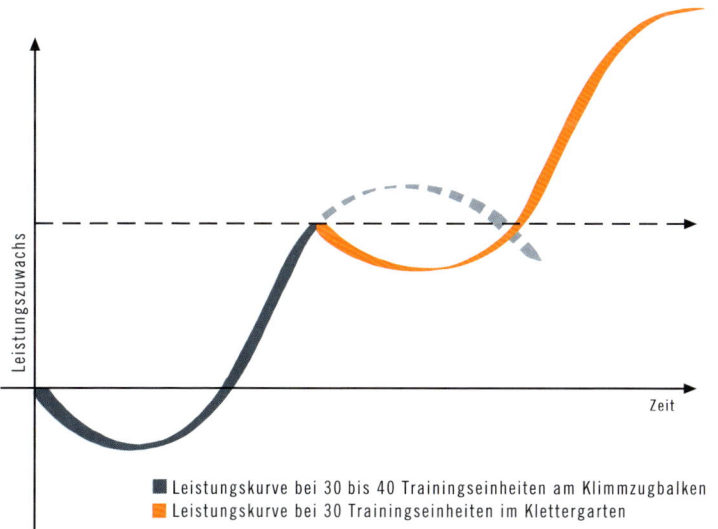

Leistungszuwachs

Zeit

■ Leistungskurve bei 30 bis 40 Trainingseinheiten am Klimmzugbalken
■ Leistungskurve bei 30 Trainingseinheiten im Klettergarten

Abb. 10

▪ Die Sigmoid-Kurve: Ein Grundmuster von Entwicklung und Veränderung

Spannenderweise entdeckte ich das Muster der sich überlappenden S-Kurven im Zuge meiner unternehmerischen Tätigkeit wieder, als ich mich mit betriebswirtschaftlichen Themen, wie Unternehmensentwicklungen, Technologiewechsel und Produktlebenszyklen, befasste. Allerdings erkannte ich erst durch Charles Handy in diesem Modell das generelle Grundmuster von Entwicklung und Veränderung. Handy bezeichnet die S-Kurve als Sigmoid-Kurve. Er meint, dass sich mit der Sigmoid-Kurve nicht nur Produktlebenszyklen oder Unternehmensentwicklungen darstellen lassen, sondern dass sich in der Sigmoid-Kurve Muster von Veränderung und Entwicklung zeigen, die unser Leben generell durchziehen: sowohl Veränderungen und Entwicklungen innerhalb menschlicher Beziehungen als auch innerhalb ganzer Kulturen.

In Bezug auf unternehmerische Veränderungsprozesse empfiehlt Handy, die jeweils nächste Kurve immer rechtzeitig anzusetzen, egal ob es sich dabei um ein neues Produkt, einen neue Dienstleistung, eine neue Strategie oder Unternehmenskultur handelt: „Das Geheimnis dauernden Erfolges liegt darin, mit einer neuen Sigmoid-Kurve zu beginnen, bevor die erste ausgelaufen ist. Der richtige Zeitpunkt für den Beginn einer neuen Kurve liegt in Punkt A, an dem sowohl die Zeit als auch die Ressourcen und die Energie vorhanden sind, um mit der neuen Kurve über die anfängliche Erkundungs- und Problemphase hinwegzukommen, bevor die erste Kurve abzuflauen beginnt." (Handy, 1995)

Es ist laut Handy also einerseits wichtig, die alte Kurve nicht vorschnell zu verlassen, da der Aufbau einer neuen Kurve Ressourcen und

Abb. 11: Sigmoid-Kurve

Zeit erfordert. Andererseits darf auf keinen Fall zugewartet werden, bis sich die alte Kurve an Punkt B befindet. Abbildung 11 stellt die Sigmoid-Kurve dar.

Wenn ein Unternehmen an Punkt B bereits in den drohenden Abgrund blickt, kommt zwar die notwendige Veränderungsenergie meist auf, aber vom Zeitbedarf für eine strategische Korrektur und von den zur Verfügung stehenden Ressourcen her kann es für eine Umsetzung der Veränderung möglicherweise schon zu spät sein. Intelligent agieren heißt somit, zukünftige Erfolgspotenziale bereits aufzubauen, während die gegenwärtige Situation dies noch ermöglicht.

Soweit, so gut. Doch woher soll man als Einzelner oder als Unternehmen wissen, an welchem Punkt der blauen Kurve man sich gerade befindet? Die große Herausforderung und Schwierigkeit beim Ansetzen einer neuen Kurve liegt sicher darin, dass zu dem Zeitpunkt, an dem die rote Kurve angesetzt werden müsste, die meisten Menschen und Unternehmen das Gefühl haben, es laufe alles bestens. Solange bereits bewährte Konzepte und Produkte noch wunderbar funktionieren, ist kaum jemand bereit, sich Gedanken über grundlegende Änderungen zu machen.

Malik (2006) bemerkt richtig, dass Unternehmen für die strategische Steuerung häufig nur operative Daten und finanzwirtschaftliche Kennziffern, wie Umsatzzahlen, Deckungsbeiträge und Bilanzen, heranziehen, die zu trügerischen Einschätzungen und in weiterer Folge zu gefährlichen Entscheidungen führen können. Von positiven operativen Daten, wie zum Beispiel vom Gewinn, kann man nicht darauf schließen, dass die gewählte Strategie auch in Zukunft richtig ist, genauso wie mögliche Anfangsverluste nicht bedeuten müssen, dass der Umstieg auf eine neue Kurve falsch war.

Das ist mit der Seilschaft in einer Nordwand vergleichbar, die sich zur Messung ihres Fortkommens alleine auf die Anzeige ihres Höhenmessers verlässt. Schafft die Seilschaft in einer schwierigen Route zweihundert Höhenmeter pro Stunde, sind die beiden sehr flott unterwegs, der Höhenmesser signalisiert ihnen: Bravo Jungs, weiter so! Der Höhenmesser gibt der Seilschaft allerdings keine Auskunft darüber, ob sie sich noch am richtigen Weg befindet oder davon abgekommen ist, ob sie den weiteren Routenverlauf finden wird und ob sie bei Aufrechterhaltung des Tempos noch die Kraft für die Schlüsselseillänge haben wird. Nur auf die Daten des Höhenmessers fixiert, könnte die Seilschaft leicht einen Wettersturz oder gar den Wintereinbruch übersehen.

Ein überzogenes Beispiel, sicher. Aber worauf ich hinaus will, ist Folgendes: So wie die beiden Kletterer die Jahreszeit im Großen berücksichtigen müssen, Wetterinformationen brauchen und während des Kletterns auch den Himmel auf mögliche Anzeichen eines Wetterumschwunges beobachten müssen, genauso braucht es zum Ansetzen einer neuen Kurve in einem Unternehmen mehr als nur operative Daten. In der Regel sind dies: Informationen über die eigene Position am Markt sowie die Marktentwicklung, über den Wettbewerb – um sich davon abheben zu können –, über allgemeine Trends und mögliche technologische Entwicklungen, die die Basis des eigenen Erfolgs gefährden könnten.

Vor allem geht es um Informationen über Kundennutzen und/oder künftige Anwenderprobleme sowie darum, die feinen Signale frühzeitig zu bemerken, die auf Innovationspotenziale und neue intelligente Kombinationsmöglichkeiten hinweisen. Es geht also um Wachsamkeit, um das genaue Hinschauen, um offene Augen und Ohren. Und es geht vor allem um eines: die Notwendigkeit einer neuen Kurve rechtzeitig zu erkennen. Denn wenn einmal die operativen Daten an Punkt B dringenden Veränderungsbedarf signalisieren, könnte es für eine strategische Änderung schon längst zu spät sein.

Mit dem Nordwand-Prinzip® strategisch S-Kurven initiieren

Gerade um die feinen Signale rechtzeitig erkennen zu können, die auf die Notwendigkeit für eine neue S-Kurve hindeuten, sind die Qualität sowohl der persönlichen als auch der kollektiven Aufmerksamkeit sowie ein umfassender Gesamtüberblick von elementarer Bedeutung. Ich habe dies beim Prinzip des *Neu Hinschauens* beschrieben. Wenn es in weiterer Folge um den Wechsel von einer alten Kurve zu einer neuen Kurve geht, kann das Loslassen und Verzichten eine herausfordernde Prüfung darstellen. Es geht darum, Neues entstehen und Ziele kommen zu lassen. Durch Kluges Scheitern können Erfolg versprechende Entwicklungsmöglichkeiten für die Zukunft erkundet werden und mit erfolgreichen Durchbruchprojekten andere Menschen vom Sinn der neuen Kurve überzeugt werden.

Damit die neue Kurve nicht zu fremden Zielen führt, ist es wichtig – trotz möglicherweise fundamentaler Veränderungen –, auf die eigenen Stärken und Kernkompetenzen aufzubauen und ein neues Spielfeld zu finden, wo man für seine Kunden einen sinnvollen Unterschied macht. Das Gesetz der Seilschaft hilft dabei, das gemeinsame Bewusstsein zu schaffen, dass es um das Ganze geht und dass gegenseitig unterstützende Zusammenarbeit – intern und extern – die Wahrscheinlichkeit des Erfolgs erhöht. Das Prinzip *Lernen, Schaffen und Erneuern* ist beim Schaffen der erforderlichen Strukturen für den Anstieg der neuen Kurve zu berücksichtigen und unterstützt gleichzeitig die Wachsamkeit für den irgendwann wieder notwendigen Ansatz der nächsten Kurve.

Die Phase zwischen der alten und der neuen Kurve ist geprägt von erhöhter Unsicherheit, Verwirrung, Widersprüchen und organisationsinternen Konflikten. Gerade in dieser Phase kann das Nordwand-Prinzip® helfen, den neuen Weg zu finden. Abbildung 12 zeigt dies.

223

Abb. 12

Eine neue Kurve anzusetzen bedeutet, einen deutlichen Unterschied zur alten Kurve zu machen, Abschied zu nehmen von Bewährtem und Bekanntem, sich auf unbekanntes Terrain zu begeben. Es bedeutet, sich im Gehen seinen Weg in die Ungewissheit zu bahnen. Eine neue Kurve anzusetzen ist eine Expedition ins Ungewisse. Zur Steigerung der Sicherheit im Umgang mit dieser Unsicherheit und zum Management der damit verbundenen Ungewissheit kann die Anwendung des

Nordwand-Prinzips® wertvolle Unterstützung bieten. Damit stellt sich die Frage: Anwenden, aber wie?

■ Kunstfertigkeit statt Kochrezept

Das Verlangen, für alles, was an künftigen Herausforderungen kommen könnte, Rezepte haben zu wollen, ist verständlich. Vice versa ist die Versuchung, Rezepte anzubieten, groß. Und es gibt ja durchaus Bereiche, in denen ein Vorgehen nach Rezept sinnvoll ist: beim Kochen zum Beispiel, bei Reparatur- und Bedienungsanleitungen und natürlich in elaborierter Form in Mathematik, Informatik, Technik und so weiter. Eine solcherart genau definierte Handlungsvorschrift zur Lösung eines Problems – egal ob es sich um die Zubereitung eines Essens oder um eine komplizierte Abfolge von Rechenschritten in einem Computerprogramm handelt –, nennt man Algorithmus.

Das Wort Algorithmus geht auf Muhammad ibn Musa al-Chwarazimi und dessen arabisches Lehrbuch „Über das Rechnen mit indischen Ziffern" um 825 n. Chr. zurück. In diesem langen Zeitraum und verstärkt durch das Denken der Aufklärung wurde die Vorstellung vom Einhalten einer genauen Schrittfolge zur Problemlösung zu einem internalisierten Bestandteil unseres Denkens. So beobachte ich, dass viele Menschen von der Vorstellung, dass nur eine genau definierte Schrittfolge zur bestmöglichen Lösung eines Problems führen kann, fasziniert sind. Techniklastige Phasenmodelle für Innovationsprozesse sind hier mein Lieblingsbeispiel.

Doch mir ist im Laufe der Zeit klar geworden, dass diese vorab definierten Schrittfolgen der Vielschichtigkeit neuartiger Problemstellungen in komplexen und lebendigen Kontexten oft nicht gerecht werden, sondern die Menschen manchmal von der Realität der Situation und den darin enthaltenen Chancen und Risiken abkoppeln. Das Ansetzen einer neuen S-Kurve kann nicht auf Basis einer Sequenz genau definierter Schritte oder Phasen erfolgen.

Auch der Aufbau des Nordwand-Prinzips®, vom 1. bis zum 7. Prinzip, suggeriert eine lineare Abfolge zu vollziehender Schritte, soll jedoch auf keinen Fall so verstanden werden. Diese Linearität wird durch die geschriebene Sprache noch verstärkt, die eine linear-sequenzielle Darstellung begünstigt, denn man kann nur nacheinander schreiben und nicht durcheinander.

In der Realität haben wir es jedoch mit Gleichzeitigkeiten, Vernetzungen, Interdependenzen, Fortschritten, Rückschritten, Oszillationen, Stagnationen, sprunghaften Veränderungen, Zwischenfällen und Zufällen zu tun. Um dieser Realität gerecht zu werden, sollen die Prinzipien situationsspezifisch und adaptiv-dynamisch angewendet werden. Abbildung 13 stellt dieses Ineinandergreifen und aufeinander Verweisen dar.

Der Einsatz des Nordwand-Prinzips® verlangt kunstfertiges Vorgehen. Die Kunstfertigkeit ermöglicht, das einzubeziehen, was durch die logische Abfolge des algorithmischen Vorgehens ausgeschlossen wird: das Kreative, das Neue, die günstige Gelegenheit, die Chancen, aber auch die unvermutet auftretenden Schwierigkeiten. Kunstfertigkeit erlangt man allein durch Erfahrung, und sie bezieht neben den rational-professionellen Grundlagen des Business die Intuition, das Gespür und den praktischen Verstand in die Anwendung mit ein.

Kunstfertigkeit zu wagen ist besser, als sich an ein Kochrezept zu klammern.

Kunstfertige Anwendung je nach spezifischer Situation

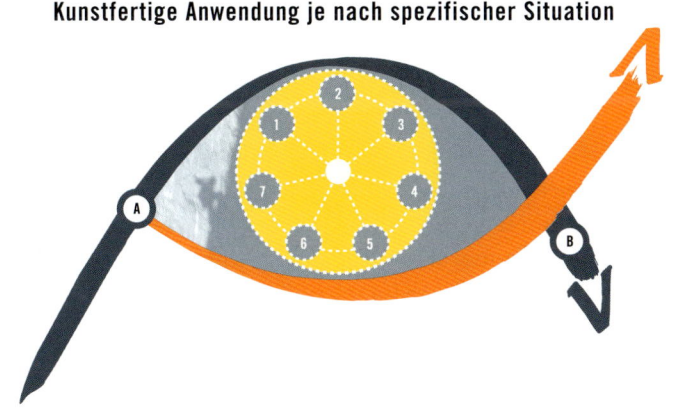

Abb. 13

Prototypische Anwendungssituationen für das Nordwand-Prinzip®

Wie ich schon gesagt habe, ist das Spektrum möglicher Anwendungen für das Nordwand-Prinzip® breit, sowohl für Menschen als auch für Unternehmen, und Sie als Leser sind selbst eingeladen, die Impulse aus den Nordwänden auf Ihre Situation zu übertragen.

Darüber hinaus sind die zentralen Gedanken des Nordwand-Prinzips® für den Einsatz in folgenden prototypischen Anwendungssituationen besonders geeignet:

Situationen, in denen Sie oder Ihr Unternehmen

- eine *neue Strategie* finden müssen oder wollen,
- *neue Geschäftsaktivitäten und Leistungsangebote* (Dienstleistungen und Produkte) entwickeln müssen oder wollen,
- zur *Entwicklung und Klärung Ihres Leistungsprofils* folgende Fragen beantworten müssen: Wofür stehen wir? Was machen wir?
- sowie Situationen, in denen sich *Führungsteams* auf neue Realitäten und Herausforderungen einstellen müssen.

▪ Eine neue Strategie finden

Ich erlebe in meiner Beratungspraxis unterschiedliche Ausgangspunkte für grundlegende Strategieänderungen von Unternehmen. Am häufigsten kommt es vor, dass die Unternehmens- oder Bereichsführung die Notwendigkeit für einen Wechsel der Strategie erkennt oder zumindest spürt. Manchmal existiert bereits ein konkretes Bild, wohin es gehen soll, manchmal ist es mehr eine ungefähre Ahnung, wohin es gehen könnte, manchmal ist zu Beginn vieles unklar.

Eine neue
Strategie
finden

A

B

Abb. 14

Ich möchte diesen Ausgangspunkt anhand eines Beispieles aus meiner Beratungspraxis darlegen: Ein Umweltdienstleistungsunternehmen agierte als klassischer Entsorger jahrzehntelang in der Geschäftslogik des Sammelns und Deponierens am Markt. Aufgrund gesetzlicher Auflagen war schon 1998 klar, dass es 2005 im betreffenden Bundesland ein Ende der Gesamtmülldeponie geben würde. Deshalb leitete die Geschäftsführung 1999 eine strategische Änderung zum ganzheitlichen Ressourcenmanagement mit der neuen Geschäftslogik des Recyclings und der Wiederverwertung ein. Heute führt das Unternehmen pro Jahr etwa eine halbe Million Tonnen (!) ehemaligen Mülls in Form von Wertstoffen der Wiederverwertung zu und erreicht eine Recyclingquote von 96 %. Hätte die Geschäftsführung seinerzeit die Notwendigkeit für eine neue Kurve nicht erkannt und sich mit den notwendigen Zukunftsfragen nicht intensiv auseinander gesetzt, würde es das Unternehmen heute nicht mehr geben.

Wenn es um grundlegende strategische Weichenstellungen geht, ist das direkte Engagement der Führung in der Strategiearbeit essenziell. Es handelt sich dabei um eine nicht delegierbare Aufgabe, denn es geht hier um das Wahrnehmen unternehmerischer Verantwortung. Diese kann inhaltlich weder an interne Stabsstellen noch an externe Berater übertragen werden, auch wenn es sinnvoll ist, den Prozess der Strategiebildung professionell begleiten zu lassen.

Engagement der Führung bedeutet nicht, dass es sich dabei um einen Top-Down-Prozess handeln muss. Eine Schlüsselfrage lautet: Wer ist in welcher Form in die Strategiearbeit zu involvieren, damit sämtliches strategierelevantes Wissen zur Verfügung steht? Welche widersprüchlichen Logiken sollten schon durch die Teamzusammensetzung abgebildet werden? Gerade in komplexen Organisationen wird es ohne die Bildung crossfunktionaler Teams nicht gehen, worauf ich im Kapitel *Handeln nach dem Gesetz der Seilschaft* hingewiesen habe.

Für neue Strategien sind neue Perspektiven notwendig: Dies kann bedeuten, auf die eigenen Annahmen in Bezug auf die Strategiearbeit *neu hinzuschauen* sowie sich mit den strategierelevanten Entwicklungen im Umfeld, bei Kunden und Mitbewerbern auseinander zu setzen. Zum *Neu Hinschauen* gehört auch dazu, die als selbstverständlich erachteten Branchendogmen zu hinterfragen, mögliche Marktgrenzen neu zu definieren und möglicherweise durch Learning Journeys völlig neue Beobachtungen in die Strategiearbeit einzuführen. Wesentlicher Bestandteil einer Strategiearbeit ist die Auseinandersetzung mit den Fragen: Welchen neuen Nutzen könnten wir für unsere Kunden schaffen? Welche Nicht-Kunden könnten wir mit unserem Angebot dazugewinnen? Woraus könnten sich unsere zukünftigen Erfolgspotenziale bilden?

Eine neue Strategiekurve anzusetzen, bedeutet immer auch, Abschied von Bekanntem zu nehmen. *Loslassen und Verzichten* heißt möglicherweise, vertraute Vorstellungen aufzugeben, sich von überholten Strukturen zu befreien, um so die Voraussetzung für die Konzentration auf Wesentliches zu schaffen. Daran schließt sich die Frage an: Welche Aktivitäten, die weder zu unserem Kerngeschäft gehören noch dieses indirekt unterstützen, können wir auslagern, ohne nachhaltig Erfolgspotenziale zu gefährden?

Bei einer neuen Kurve wird es auch darum gehen, einen wesentlichen und sinnvollen Unterschied zur alten Kurve zu machen, ein neues Spielfeld zu finden und trotzdem an dem anzuschließen, was den Kern und die Stärken des Unternehmens ausmacht. *Finden Sie Ihr Spielfeld und machen Sie einen sinnvollen Unterschied* kann in diesem Sinne auch als Aufforderung verstanden werden, aus seiner Kernstrategie und seinen Kernressourcen mit Zulieferern und Kunden gemeinsam ein neues einzigartiges Geschäfts- und Managementkonzept zu konfigurieren. Wie schaffen wir einen neuen einzigartigen Kundennutzen, der sich von der Konkurrenz abhebt? Welche Merkmale unseres Leistungsangebotes müssen wir steigern, welche reduzieren oder gar eliminieren? Letztlich bedeutet es auch sich zu fragen: Worauf fokussieren wir uns? Und: Was machen wir nicht mehr?

Ziele kommen zu lassen kann bedeuten, gerade zu Beginn eines Strategieprojektes noch nicht zu detailliert zu planen, sondern in den Strategieprozess die notwendigen Schleifen zur Reflexion und Steuerung einzuplanen und so die Ziele schrittweise im Gehen zu konkretisieren. Daran schließt auch folgende Frage an: Welche Gelegenheiten zur reflexiven Kommunikation und für strategische Dialoge müssen wir in welchen Abständen schaffen?

Bereits bestehende, Erfolg versprechende Initiativen im Unternehmen können mit dem Prinzip des *Klugen Scheiterns* im kleinen Rahmen weiter ausgebaut werden oder es kann überhaupt ein Portfolio strategischer Experimente gestartet werden, um so durch direktes Markt-Feedback zu lernen. Folgende Fragen sind hier hilfreich: Wo ist das Neue in der Organisation möglicherweise schon im Ansatz da? Welche Form des Prototypings könnte dem Neuen zum Durchbruch verhelfen und uns helfen neue Erfolgspotenziale zu schaffen?

Die zarten kleinen Erfolge aus den Experimenten und Projekten können im Rahmen des Prinzips *Lernen, Schaffen und Erneuern* zu einem festen Leistungsbestandteil des Unternehmens werden. Auch sollen jene Strukturen geschaffen werden, die für eine permanente Fortbildung der Strategie sorgen und der Organisation die strategische Wachsamkeit erhalten. Hier fragen wir uns: Wie bringen wir die Prototypen in Serie? Welche Strukturen ermöglichen kontinuierliches Lernen und weitere Innovationen?

229

Als Ergebnis der Strategiearbeit sollen alle im Unternehmen ein gemeinsames Bild des großen Zusammenhangs im Heute sowie ein gemeinsames Bild der Zukunft, auf die sich das Unternehmen hinbewegt, haben. Erst wenn die persönlichen Entscheidungen und Handlungen jedes Einzelnen im Heute mit dem Wohlergehen des Ganzen und der Schaffung von zukünftigen Erfolgspotenzialen verbunden werden, kann man von wirksamer Strategiearbeit sprechen.

In der Praxis wird ein solches Strategieprojekt je nach Unternehmen und je nach Situation eine intelligente Vernetzung von Top-Down, Bottom-Up und Kreuz-und-Quer-Prozessen erfordern und dabei geplantes Vorgehen mit risikoarmen Innovations-Projekten und Zufällen verknüpfen. Je nach Ausmaß der Veränderung sowie Geschichte und Größe des Unternehmens kann eine Strategieänderung mehrere Monate oder auch mehrere Jahre in Anspruch nehmen.

■ Neue Geschäftsaktivitäten und Leistungsangebote entwickeln

Eine neue Kurve anzusetzen muss nicht immer bedeuten, die Gesamtstrategie zu ändern. Manchmal geht es darum, neue Geschäftsaktivitäten, neue Produkte und Dienstleistungen zu entwickeln. Der Ausgangspunkt dafür könnte sein, dass Mitbewerber aufgeholt haben oder beginnen, das eigene Angebot zu kopieren. Oder dass Unternehmen, sowohl große als auch kleine, sich bislang mit ihren Leistungen nicht deutlich genug vom Wettbewerb unterschieden haben und nun die Notwendigkeit erkennen, sich von ihren Mitbewerbern abzuheben.

Abb. 15

Ich möchte hier zur Illustration ein Praxisbeispiel anführen: Ein kleines, aber hoch kompetentes Beratungsunternehmen, das sich auf Veränderungsbegleitung im IT-Umfeld spezialisiert hatte, bemerkte im Kontakt mit seinen Kunden wiederholt spezifische Probleme bei In- und Out-Sourcing-Aktivitäten, die den Kunden nicht wirklich bewusst waren und die sie daher auch nicht artikulieren konnten. Der Geschäftsführer des Beratungsunternehmens erkannte, dass eine umfangreiche Sourcing-Industrie zwar eine Reihe externer Services und Leistungen anbot, in den Unternehmen der Kunden die entsprechenden Sourcing-Kompetenzen aber erst aufgebaut werden mussten. Kunden und Netzwerkpartner wurden in einen Ideenfindungsprozess mit einbezogen und das Ergebnis war, den Kunden die Schaffung einer neuen Rolle inklusive einem Trainingsprogramm anzubieten: den Sourcing-Manager. Erste Prototypen-Trainings wurden sogleich stark gebucht und wiesen auf den enormen Bedarf hin. Gleichzeitig konnte sich das kleine Beratungsunternehmen mit diesen Produkten im IT-Umfeld als kompetenter Begleiter für In- und Out-Sourcing Prozesse etablieren.

Bei neuen Geschäftsaktivitäten und neuen Leistungsangeboten wie Produkten und Dienstleistungen handelt es sich um eine neue Kurve sozusagen in kleinerem Rahmen. Einerseits soll eine neue Kurve einen Unterschied machen, andererseits soll das Neue anschlussfähig und nicht zu fremd sein. Nicht so sehr aus organisationsinternen Gründen, sondern vielmehr wegen der Akzeptanz der Kunden. Kunden mögen nun einmal eine gewisse Form von Vertrautheit und dürfen nicht verwirrt werden.

Wie lange es genau dauert, ein neues Produkt oder Dienstleistungsangebot zur Marktreife zu bringen, ist sehr unterschiedlich. Stellen Sie sich hier folgende Fragen: Was ist bereits vorhanden? Worauf können wir aufbauen? Was müssen wir noch aufbauen, das heißt, was benötigen wir zusätzlich noch an Wissen, Ressourcen und Fähigkeiten, um das Produkt auf den Markt bringen zu können? Gerade bei Dienstleistungen sollte es möglich sein, innerhalb von zwei bis vier Monaten mit einem Prototypen erste Erfahrungen zu sammeln und so den Grundstein für eine neue erfolgreiche Kurve zu legen.

231

■ Ein Leistungsprofil entwickeln oder klären

Manche Unternehmen befinden sich in einer Situation, wo alle das Gefühl haben, sich immens anzustrengen, alles zu geben – und trotzdem bleibt der Erfolg aus. Ich beobachte, dass das oft Unternehmen sind, die der Vorstellung anhängen, jedem alles bieten zu müssen. Intern führt diese Vorstellung zur Zunahme von Komplexität und Kosten sowie zur Verzettelung. Aus der Sicht der Kunden stehen diese Unternehmen dann auch für alles, aber eben auch für nichts richtig.

Eine neue Kurve anzusetzen könnte in einer solchen Situation bedeuten, ein klares Leistungsprofil zu entwickeln, das Portfolio der Leistungen aufzuräumen und dies nach außen klar und für Kunden nachvollziehbar zu kommunizieren. Klarheit nach innen ermöglicht Klarheit nach außen.

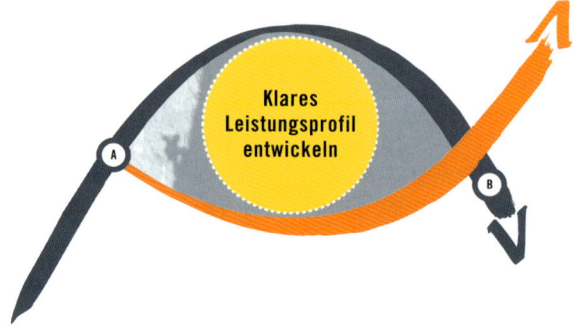

Abb. 16

Um dies zu illustrieren, stelle ich hier ein Beispiel aus meiner Beratungspraxis vor. Das Unternehmen bietet technische Logistiklösungen für Großhandelsunternehmen an und bediente zuerst zwei unterschiedliche Geschäftsfelder, denen unterschiedliche Produktionslogiken zugrunde lagen: Auf der einen Seite verkauften sie kostengünstige Standardlösungen, die einer Serienfertigung nahe kamen, auf der anderen Seite verkauften sie individuelle Lösungen. Das Herz des Unternehmens schlug eindeutig für den zweiten Geschäftsbereich, den technisch ausgeklügelten Einzelfertigungen. Der Bedarf der Kunden hierfür war vorhanden, doch die angebotenen Lösungen waren für die Kunden nicht erschwinglich.

Um auf der Kostenseite wettbewerbsfähig zu werden, war es notwendig, über eine neue Kurve im Leistungsportfolio nachzudenken. Das Unternehmen drohte an der Komplexität der verschieden Erwartungen unterschiedlicher Kundengruppen und auch an der Vielzahl der intern unterschiedlichen Logiken zu ersticken. Es fokussierte sich in weiterer Folge ausschließlich auf eine Großhandelsbranche und ließ alle anderen Kundengruppen weg. Aus dem Entweder-Oder-Dilemma zwischen Einzel- und Serienfertigung wurde schließlich ein Sowohl-als-Auch, ein dritter Weg: Auf Basis modularer Komponenten werden

den Zielkunden nun technisch durchdachte Logistiklösungen geliefert, die einerseits den Bedarf der Kunden abdecken und um vieles kostengünstiger sind als die aufwändigen Einzelfertigungen zuvor, und andererseits die leidenschaftlichen Ingenieure technisch herausfordern und insgesamt dem Unternehmen profitables Arbeiten ermöglichen.

Die Hauptaufgabe bei der Gestaltung eines klaren Leistungsprofils liegt im Kern des Nordwand-Prinzips®: Wofür stehen wir? Was machen wir? Sehr oft erlebe ich, dass Unternehmen ihre Besonderheiten nicht mehr sehen oder sich durch die Logik des Mitmachens das Leistungs-Portfolio aufgeblasen hat und jedes klare Profil verschleiert.

Es geht darum, die eigenen Besonderheiten wieder zu erkennen, aber auch um die Frage: Was lassen wir weg? Was ist symbolisch der Rucksack, den wir aus der Wand werfen wollen? Und: Was können wir nicht weglassen? Was ist das Wesentliche, der Kern, die Essenz, die wir in die neue Kurve mitnehmen wollen?

Wenn Sie Ihr Leistungsprofil geklärt haben, geht es darum, zu entscheiden und zu handeln: Das kann beispielsweise bedeuten, die Produkt- und Leistungspalette zu bereinigen, ganze Produktgruppen oder Dienstleistungsbündel von überflüssigen Attributen zu befreien oder auf bestimmte Kundengruppen zu verzichten.

■ Sich in Führungsteams auf neue Realitäten einstellen

Hätte ich nur eine prototypische Anwendungssituation für das Nordwand-Prinzip® anführen dürfen, so hätte ich folgende genannt: wenn Führungsteams gefordert sind, sich auf neue Realitäten oder Herausforderungen einzustellen. Dies erscheint mir ein zentrales Anwendungsgebiet für das Nordwand-Prinzip®. Und was für einen zentralen Stellenwert Führung und Kooperation in meiner Arbeit einnehmen, ist aus den Nordwand-Geschichten und Unternehmensbeispielen ersichtlich.

Allerorts wird viel von Führungskräfteentwicklung gesprochen, und die Frage stellt sich: Lässt sich in einem Unternehmen auch kollektive Führungs-KRAFT entwickeln? Ich glaube: Ja, wenn Führungskraft als die Fähigkeit einer Gemeinschaft verstanden wird, sich auf neue Realitäten einzustellen. Ich habe im Laufe des Buches mehrmals betont, dass sich meiner Erfahrung nach die Herausforderungen unserer Zeit durch einzelne Führende nicht angemessen bewältigen lassen, vor allem in großen Unternehmen, und dass ich Führung als eine kollektive Aufgabe und Verantwortung sehe.

Eine Schlüsselvoraussetzung dafür sind reife, funktionierende Führungsteams. Nun kann man sich fragen: Wann funktioniert ein Führungsteam? Ein Führungsteam funktioniert dann, wenn es gemeinsam denken kann, wenn die Mitglieder miteinander in echten Dialog treten und daraus intelligente Entscheidungen resultieren, wenn sich die Mitglieder des Teams nicht als Vertreter ihrer Abteilungen und Bereiche sehen, sondern sich gemeinsam für das Ganze verantwortlich fühlen. Der Lackmustest dafür ist die Bereitschaft Einzelner, ihre Partikularinteressen und persönlichen Vorteile zugunsten des Ganzen, nicht nur in den Meetings und Klausuren, sondern vor allem danach, zurückzustellen. Erst dann kann sich Führung und Kooperation auch auf den nächsten Ebenen in diesem Sinne entwickeln. Das ist die Voraussetzung für kollektive Führungs-KRAFT und damit für nachhaltigen Unternehmenserfolg.

Literaturempfehlungen

Gary Hamel: *The Why, What, and How of Management Innovation.* Harvard Business Review February 2006

Charles Handy: *Die Fortschrittsfalle.* Goldmann Verlag 1998

James Surowiecki: *Die Weisheit der Vielen.* Bertelsmann Verlag 2005

Karl Weick: *Der Prozess des Organisierens.* Suhrkamp Verlag 1995

Zur Expedition ins Ungewisse aufbrechen

An den Schluss stelle ich noch eine Geschichte, die ich bei Karl Weick und Henry Mintzberg gefunden habe. Sie beschreibt eine *Expedition ins Ungewisse*:
Eine ungarische Militäreinheit nahm an Manövern in den Schweizer Alpen teil. Ein junger Leutnant schickte einen Späh-

Wir überschätzen das Ausmaß an Planbarkeit und unterschätzen unsere Möglichkeiten im Umgang mit dem Ungewissen

trupp in die vergletscherten Berge. Kurz darauf begann es heftig zu schneien. Der Spähtrupp kehrte zwei Tage lang nicht zurück und der junge Leutnant machte sich Vorwürfe. Am dritten Tag kamen sie zurück. Was war passiert? „Wir glaubten schon, wir wären verloren, und erwarteten unser Ende. Da fand einer von uns eine Karte in seiner Tasche. Das beruhigte uns. Wir errichteten ein Lager, warteten auf das Ende des Schneesturms und stellten anhand der Karte fest, wo wir uns befanden. Und jetzt sind wir zurück."

Der Leutnant, der die Einheit losgeschickt hatte, ließ sich diese bemerkenswerte Karte geben und studierte sie gründlich. Zu seinem Erstaunen stellte er fest, dass es sich nicht um eine Karte der Alpen, sondern um eine der Pyrenäen handelte. (Weick, 1995)

Ich habe dieses Beispiel zum Abschluss gewählt, weil es zeigt, wie Menschen ihren Weg in eine ungewisse Zukunft finden, für die es keine genauen Karten gibt – und niemals geben wird. Dennoch ist der Weg zu schaffen, wenn man den Mut fasst aufzubrechen, sich am Realen orientiert und die Zukunft handelnd erkundet.

Das Nordwand-Prinzip® soll Ihnen Zuversicht und Unterstützung dabei geben, Ihren Weg in eine ungewisse Zukunft zu finden. Auf diesen Weg möchte ich Ihnen noch einen Gedanken von Mark Twain mitgeben: „In zwanzig Jahren wirst Du mehr enttäuscht sein darüber, was Du alles nicht getan hast, als darüber, was Du getan hast. Geh los, brich auf! Erkunde, träume, entdecke!"

Literatur- und Quellenverzeichnis

René Ammann: *Die Welt in Zahlen*, in: *Weniger planen. Handeln.* brand eins 8/2004

Georg Bachler: *Gespräch mit Peter Brabeck-Letmathe*, in: *Spitzenleistung.* Redline Wirtschaft by Ueberreuter 2003

Dirk Baecker: *Zum Problem des Wissens in Organisationen*, in: *Organisationsentwicklung* 1998/3

Albert Bandura: *Self-Efficacy. The Exercise of Control.* Freeman and Company 1997

Gregory Bateson: *Ökologie des Geistes.* Suhrkamp 1985

Mary Catherine Bateson: *Composing a Life.* Grove Press 1989

Harry Beckwith: *Selling the Invisible. A Field Guide to Modern Marketing.* Thomson Texere 2001

Geoffrey Bennington, Jacques Derrida: *Jacques Derrida. Ein Porträt.* Suhrkamp 1994

Amar V. Bhidé: *The Origin and Evolution of New Businesses.* Oxford University Press 2000

David Bohm: *Wholeness and the Implicate Order.* Routledge 1980

Henri Bortoft: *Goethes naturwissenschaftliche Methode.* Verlag Freies Geistesleben 1995

Martin Buber: *Ich und Du.* Reclam 1995

Kurt Buchinger, Herbert Schober: *Das Odysseusprinzip.* Klett-Cotta Verlag 2006

Marcus Buckingham: *The One Thing – Worauf es ankommt.* Linde International 2006

Yvon Chouinard: *Let my people go surfing. The education of a reluctant businessman.* Penguin Press 2005

Jim Collins: *Der Weg zu den Besten.* DVA 2001

Jim Collins, J. Porras: *Built to last: Successful Habits of Visionary Companies.* HarperCollins Publishers 2002

Mihaly Csikszentmihalyi: *Flow. Das Geheimnis des Glücks.* Klett-Cotta 1992

Mihaly Csikszentmihalyi: *Flow im Beruf.* Klett-Cotta 2004

Felix von Cube: *Gefährliche Sicherheit. Lust und Frust des Risikos.* Hirzel 2000

Dietrich Dörner: *Die Logik des Misslingens. Strategisches Denken in komplexen Situationen.* Rowohlt Verlag 1999

Peter F. Drucker: *Innovation and Entrepreneurship.* Elsevier Butterworth-Heinemann 1994

Peter F. Drucker: *Die ideale Führungskraft.* Econ Verlag 1995

Peter F. Drucker: *Management im 21. Jahrhundert.* Econ Verlag 1999

Peter F. Drucker: *Was ist Management? Das Beste aus 50 Jahren.* Econ 2002

Heinz von Foerster: *KybernEthik.* Merve Verlag 1993

Richard Foster, Sarah Kaplan: *Schöpfen und Zerstören.* Redline Wirtschaft by Ueberreuter 2002

Thomas L. Friedman: *The World Is Flat. A Brief History of the Twenty-first Century.* Farrar, Straus and Giroux 2005

Richard Florida: *The Rise of the Creative Class.* Basic Books 2002

Richard Florida: *Managing for Creativity.* Harvard Business Review, July–August 2005

Howard Gardner: *Changing Minds. The Art and Science of Changing Our Own and Other People´s Minds.* Harvard Business School Press 2004

Aloys Gälweiler: *Strategische Unternehmensführung.* Campus 2005

Arie de Geus: *Jenseits der Ökonomie.* Klett-Cotta Verlag 1998

Gary Hamel: *Das revolutionäre Unternehmen.* Econ Verlag 2001

Gary Hamel: *The Why, What, and How of Management Innovation.* Harvard Business Review February 2006

Charles Handy: *Die Fortschrittsfalle.* Goldmann Verlag 1998

Hans H. Hinterhuber: *Leadership. Strategisches Denken systematisch schulen von Sokrates bis Jack Welch.* Frankfurter Allgemeine Buch Verlag 2003

William Isaacs: *Dialog als Kunst gemeinsam zu denken.* EHP Verlag 2002

Paul Z. Jackson, Mark McKergow: *The Solutions Focus. The simple way to positive change.* Nicholas Brealey Publishing 2002

Erich Jantsch: *Die Selbstorganisation des Universums.* dtv Wissenschaft 1982

Joseph Jaworski: *Synchronicity. The Inner Path of Leadership.* Berrett-Koehler Publishers 1998

François Jullien: *Über die Wirksamkeit.* Merve Verlag 1999

Adam Kahane: *Solving tough Problems.* Berrett-Koehler Publishers 2004

Tom Kelley: *Das IDEO Innovationsbuch.* Econ Verlag 2002

Tom Kelley: *The Ten Faces of Innovation.* Currency Doubleday 2005

Gary Klein: *Natürliche Entscheidungsprozesse. Über die „Quellen der Macht", die unsere Entscheidungen lenken.* Junfermann 2003

Matthias Varga von Kibéd, Insa Sparrer: *Ganz im Gegenteil.* Carl-Auer-Systeme Verlag 2002

W. Chan Kim, Renée Mauborgne: *Der Blaue Ozean als Strategie.* Hanser Verlag 2005

Thomas S. Kuhn: *Die Struktur wissenschaftlicher Revolutionen.* Suhrkamp 1997

Marlies Lenglachner, Ch. Schmitz: *Der rezeptfreie Raum. Lösungen in komplexen Situationen,* in: *Lernende Organisation* 18/2004

George Leonard: *Der längere Atem.* Scherz-Integral Verlag 1998

237

Konrad Paul Liessmann: *Warum man Wissen nicht managen kann.* www.science.orf.at vom 16.5.2006

Niklas Luhmann: *Vertrauen. Ein Mechanismus der Reduktion sozialer Komplexität.* Lucius & Lucius 2000

Wolfram Lutterer: *Gregory Bateson. Eine Einführung in sein Denken.* Carl-Auer-Systeme-Verlag 2002

Fredmund Malik: *Denken beim Lenken.* trend 6/2006

Henry Mintzberg, Bruce Ahlstrand, Joseph Lampel: *Strategy Safari. Eine Reise durch die Wildnis des strategischen Managements.* Wirtschaftsverlag Carl Ueberreuter 1999

Henry Mintzberg, Bruce Ahlstrand, Joseph Lampel: *Strategy Bites Back. It is far more and less, than you ever imagined.* Pearson Prentice Hall 2005

Edgar Morin: *Die sieben Fundamente des Wissens für eine Erziehung der Zukunft.* Krämer Verlag 2001

Reinhart Nagel, Rudolf Wimmer: *Systemische Strategie-Entwicklung. Modelle und Instrumente für Berater und Entscheider.* Klett Cotta 2002

Sven Opitz: *Gouvernementalität im Postfordismus. Macht, Wissen und Techniken des Selbst im Feld unternehmerischer Rationalität.* Argument Verlag 2004

Richard T. Pascale et al.: *Chaos ist die Regel. Wie Unternehmen Naturgesetze erfolgreich anwenden.* Econ Verlag 2002

Richard T. Pascale, Jerry Sternin: *Geheimagenten des Change Managements.* Harvard Business Manager 2/2006

Tom Peters: *Re-Imagine! Spitzenleistungen in chaotischen Zeiten.* Dorling Kindersley 2004

Bernhard Pörksen: *Die Gewissheit der Ungewissheit. Gespräche zum Konstruktivismus.* Carl-Auer-Systeme Verlag 2002

Michael Ray: *The Highest Goal.* Berrett-Koehler Publishers 2004

John Roberts: *The Modern Firm.* Oxford University Press 2004

Edgar H. Schein: *Prozessberatung für die Organisation der Zukunft.* EHP Verlag 2000

Edgar H. Schein: *Organisationskultur.* EHP Verlag 2003

Siegfried J. Schmidt: *Unternehmenskultur. Die Grundlage für den wirtschaftlichen Erfolg von Unternehmen.* Velbrück Wissenschaft 2004

M. Schulte-Derne: *transformation follows strategy. transformation und strategieentwicklung von innen.* Springer 2005

Peter Senge: *Die Fünfte Disziplin.* Klett-Cotta 1996

Peter Senge, C. Otto Scharmer et al.: *Presence. Human Purpose and the Field of Future.* SoL Publishers 2004

Fritz B. Simon: *Gemeinsam sind wir blöd!?* Carl-Auer-Systeme Verlag 2004

Hermann Simon: *Die heimlichen Gewinner.* Campus Verlag 1996

James Surowiecki: *Die Weisheit der Vielen.* Bertelsmann Verlag 2005

Jack Trout: *Differenzieren oder Verlieren*. Redline Wirtschaft by verlag moderne industrie 2003

Andrej Ule: *Wille und Wunsch in der Handlung bei Wittgenstein*. Wittgenstein Studien 1 (1), 1994

Peter Wagner: *Das Gore Konzept*. www.leaders-circle.at 2003

Karl Weick: *Sensemaking in Organizations*. Sage Publications 1995

Karl Weick: *Der Prozess des Organisierens*. Suhrkamp Verlag 1995

Karl Weick, Kathleen M. Sutcliffe: *Das Unerwartete managen*. Klett-Cotta Verlag 2003

Margaret J. Wheatley: *Finding Our Way. Leadership For an Uncertain Time*. Berrett-Koehler Publishers 2005

Hans A. Wüthrich, Dirk Osmetz, Stefan Kaduk: *Musterbrecher. Führung neu leben*. Gabler 2006

Anton Zeilinger: Vortrag am 1. Oktober 2004 in Abtenau

Bildnachweis:

Seite 21, linkes Foto: „Glocknerstau" – Foto: Nationalparkverwaltung Hohe Tauern – Kärnten

Seite 41: Kompass – Foto: BilderBox.com

Seite 49: alle Fotos: Triangle Show & Sports Promotion GmbH

Seite 53: Schaltrelais – Foto: BilderBox.com

Seite 71: Radiergummi und Mann mit Handy – Fotos: BilderBox.com

Seite 85: Schaltrelais – Foto: BilderBox.com

Seite 99: Grandes Jorasses mit Walkerpfeiler – Foto: Bernd Ritschel

Seite 151: Sepp Zotter mit Schokolade am Kopf – Foto: Christian Jungwirth

Zotter Trinkschokoladenvariationen – Foto: H.Lehmann

Seite 155: Ernst Müllner – Foto: Petra Spiola

Handylautsprecher mit Ameise – Foto: Archiv Philips Sound Solutions

Seite 161 und 165: Fotos: Archiv Prof. Friedrich Macher

Seite 171: Testknopf – Foto: BilderBox.com

Restliche Fotos: Archiv Rainer Petek

Skizzen: © Rainer Petek

Dank

So wie alpinistische Erstbegehungen durch schwierige Felswände nahezu immer auf die gemeinschaftliche Anstrengung einer Seilschaft zurückzuführen sind, so ist auch dieses Buch erst durch andere Menschen möglich geworden. Ein großer Teil der Einsichten basiert auf Erfahrungen, die mir im Laufe meines Lebens mit anderen oder durch andere Menschen möglich wurden. Besonders bedanken möchte ich mich hier:

- bei meinen Kletterpartnern Thomas Kappl, Alex Barounig, Robert Uschnig, Sepp Bierbaumer, Peter Gasser, Rudi Anetter, Thomas Brandauer und vielen anderen, mit denen ich einige der spannendsten und großartigsten Momente erleben durfte.
- bei Walter Steinwender, Horst Schneider, Hans Schackl, Hans Moll, Ferdinand Klinser und Volkmar Ertl für das, was mir an Erkenntnissen und Erfahrungen während meiner Militärzeit ermöglicht wurde.
- bei meinen Bergführerkollegen Klaus Hoi, Werner Munter, Franz Karger und Günter Egger. Vor allem danke ich meinem langjährigen Partner Gerald Sagmeister.
- bei Ludwig Kintscher, Gerhard Nachtnebel, Gerhard Scheidenberger, Hubert Knaus, Peter Kimeswenger und Gerd Schachenhofer.
- bei Ralph Grossmann, Klaus Scala, Matthias Varga von Kibéd und Otto Scharmer für viele Einsichten zum Thema Veränderung von Organisationen, und bei Gerda Moser, Helga Peskoller und Werner Mussnig für hilfreiche Anregungen.
- bei meinen Beraterkolleginnen und -kollegen Barbara und Georg Bachler, Franz Fröschl, Herbert Schreib, Werner Bein, Florian Pichler und Hannes Obereder sowie Marlies Lenglachner, Günther Karner und Udo Müller – ein großer Teil meiner Erkenntnisse hat sich mir durch die Zusammenarbeit mit ihnen erschlossen.
- bei Rudi Leo für die Geburtshilfe beim Nordwand-Prinzip®.
- bei den Menschen, die mir Interviews für dieses Buch gegeben haben: Helge Lorenz, Stefan Petschnig, Ernst Müllner, Otto Umlauft, Sepp Zotter und Friedrich Macher.
- bei meinen Eltern für ihre Unterstützung.
- bei Waltraud Krainz für die professionelle Unterstützung beim Werden dieses Buches und beim In-Frage-Stellen, Formulieren und Präzisieren der Botschaften und für noch viel mehr.